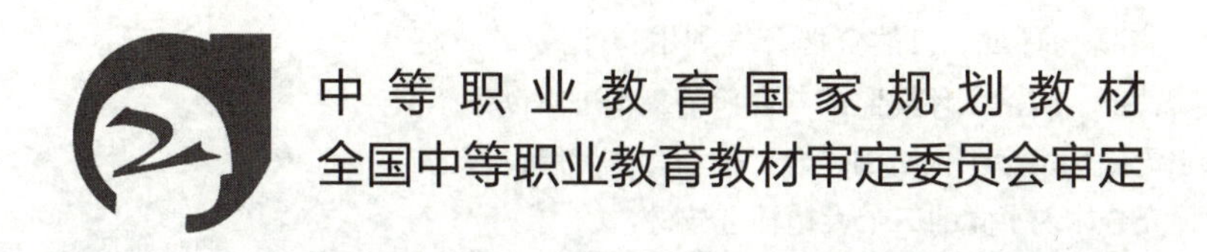

环境保护概论

第三版

杨永杰　邢　竹　主编
邱泽勤　主审

化学工业出版社
·北京·

内容简介

本书内容包括绪论、环境及环境问题、环境保护与可持续发展、生态原理及应用、能源与环境、自然资源开发利用与保护、“三废”及其他重要污染物特征与防治、环境监测与评价等。本书贯彻生态文明思想，践行绿水青山就是金山银山的理念。推动绿色发展，促进人与自然和谐共生，充分体现了党的二十大精神进教材。

本书力求集知识性、科学性、趣味性和前瞻性于一体，为提高学生思考、动手能力，本书的每章除附有思考题外，还安排了研究性学习的实践训练题目，体现了中等职业学校培养技能型人才的教育特点。为扩大学生知识面，本书附录列出部分环境保护类网站名称以及环境保护类期刊名录，供学生进一步学习时参考。

本书为中等职业学校环境保护类专业的基础课教材，也可作为化学化工类、轻工类、冶金类和医药类等相关专业环境保护公共课使用，还可作为环境保护工作者阅读的参考资料以及关心环境问题的读者的科普读物。

图书在版编目（CIP）数据

环境保护概论／杨永杰，邢竹主编．—3版．—北京：化学工业出版社，2024.1（2024.9重印）
中等职业教育国家规划教材
ISBN 978-7-122-44248-2

Ⅰ．①环…　Ⅱ．①杨…　②邢…　Ⅲ．①环境保护－中等专业学校－教材　Ⅳ．①X

中国国家版本馆CIP数据核字（2023）第185236号

责任编辑：王文峡　　文字编辑：刘　莎　师明远
责任校对：宋　玮　　装帧设计：王晓宇

出版发行：化学工业出版社（北京市东城区青年湖南街13号　邮政编码100011）
印　　刷：北京云浩印刷有限责任公司
装　　订：三河市振勇印装有限公司
787mm×1092mm　1/16　印张13¾　字数259千字　2024年9月北京第3版第3次印刷

购书咨询：010-64518888　　售后服务：010-64518899
网　　址：http://www.cip.com.cn
凡购买本书，如有缺损质量问题，本社销售中心负责调换。

定　　价：39.00元

第三版前言

党的二十大报告指出，“我们坚持绿水青山就是金山银山的理念”“生态环境保护发生历史性、转折性、全局性变化，我们的祖国天更蓝、山更绿、水更清”。良好的生态环境是人类生存和发展的基础，坚持人与自然和谐共生作为新时代坚持和发展中国特色社会主义的基本方略之一，把建设生态文明提升到中华民族永续发展“千年大计”的高度，把“美丽”作为全面建成社会主义现代化强国目标的重要内涵。作为环境监测技术专业的学生，不仅要了解环境现状，还要积极学习环境保护知识和技术，能够在日常学习生活及日后的工作中对环境的保护、污染的治理及环境状况的改善起到更加积极的作用。本书从不同层面介绍环境学领域的基本概念、基础知识，同时关注国家生态环境战略发展和环境学前沿内容。

《环境学基础》第二版于2015年出版，至今已经过8年时间，环境学领域的研究已有很大进展。第二版教材中部分内容已显得陈旧，尤其是新技术、新标准和新规范的发布，迫切需要对某些内容进行修改，以适应中等职业教育的需要。在征求各使用单位意见的基础上，按照中等职业学校环境监测技术专业标准将书名改为《环境保护概论》，并针对第二版教材中存在的不足，对资料、数据和内容进行更新和完善。删除了部分陈旧、过时的材料，增加了新的阅读材料。同时对附录进行更新和完善，注重对专业素质和专业能力的培养，更加符合中等职业学校的人才培养定位。

本书着重阐述环境问题的发生与发展、生态学的原理与应用；探讨环境保护与可持续发展措施；系统地介绍了能源与环境、自然资源开发与利用、水和大气污染及防治、其他环境污染及防治、环境监测与评价。本次修订，针对中职学生培养高素质技能型应用人才的目标，突出能力培养，重点介绍环境学的基本知识、基本原理和基本方法。减少理论探讨和复杂的模型介绍，突出实用性，注重理论联系实际。

本书由天津渤海职业技术学院杨永杰、邢竹主编，由邱泽勤主审。在编写过程中征求了使用本教材的中职学校教师建设性的建议，在此表示感谢。

本书修订编写过程中参考了有关著作与文献，在此向有关作者致以崇高的敬意和深深的感谢，同时感谢编者所在单位领导和同事的支持与帮助。

由于编者水平有限，书中不妥之处，敬请广大读者批评指正。

编者

2023年6月

第一版前言

本书作为中等职业技术学校环境保护与监测专业的前导性、概论性和基础性的教材，力求做到章节层次分明、内容重点突出、概念准确清晰、应用实例丰富。全书贯穿环境基本概念——存在的环境问题——生态观念的建立——人口对环境的影响——资源与能源的可持续利用——水资源的利用与保护——环境污染及防治——环境保护对策——可持续发展观点建立的主线，树立无废少废的清洁生产新思想和新观念，倡导绿色生活新方式。

本书是按照教育部职业与成人教育司下发的《中等职业学校“环境保护与监测”专业环境学基础教学大纲（试行）》编写的，本课程共计90学时，其中理论性模块60学时，实践性模块18学时，另有10学时机动。全书共分十一章，其中第十章、第十一章为选修内容，可根据具体情况开展教学。值得说明的是本书以较大的篇幅对环境保护与可持续发展（第十一章）的内容进行了叙述，因为可持续发展、清洁生产等新概念均在本章得以体现，教师可指导学生进行本章知识的自学。

为提高学生思考、动手能力，每章除附有思考题外，还安排了研究性学习的实践训练题目，体现了中等职业学校培养技术应用型人才的教育特点。教师在开展教学时，可根据当地的实际情况以及学生特点，重新设计实践动手训练题目，不要局限在本教材提供的题目上。

本书在编写中注重新知识、新技术的引用，力求体现教材的前瞻性；强化案例教学，通过典型技术实例，力求体现教材的实用性；根据知识内容合理增加阅读材料，扩大学生视野，力求体现教材的可读性。为扩大学生知识面，本书附录列出部分环境保护类网站名称以及环境保护类期刊名录，以便供学生进一步学习时参考，力求体现教材的工具性。

本书由天津渤海职业技术学院杨永杰编写绪论、第一章、第二章、第十一章，黑龙江化工学校刘勇智编写第三章、第四章、第五章，山西太原化工学校张苏琳编写第六章、第七章，徐州化工学校金万祥编写第八章、第九章，四川泸州化工学校徐丽萍编写第十章。全书由杨永杰统稿整理并负责附录选编。本书由郑州工贸学校刘超臣主审，沈永祥、许宁、魏振枢、律国辉、金长义、张毅、张慧利、李耀中、周玉敏等老师对书稿提出了修改意见，在此表示感谢。

本书的编写得到了全国石油与化工专业教学指导委员会环境类专业委员会的大力支持，以及编者所在单位领导和同事的支持与帮助，在此表示感谢。因水平和时间所限，书中不足之处在所难免，敬请读者批评指正。

编者

2002年4月

CONTENTS
目 录

二维码一览表

0 绪 论

知识目标	能力目标	素质目标
1．掌握人与环境的关系； 2．了解环境污染对人类的影响与危害； 3．掌握环境科学的内容及分支； 4．了解环境科学的发展	1．具备用动态发展眼光关注环境问题的能力； 2．具备分析环境与人类关系的能力	1．培养学生的环保意识； 2．培养学生的社会责任心

重点难点

重点：人与环境的关系；环境污染对人类的影响与危害；环境科学的特点

难点：环境科学的基本任务

0.1 人类与环境

自然环境和生活环境是人类生存的必要条件，其组成和质量好坏与人体健康的关系极为密切。

人类和环境都是由物质组成的。物质的基本单元是化学元素，是把人和环境联系起来的基础。地球化学家们分析发现，人类血液和地壳岩石中化学元素的含量具有相关性，有60多种化学元素在血液中和地壳中的平均含量非常近似。这种人体化学元素与环境化学元素高度统一的现象表明了人与环境的统一关系。

人与环境之间的辩证统一关系，表现在机体的新陈代谢上，即机体与环境不断进行物质交换和能量传递，使机体与周围环境之间保持着动态平衡。机体从空气、水、食物等环境中摄取生命必需的物质，如蛋白质、脂肪、糖、无机盐、维生素、氧气等，通过一系列复杂的同化过程合成细胞和组织的各种成分，并释放出热量保障生命活动的需要。机体通过异化过程进行分解代谢，经各种途径如汗、尿、粪便等排泄到外部环境（如空气、水和土壤等）中，被生态系统的其他生物作为营养成分吸收利用，并通过食物链作用逐级传递给更高级的生物，形成了生态系统中的物质循环、能量流动和信息传递。一旦机体内的某些微量元素含量偏高或偏低，就打破了人类机体与自然环境的动态平衡，人就会生病。例如脾虚患者血液中铜含量显著升高；肾虚患者血液中铁含量显著降低；氟含量过少会形成龋齿，过多又会造成氟斑牙。

环境如果遭受污染，也可能导致人体中某些化学元素和物质增多，如汞、镉等重金属和难降解的有机污染物污染空气和水体，继而污染土壤和生物，再通过食物链和食物网进入人体，在人体内积累到一定剂量时，就会对人体造成危害。因此，保护环境，防止有害、有毒化学元素进入人体，是预防疾病、保障人体健康的关键。

在漫长的历史长河中，通过人类对自然环境的改造以及自然环境对人的反作用，二者形成了一种相互作用、相互制约的统一关系，使人与环境成为不可分割的对立统一体。

0.2 环境科学

自然环境对人的影响是根本性的。人类要改善环境，必须以自然环境为大前提，若超越这一前提，必然遭到大自然的“报复”。环境的好坏对人的工作与生活、对社会的进步影响极大。人类在与环境作斗争的过程中，对环境问题的认识逐步深入，积累了丰富的经验和知识，促进了各学科对环境问题的研究。20世纪60年代开始酝酿，到70年代初，才从零星、不系统的环境保护和科研工作汇集成一门独立的、应用广泛的新兴学科——环境科学。

环境科学是以“人类-环境”为对象，研究其对立统一关系的发生与发展、调节与控制以及利用与改造的科学。由人类与环境组成的对立统一体，称为“人类-环境”系统，就是以人类为主体的生态系统。

环境科学在宏观上研究人类与环境之间相互作用、相互促进、相互制约的对立统一关系，遵循社会经济发展和环境保护协调发展的基本规律，调控人类与环境间的物质流、能量流的运行、转换过程，维护生态平衡。在微观上研究环境中的物质，尤其是污染物在有机体内迁移、转化和积蓄的过程及其运动规律，探索物质对生命的影响及作用的机理等。环境科学研究最终达到的目的一是可再生资源得以永续利用、不可再生的自然资源将以最佳的方式节约利用；二是使环境质量保持在人类生存、发展所必需的水平上，并趋向逐渐改善。

（1）环境科学的基本任务

① 探索全球范围内自然环境演化的规律　环境总是不断地演化，环境变异也随时随地发生。在人类改造自然的过程中，为使环境向有利于人类的方向发展、避免向不利于人类的方向发展，就必须了解环境变化的过程，包括环境的基本特征、环境结构和演化机理等。

② 探索全球范围内人与环境相互依存的关系　环境变化是由物理、化学、

生物和社会因素以及它们的相互作用所引起的。因此必须研究污染物在环境中的物理、化学等变化过程，在生态系统中迁移转化的机理，以及进入人体后发生的各种作用，包括致畸作用、致突变作用和致癌作用。同时，必须研究环境退化同物质之间的关系。这些研究可为保护人类生存环境、制定各项环境标准、控制污染物的排放量提供依据。

③ 协调人类的生产、消费活动同生态要求的关系　人类通过生产和消费活动，不断影响环境的质量。人类生产和消费系统中物质和能量的迁移、转化过程是异常复杂的，但必须使物质和能量的输出同输入之间保持相对平衡。这个平衡包括两个方面：一是排入环境的废弃物不能超过环境自净能力，以免造成环境污染，损害环境质量；二是从环境中获取可再生资源不能超过它的再生增殖能力，以保障永续利用，从环境中获取不可再生资源要做到合理开发和利用。

④ 探索区域环境综合防治的技术与管理措施　引起环境问题的因素很多，实践证明需要综合运用多种工程技术措施和管理手段，从区域环境的整体出发，调节并控制人类和环境之间的相互关系，利用系统分析和系统工程的方法寻找解决问题的最优方案。

（2）环境科学的内容及分支　环境科学是综合性的新兴学科，已逐步形成多种学科相互交叉渗透的庞大学科体系。按其性质和作用分为基础环境学、环境学、应用环境学三部分。

基础环境学包括环境数学、环境物理学、环境化学、环境地学、环境生物学、污染物毒理学等。

环境学包括大气环境学、水体环境学、土壤环境学、城市环境学、区域环境学等。

应用环境学包括环境工程学、环境管理学、环境规划、环境监测、环境经济学、环境法学、环境行为学、环境质量评价等。

归纳起来，环境科学主要研究人类与环境的关系，污染物在环境中的迁移、转化、循环和积累的过程与规律，环境污染的危害，环境状况的调查、评价和环境预测，环境污染的控制与防治，自然资源的保护与合理利用，环境监测、分析技术与环境预报，环境管理与环境规划。

环境科学研究的核心问题是环境质量的变化和发展。通过研究在人类活动影响下环境质量的发展变化规律及其对人类的反作用，提出调控环境质量变化和改善环境质量的有效措施。

（3）环境科学的发展　自20世纪70年代以来，随着人们在控制环境污染方面取得的进展，环境科学这一新兴学科也日趋成熟，并形成自己的基础理论和研究方法。

1992年联合国环发大会提出了可持续发展的概念，将环境保护变成世界范围的统一行动。之后，我国第一个提出本国21世纪议程，并将之确定为国家发展战略。可持续发展的影响是深远的；环境治理要由原来的末端治理转向生产的全过程控制，最终实现零排放；清洁生产发展迅速，使得工业生产成为可持续生产；绿色技术、绿色化学、绿色标识、绿色食品等也应运而生。

2022年，恰逢联合国人类环境会议召开50周年，科学技术在应对气候变化、自然和生物多样性丧失以及污染和废弃物这三大全球环境危机方面发挥着很重要的作用，中国在全球环境治理领域已经从全球生态文明建设的重要参与者、贡献者转变为倡导者和引领者。创新是引领发展的第一动力，科技是解决环境问题的利器。生态环境科技是国家生态环境保护事业的重要组成部分，是贯穿生态环境保护全过程的基础性工作。

思考与实践

1. 人类与环境的关系是什么？
2. 环境科学的任务是什么？
3. 环境科学包括哪些分支？环境科学研究的核心是什么？

阅读材料

保护环境就是
保护生命健康

深入学习贯彻党的二十大精神
努力建设人与自然和谐共生的
美丽中国

1 环境及环境问题

知识目标	能力目标	素质目标
1. 掌握环境的概念及分类； 2. 了解环境问题的发展过程； 3. 了解当前全球性环境问题； 4. 熟悉我国环境现状	1. 能够掌握环境问题的产生及其发展过程； 2. 能够分析我国当前的环境问题	1. 培养学生树立科学的世界观、人生观和价值观； 2. 培养环保社会责任心

重点难点

重点：环境的概念；环境问题的产生与发展

难点：全球性环境问题；我国主要的环境问题

1.1 环境

1.1.1 环境的概念

环境是指以人类社会为主体的外部世界的总体，主要指直接或间接影响人类生存和社会发展的周围世界。环境的中心事物是人类的生存及活动，具有整体性与区域性、变动性与稳定性、资源性与价值性等基本特征。

《中华人民共和国环境保护法》对环境有如下规定："本法所称环境，是指影响人类生存和发展的各种天然的和经过人工改造的自然因素的总体，包括大气、水、海洋、土地、矿藏、森林、草原、湿地、野生生物、自然遗迹、人文遗迹、自然保护区、风景名胜区、城市和乡村等。"

1.1.2 环境的分类及功能

1.1.2.1 环境的分类

环境可分为自然环境和人工环境。

自然环境指直接或间接影响到人类的一切自然形成的物质、能量和自然现象的总体。它是人类出现之前就存在的，是人类目前赖以生存、生活和生产所必需的自然条件和资源的总称，即阳光、温度、气候、地磁、空气、水、岩石、土壤、动植物、微生物以及地壳的稳定性等自然因素的总和。

人工环境指由于人类的活动而形成的各种事物，包括人工形成的物质、能量和精神产品以及人类活动中所形成的人与人之间的关系（或称上层建筑）。人工环境由综合生产力（包括人）、技术进步、人工建筑物、人工产品和能量、政治体制、社会行为、宗教信仰、文化与地方因素等组成。

人类生存的环境可由小到大、由近及远分为聚落环境、地理环境、地质环境和宇宙环境，它们规模不同、性质不同，相互交叉、相互转化，从而形成了一个庞大的系统。

（1）聚落环境　聚落环境是人类有计划、有目的地利用和改造自然环境而创造出来的生存环境，是与人类工作和生活关系最密切、最直接的环境。

人类大部分时间是在聚落环境中度过的。聚落环境的发展，为人类提供了越来越方便而舒适的工作和生活环境；但也往往因为聚落环境中人口密集、活动频繁而造成环境的污染。

（2）地理环境　地理环境是自然地理环境和人文地理环境两个部分的统一体。自然地理环境是由岩石、土壤、水、大气、生物等自然要素有机结合而成的综合体；人文地理环境是人类社会、文化和生产活动的地域组合，包括人口、民族、政治、社团、经济、交通、军事、社会行为等许多成分，它们在地球表面构成的圈层称为人文圈。

（3）地质环境　地质环境是指地表以下的地壳层，可延伸到地核内部。

地质环境为人类提供了大量丰富的生产资料——难以再生的矿产资源。随着生产的发展，大量矿产资源被引入地理环境，在环境保护中是一个不容忽视的方面。地质环境与地理环境的区别在于地理环境主要指对人类影响较大的地表环境。

（4）宇宙环境　宇宙环境是由广漠的空间和存在于其中的各种天体以及弥漫物质组成的。目前环境科学对它的认识还很不足，是有待于进一步开发和利用的极其广阔的领域。

1.1.2.2　环境的功能特性

环境系统是一个复杂的有时、空、量、序变化的动态系统和开放系统。系统内外存在着物质和能量的变化和交换，表现出环境对人类活动的干扰与压力，具有不容忽视的特性。

（1）整体性　人与地球环境是一个整体，地球的任一部分或任一个系统，都是人类环境的组成部分。各部分之间相互联系、相互制约，关系紧密。

（2）有限性　根据人类现有认识水平，地球在宇宙中独一无二，但空间有限：人类环境的稳定性有限，资源有限，容纳污染物的能力有限，即环境对污染物的自净能力有限。

（3）不可逆性　环境系统运转中的能量流动是不可逆的，因此环境一旦遭到破坏，利用物质循环规律，可以实现局部的恢复，但不可能彻底回到原来的状态。

（4）隐显性　除了事故性的污染与破坏可直观其后果外，日常的环境污染与环境破坏对人们的影响，其后果的显现需要经过一段时间。

（5）持续反应性　大量事实证明环境污染不但影响当代人的健康，而且还会造成世世代代的遗传隐患。

（6）灾害放大性　实践证明，某方面不引人注目的环境污染与破坏，经过环境的作用以后，其危害性或灾害性，从深度和广度都会被明显放大。

历史的经验证明，人类的经济和社会发展，如果不违背环境的功能和特性，遵循客观的自然规律、经济规律和社会规律，那么人类就受益于自然界，人口、经济、社会和环境就会协调发展；相反，则环境质量恶化，生态环境破坏，自然资源枯竭，人类必然受到自然界的“惩罚”。

1.2　环境问题

1.2.1　环境问题及分类

环境问题就其范围大小而论，可从广义和狭义两个方面理解。从广义理解，就是由自然力或人力引起生态平衡破坏，最后直接或间接影响人类的生存和发展的一切客观存在的问题，都是环境问题。从狭义上理解，环境问题是由于人类的生产和生活活动，使自然生态系统失去平衡，反过来影响人类生存和发展的一切问题。

从引起环境问题的根源考虑，可将环境问题分为两类：第一环境问题是由自然力引起的原生环境问题，如地震、洪涝、干旱、滑坡等自然灾害问题；第二环境问题是由于人类活动引起的次生环境问题，这类问题也可分为两类：一是不合理开发利用自然资源，超出环境承载力，使生态环境质量恶化和自然资源枯竭的现象；二是人口激增、城市化和工农业高速发展引起的环境污染和破坏。环境科学在研究环境问题时往往难以将原生和次生环境问题截然分开，因为它们常常相互作用、相互影响。总之，环境问题是人类经济社会发展与环境的关系不协调所引起的问题。

按环境问题的影响和作用范围来划分，有全球、区域和局部等不同等级。其中全球环境问题具有综合性、广泛性、复杂性和跨国界的特点。保护全球环境是全人类的共同利益和共同责任。

1.2.2 环境问题的发展

从人类诞生开始就存在着人与环境的对立统一关系。人类在改造自然环境的过程中，由于认识能力和科学水平的限制，往往会产生意料不到的后果，造成对环境的污染与破坏。

1.2.2.1 工业革命以前阶段

在远古时期，由于人类的生活活动如制取火种、乱采乱捕、滥用资源等造成生活资料短缺。随着刀耕火种、砍伐森林、盲目开荒、破坏草原以及农业、牧业的发展，引起一系列水土流失、水旱灾害和沙漠化等环境问题。

1.2.2.2 环境的恶化阶段

工业革命至20世纪50年代，是环境问题发展恶化阶段。在这一阶段，生产力的迅速发展、机器的广泛使用、劳动生产率的大幅度提高，增强了人类利用和改造环境的能力，大规模地改变了环境的组成和结构，也改变了生态中的物质循环系统，扩大了人类活动领域。同时也带来了新的环境问题，大量废弃物污染环境，如从1873年至1892年间，伦敦多次发生有毒烟雾事件死亡近千人。另外大量矿物资源的开采利用，加大了“三废”的排放，造成环境问题的逐步恶化。这一阶段的环境污染属局部的、暂时的，其造成的危害也是有限的。

1.2.2.3 环境问题的第一次爆发

进入20世纪，特别是二次世界大战以后，科学技术、工业生产、交通运输都得到了迅猛发展，尤其是石油工业的崛起，导致工业分布过分集中，城市人口过分密集，环境污染由局部逐步扩大到区域，由单一的大气污染扩大到气体、水体、土壤和食品等各方面的污染，有的甚至酿成震惊世界的公害事件。

阅读材料

世界八大公害事件

1.2.2.4 环境问题的第二次高潮

20世纪80年代以后环境污染日趋严重以及大范围的生态破坏，是环境问题的第二次高潮。人们共同关心的影响范围大和危害严重的环境问题有三类：一是全球性的大气污染，如温室效应、臭氧层破坏和酸雨；二是大面积生态破坏，如大面积森林毁坏、草场退化、土壤侵蚀和沙漠化；三是突发性的严重污染事件频繁，典型事件见表1-1。

表1-1 20世纪80年代以来的典型公害事件

事件名称	发生地点	时间	影响情况
三里岛核电站泄漏事件	美国三里岛	1979年3月28日	三里岛核电站泄漏事故使周围80km以内约200万人处于不安中，停工、停课，纷纷撤离，直接损失10多亿美元
博帕尔农药泄漏事件	印度博帕尔市	1984年12月3日	博帕尔市美国联合碳化公司农药厂发生异氰酸甲酯罐爆裂外泄，进入大气约30万吨，受害面积达40km^2，受害人10万～20万，直接致死人数达2.5万
切尔诺贝利核电站泄漏事件	乌克兰基辅	1986年4月26日	切尔诺贝利核电站4号反应堆爆炸，引起大火，放射性物质大量扩散。周围13万居民被疏散，300多人受严重辐射，直接死亡31人，经济损失35亿美元
上海甲肝事件	中国上海市	1988年1月	上海市部分居民食用被污染的毛蚶而中毒，然后迅速传染蔓延，有29万人患甲肝
洛东江水源污染事件	韩国洛东江畔	1991年3月	洛东江畔的大丘、釜山等城镇斗山电子公司擅自将325t含酚废料倾倒于江中。自1980年起已倾倒含酚废料4000多吨，洛东江已有13条支流变成了“死川”，1000多万居民受到危害
海湾石油污染事件	海湾地区	1991年1月17日～2月28日	历时6周的海湾战争使科威特境内900多口油井被焚或损坏；伊拉克、科威特沿海两处输油设施被破坏，约15亿升原油漂流；伊拉克境内大批炼油和储油设备、军火弹药库、制造化学武器和核武器的工厂起火爆炸，有毒有害气体排入大气中，随风漂移，危害其他国家，如伊朗连降几次“黑雨”。海湾战争是有史以来造成环境污染和生态破坏最严重的一次战争
沅江死鱼事故	中国湖南沅江140km水域和武水20km水域	1991年5月	在跨越一州一地五县的水域里，持续40多天，死鱼达50×10^4kg，大面积水域严重磷污染。原因是湘西自治州三个化工厂长期超标排放黄磷废水，沉积在底泥，不断积累，在暴雨冲击下底泥翻腾，单质磷胶体泛起所造成
开封市饮用水污染	中国河南开封市	1993年4月	一次大暴雨后发现饮用水异味、苦涩、有辛辣感。一连数日开封市几十万人受害，发生恶心、腹泻现象。经调查，是由于多家有机化工厂、阻燃剂厂、黏合剂厂、农药厂等废水排入饮用水明渠内造成，水样中检出氰化物、六价铬等
清水河爆炸事件	中国深圳清水河	1993年8月	该仓库未经环保部门审批储存了49种总量达2800多吨的化学品，大多属易燃易爆或有毒有害物质。因氧化剂和还原剂直接接触引起爆炸，黑色蘑菇云冲天而起，夹带污染物飘向四周。这次爆炸造成15人死亡，大火持续16h，摧毁库房7座，爆炸中心有两个深达9m、直径20m的大坑
倾倒核废料	日本海	1995年10月	俄罗斯海军舰只向日本海倾倒约900m^{3}的低度放射性废料，受到日本、朝鲜、韩国等周边国家的谴责和国际社会的严重关注

续表

事件名称	发生地点	时间	影响情况
石油泄漏	俄罗斯科来共和国	1994年10月	在科来共和国发生一起历史上最严重的石油泄漏事件，流失石油覆盖面积约68km^2
天津港化学品仓库爆炸	中国天津市天津港	2015年8月	2015年8月12日23时30分左右，天津港集装箱码头仓库发生第一次爆炸，30秒后发生第二次爆炸，发生爆炸的是集装箱内危险化学品。截至2015年9月13日，事故中抢险救援牺牲110人，另有55人遇难，8人失联。累计出院582人，尚有216人住院治疗。周边万余辆汽车被烧，几千间房屋受损。仓库储存氰化钠、硝酸钾、硝酸铵、电石、甲基磺酸、油漆、火柴等各大类几十种易燃易爆化学品

从以上典型污染事件可以看出，环境问题的影响范围逐步扩大，不仅对某个国家、某个地区，而且对人类赖以生存的整个地球环境造成危害。例如据我国科学家的考证，南极遭受核辐射、重金属、化学农药等污染的程度远远高出人们预想的程度，污染途径主要有大气环流、海洋环流和食物链。环境污染不但明显损害人类健康，而且全球性的环境污染和生态破坏也阻碍着经济的持续发展。就污染源而言，以前较易通过污染源调查弄清产生环境问题的来龙去脉，但现在污染源和破坏源众多，分布广且来源复杂，既有来自人类经济生产活动的，也有来自日常生活活动的；既有来自发达国家的，也有来自发展中国家的。突发性事件的污染范围大、危害严重，经济损失巨大。

1.3 当前全球性环境问题

全球环境问题，也称国际环境问题或者地球环境问题，指超越主权国国界和管辖范围的全球性环境污染和生态平衡破坏问题。当前的全球性环境问题主要有：全球气候变化、酸雨、臭氧层耗损、固体废物污染、生物多样性的锐减、海洋污染等。还有发展中国家普遍存在的生态环境问题，如水污染和水资源短缺、土地退化、沙漠化、水土流失、森林减少等。

1.3.1 全球气候变化

全球气候变化是指在全球范围内，气候平均状态统计学意义上的巨大改变或者持续较长一段时间（典型的为30年或更长）的气候变动。气候变化的原因可能是自然的内部进程，或是外部强迫，或者是人为地持续对大气组成成分和土地利用的改变。

引起气候变化的原因有多种，概括起来可分成自然的气候波动与人类活动的影响两大类。前者包括太阳辐射的变化、宇宙射线、火山爆发等；后者包括人类燃烧化石燃料以及毁林引起的大气中温室气体浓度的增加，硫化物气溶胶浓度的变化，陆面覆盖和土地利用的变化等。

气候变化会使海平面上升；影响农业和生态、造成大范围森林植被破坏和农业灾害；过多的降雨、大范围的干旱和持续的高温，造成大规模的灾害损失；此外，气候变暖有可能加大疾病危险和死亡率，增加传染病。

1.3.2 酸雨

酸雨是指pH小于5.6的雨雪或其他形式的降水。雨、雪等在形成和降落过程中，吸收并溶解了空气中的二氧化硫、氮氧化合物等物质，形成了pH低于5.6的酸性降水。酸雨主要是人为地向大气中排放大量酸性物质所造成的。中国的酸雨主要是因大量燃烧含硫量高的煤而形成的，多为硫酸雨，少为硝酸雨。此外，各种机动车排放的尾气也是形成酸雨的重要原因。

酸雨危害土壤，导致土壤贫瘠化，影响植物正常发育；酸雨对人类最严重的影响就是呼吸方面的问题，还会溶解水中的有毒金属，被水果、蔬菜和动物的组织吸收后，吃下这些东西会对人类的健康产生严重影响；酸雨能使非金属建筑材料（混凝土、砂浆和灰砂砖）表面的硬化水泥溶解，出现空洞和裂缝，导致强度降低，从而损坏建筑物，造成建筑物的使用寿命下降。

1.3.3 臭氧层耗损

臭氧层耗损是指高空25km附近臭氧密集层中臭氧被损耗、破坏而稀薄的现象，即臭氧层被破坏。臭氧浓度较高的大气层约在10 ~ 50km范围内，在25km处浓度最大，形成了平均厚度为3mm的臭氧层，能吸收太阳紫外辐射，给地球提供防护紫外线的屏蔽，并将能量贮存在上层大气，具有调节气候的作用。

大多数人认为，人类过多地使用氯氟烃类化学物质是破坏臭氧层的主要原因。另外，哈龙类物质（用于灭火器）、氮氧化物也会造成臭氧层的损耗。

臭氧层破坏后，地面将受到过量的紫外线辐射，危害人类健康，使平流层温度发生变化，导致地球气候异常，影响植物生长、生态平衡等。

1.3.4 水污染

水污染指工业废水、生活污水和其他废弃物进入江河湖海等水体，超过水体自净能力所造成的污染。这会导致水体的物理、化学、生物等方面特征的改变，从而影响到水的利用价值，危害人体健康或破坏生态环境，造成水质恶化的现象。

水污染会对环境、工业生产和人体健康造成危害。导致生物的减少或灭绝，造成各类环境资源的价值降低，破坏生态平衡；由于被污染的水达不到工业生产或农业灌溉的要求，而导致减产；人如果饮用了污染水，会引起急性和慢性中毒、癌变、传染病及其他一些奇异病症，污染水引起的感官恶化，会使人生活不便、情绪受到不良影响等。

1.3.5 大气污染

大气污染是由于人类活动或自然过程引起某些物质进入大气中，呈现出足够的浓度，达到足够的时间，并因此危害了人体的舒适、健康和福利或危害环境的现象。大气污染物按其存在状态可分为两大类，一种是气溶胶状态污染物，另一种是气体状态污染物；若按形成过程分类则可分为一次污染物和二次污染物。一次污染物是指直接从污染源排放的污染物质，二次污染物则是由一次污染物经过化学反应或光化学反应形成的与一次污染物物理化学性质完全不同的新的污染物，其毒性比一次污染物强。

大气污染会对人体健康、工农业生产、建筑材料等诸多方面产生危害。

1.3.6 森林锐减

森林锐减是指人类过度采伐森林或自然灾害所造成的森林大量减少的现象。众所周知，森林可以调节气候、防风固沙、涵养水源、保持水土、净化空气，还可以为人类提供资源、为动物提供栖息场所。森林遭到破坏以后，这些作用就会全部消失，森林锐减直接导致了全球水土流失、干旱缺水、物种灭绝等一系列生态危机。

1.3.7 土地荒漠化

土地荒漠化和沙化是一个渐进的过程，但其危害及其产生的灾害却是持久和深远的，不仅会对当代人产生影响，而且还将祸及子孙。2003年，中国重沙区农民人均纯收入仅为中国平均水平的三分之二，与发达地区差距更大。土地荒漠化、沙化使可利用土地资源减少、土地生产力严重衰退、自然灾害加剧等。

1.3.8 生物多样性减少

生物多样性是人类社会赖以生存和发展的基础。生物多样性为我们提供了食物、纤维、木材、药材和多种工业原料。

生物多样性在大气层成分、地球表面温度、地表沉积层氧化还原电位以及pH值等方面的调控方面发挥着重要作用。例如，现在地球大气层中的氧气含量为21%，供给我们自由呼吸，这主要应归功于植物的光合作用。在地球早期的历史中，大气中氧气的含量要低很多。据科学家估计，假如断绝了植物的光合作用，那么大气层中的氧气，将会由于氧化反应在数千年内消耗殆尽。

生物多样性的维持，将有益于一些珍稀濒危物种的保存。任何一个物种一旦灭绝，便永远不可能再生。今天仍生存在我们地球上的物种，尤其是那些处于灭绝边缘的濒危物种，一旦消失了，那么人类将永远丧失这些宝贵的生物资源。而保护生物多样性，特别是保护濒危物种，对于人类后代、对科学事业都具有重大的战略意义。

1.3.9 海洋污染

海洋污染通常是指人类改变了海洋原来的状态，使海洋生态系统遭到破坏，有害物质进入海洋环境而造成的污染，会损害生物资源，危害人类健康，妨碍捕鱼和人类在海上的其他活动，损坏海水质量和环境质量等。海洋面积辽阔，储水量巨大，因而长期以来是地球上最稳定的生态系统。由陆地流入海洋的各种物质被海洋接纳，而海洋本身却没有发生显著的变化。然而近几十年，随着世界工业的发展，海洋污染也日趋严重，使局部海域环境发生了很大变化，并有继续扩展的趋势。

人类生产和生活过程中，产生的大量污染物质不断地通过各种途径进入海洋，对海洋生物资源、海洋开发、海洋环境质量产生不同程度的危害，最终又将危害人类自身。

1.3.10 固体废物污染

固体废物是指在生产建设、日常生活和其他活动中产生的污染环境的固态、半固态废弃物质。《中华人民共和国固体废物污染环境防治法》（以下简称《固废法》），把固体废物分为工业固体废物、生活垃圾、建筑垃圾、农业固体废物和危险废物等。由于液态废物（排入水体的废水除外）和置于容器中的气态废物（排入大气的废物除外）的污染防治同样适用于《固废法》，所以有时也把这些废物称为固体废物。

固体废物会污染水体、污染大气、侵占土地、污染土壤，同时也会对人体产生危害，影响环境卫生等。

1.4 我国环境现状

《2022中国生态环境状况公报》显示：

环境空气状况。全国环境空气质量稳中向好。地级及以上城市细颗粒物浓度为29μg/m^3，比2021年下降3.3%，好于年度目标4.6μg/m^3。优良天数比例为86.5%，好于年度目标0.9个百分点；重度及以上污染天数比例为0.9%，比2021

年下降0.4个百分点。

水环境状况。全国地表水环境质量持续向好。Ⅰ～Ⅱ类水质断面比例为87.9%，比2021年上升3.0个百分点，好于年度目标4.1个百分点；劣Ⅴ类水质断面比例为0.7%，比2021年下降0.5个百分点。地下水水质总体保持稳定，Ⅰ～Ⅳ类水质点位比例为77.6%。

海洋环境状况。管辖海域海水水质总体稳定。夏季一类水质海域面积占管辖海域面积的97.4%，比2021年下降0.3个百分点。全国近岸海域海水水质总体保持改善趋势，优良（一、二类）水质面积比例为81.9%，比2021年上升0.6个百分点；劣四类水质面积比例为8.9%，比2021年下降0.7个百分点。

土壤环境状况。全国土壤环境风险得到基本管控，土壤污染加重趋势得到初步遏制。重点建设用地安全利用得到有效保障。农用地土壤环境状况总体稳定。

生态系统状况。全国自然生态状况总体稳定。生态质量指数（EQI）值为59.6，生态质量为二类，与2021年相比无明显变化。森林覆盖率为24.02%，陆域生态保护红线面积约占陆域国土面积的30%以上。

声环境状况。全国城市声环境质量总体稳定。功能区声环境质量昼间、夜间达标率分别为96.0%、86.6%，比2021年分别上升0.6个百分点、3.7个百分点。区域、道路声环境昼间等效声级平均值分别为54.0分贝、66.2分贝，与2021年相比基本保持稳定。

核与辐射安全状况。全国核与辐射安全态势总体平稳。未发生国际核与放射事件分级表2级及以上事件事故，放射源辐射事故年发生率稳定在每万枚1起以下。全国辐射环境质量和重点核与辐射设施周围辐射环境状况总体良好，核与辐射安全得到有效保障。

气候变化及应对。全国平均气温偏高，降水量偏少。初步核算，全国万元国内生产总值二氧化碳排放比2021年下降0.8%，全国万元国内生产总值能耗比2021年下降0.1%。

本章小结

本章主要学习了环境及其组成、结构和功能特性，要求掌握环境问题及其发展，了解当今世界关注的全球性环境问题，对我国的环境状况有清醒的认识，明确我国的环境目标及任务。

思考与实践

1. 什么是环境？其组成、结构、功能和特性是什么？
2. 什么是环境问题？它是如何发展的？
3. 当今世界关注的全球性环境问题有哪些？
4. 我国环境状况如何？

汽车与环保的研究

一、目的

通过开展关于汽车的一系列问题调查，教育学生对汽车发展与环境保护有客观公正的认识。提高学生查阅文献、调查分析、相关活动、应用写作等方面的能力，提高个体环保意识，养成绿色文明习惯。

二、活动内容

1. 了解世界和本地区的汽车发展概况。涉及的问题是：①全球汽车的大致数量；②全球汽车的年增长率；③全球排名前10位的著名汽车公司；④大型汽车公司在全球范围内的运作经营方式；⑤发达国家与发展中国家的交通政策差异；⑥学校所在城市（地区）汽车数量变化及道路交通状况。

2. 了解人们对汽车的心理。涉及的问题是：①人们对汽车的渴望程度；②大力发展汽车工业的优点；③汽车对人的生活的影响；④汽车对工作的影响；⑤没有汽车时面临的问题。

3. 调查汽车带来的环境问题。

涉及的问题有：①汽车消耗资源；②汽车对大气的污染；③汽车对水体与土壤的污染；④汽车产生的噪声污染；⑤公路建设对环境的影响；⑥汽车占据城市土地与空间；⑦汽车产生的全球性环境问题。

4. 了解汽车尾气排放情况。通过实地调查、观察记录，讨论以下问题。

① 上学路上，早晨、中午和傍晚公路上的大气状况有什么不同?

② 校园里外马路上大气状况有什么不同?

③ 不同交通工具的尾气排放情况有何不同?

④ 不同路面行驶时，汽车尾气排放情况有何不同?

⑤ 十字路口通行车辆与正常行驶汽车的尾气排放情况有何不同?

⑥ 汽车排放尾气中的主要污染物是什么?

⑦ 汽车排放的污染物在大气中是如何发生变化的?

5. 填写个人交通记录。记录每次乘车情况（包括自行车、公交车、出租车、私家车等），了解行驶距离、花费时间和金钱，选择一种合理的交通方式。

个人交通记录表

次数	乘车目的	距离	交通费用	所用时间

三、活动方式

1. 校内、校外图书馆，上网查阅资料。
2. 调查交通管理局、环保局、公交公司、交通警察、司机等。
3. 以个人或小组进行实地调查。
4. 合理选择课题、设计出研究方案。

四、成果形式

1. 环保汽车的设想：结合有关清洁能源和环保汽车的资料以及自己调查的情况，进行合理想象，设计一种环保型汽车。

2. 以小论文的形式对自己的选题进行归纳、总结，要提出合理化建议（如交通方式、汽车发展规划、公交体系等）。

3. 撰写汽车与环保类的科普文章，整理或研究成果汇编。

4. 举办汽车与环保专题展览，共同提高环保意识。

阅读材料

世界环境日

1972年10月，第27届联合国大会通过了联合国人类环境会议的建议，规定每年的6月5日为“世界环境日”。联合国系统和各国政府要在每年的这一天开展各种活动，提醒全世界注意全球环境状况和人类活动对环境的危害，强调保护和改善人类环境的重要性。

许多国家、团体和人民群众在世界环境日这一天开展各种活动来宣传强调保护和改善人类环境的重要性，同时联合国环境规划署发表世界环境状况年度报告书，并采取实际步骤协调人类和环境的关系。世界环境日象征着全世界人类环境向更美好的阶段发展，标志着世界各国政府积极为保护人类生存环境做出的贡献，反映了世界各国人民对环境问题的认识和态度。1973年1月，联合国大会根据人类环境会议的决议，成立了联合国环境规划署（UNEP），设立环境规划理事会（GCEP）和环境基金。环境规划署是常设机构，负责处理联合国在环境方面的日常事务，并作为国际环境活动中心，促进和协调联合国内外的环境保护工作。以下为近二十年世界环境日主题。

2000年	环境千年，行动起来（2000 The Environment Millennium—Time to Act）	2011年	森林：大自然为您效劳（Forests：Nature at Your Service） 中国主题：共建生态文明，共享绿色未来
2001年	世间万物，生命之网（Connect with the World Wide Web of life）	2012年	绿色经济：你参与了吗?（Green Economy：Does it Include You？） 中国主题：绿色消费，你行动了吗?
2002年	让地球充满生机（Give Earth a Chance）	2013年	思前，食后，厉行节约（Think Eat Save） 中国主题：同呼吸，共奋斗
2003年	水——二十亿人生命之所系！（Water—Two Billion People are Dying for It!）	2014年	提高你的呼声，而不是海平面（Raise Your Voice Not the Sea Level） 中国主题：向污染宣战
2004年	海洋存亡，匹夫有责（Wanted! Seas and Oceans—Dead or Alive？）	2015年	可持续消费和生产（Sustainable Consumption and Production） 中国主题：践行绿色生活
2005年	营造绿色城市，呵护地球家园！（Green Cities—Plan for the Planet） 中国主题：人人参与，创建绿色家园	2016年	为生命呐喊（Go Wild for Life） 中国主题：改善环境质量，推动绿色发展
2006年	莫使旱地变为沙漠（Deserts and Desertification—Don't Desert Drylands!） 中国主题：生态安全与环境友好型社会	2017年	人与自然，相联相生（Connecting People to Nature） 中国主题：绿水青山就是金山银山
2007年	冰川消融，后果堪忧（Melting Ice—a Hot Topic？）中国主题：污染减排与环境友好型社会	2018年	塑战速决（Beat Plastic Pollution） 中国主题：美丽中国，我是行动者
2008年	促进低碳经济（Kick the Habit!Towards a Low Carbon Economy） 中国主题：绿色奥运与环境友好型社会	2019年	蓝天保卫战，我是行动者（Beat Air Pollution） 中国是2019年世界环境日主办国，全球主场活动在我国浙江省杭州市举办
2009年	地球需要你：团结起来应对气候变化（Your Planet Needs You—Unite to Combat Climate Change） 中国主题：减少污染——行动起来	2020年	“关爱自然，刻不容缓”（Time for Nature） 中国主题：美丽中国，我是行动者
2010年	多样的物种，唯一的地球，共同的未来（Many Species. One Planet. One Future） 中国主题：低碳减排，绿色生活	2021年	生态系统恢复（Ecosystem Restoration） 中国主题：人与自然和谐共生

2 生态原理及应用

知识目标	能力目标	素质目标
1. 掌握生态学、生态系统、生态平衡的概念； 2. 掌握生态平衡破坏的原因； 3. 了解改善生态平衡的主要对策； 4. 了解生态学在环境保护中的应用	1. 能阐述生物与环境的相互关系； 2. 能解释生态学现象和人类对环境产生影响的过程	1. 培养学生团队协作精神和自主、开放的学习能力； 2. 培养学生热爱科学的创新意识和创新精神

重点与难点

重点：生态学、生物多样性、生态系统、生态平衡的基本概念；生态平衡的破坏因素、保持生态平衡的途径

难点：生态规律在环境保护中的应用

2.1 生态学、生物圈及生物多样性

2.1.1 生态学的含义及其发展

生态学（ecology）一词最早是由德国生物学家黑格尔提出，其定义为：生态学是研究动物与有机和无机环境的总和关系。后来引申为生态学是研究生物与其生存环境之间相互关系的科学。作为生物学的主要分科之一，生态学的研究对象从植物逐渐涉及动物。

随着人类环境问题的日趋严重和环境科学的发展，生态学扩展到人类生活和社会形态等方面，把人类这一物种也列入生态系统中，来研究并阐明整个生物圈内生态系统的相互关系问题。同时，现代科学技术的新成就也渗透到生态学的领域中，赋予它新的内容和动力，使其成为多学科的、当代较活跃的科学领域之一，见图2-1。

以研究生物形态、生理、遗传、细胞的结构和功能为基础的生物学部分与

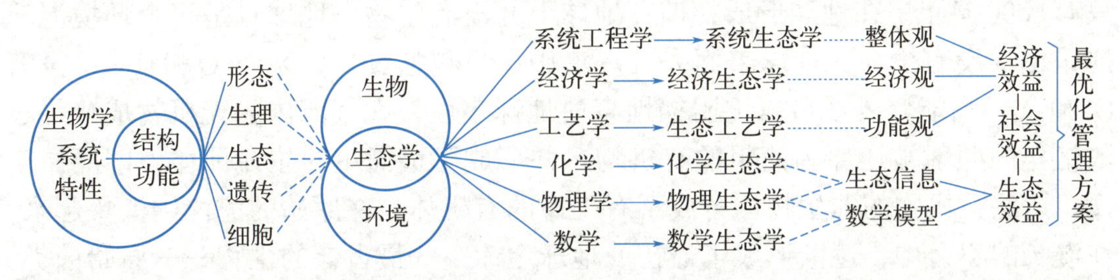

图2-1 生态学的多学科性及其相互关系

环境相结合形成的生态学，又与系统工程学、经济学、工艺学、化学、物理学、数学相结合而产生相应的新兴学科。因此，我国著名生态学家马世骏给出的定义更具现代性，他认为生态学是研究生命系统和环境系统相互关系的科学。所谓生命系统就是自然界具有一定结构和调节功能的生命单元，如动物、植物和微生物。所谓环境系统就是自然界的光、热、空气、水分及各种有机物和无机元素相互作用所共同构成的空间。

生态学发展历程体现了三个特点：从定性探索生物与环境的相互作用到定量研究；从个体生态系统到复合生态系统，由单一到综合、由静态到动态地认识自然界的物质循环与转化规律；与基础科学和应用科学相结合，发展和扩大了生态学的领域。

生态学和环境科学有许多共同的地方。生态学是以一般生物为对象着重研究自然环境因素与生物的相互关系；环境科学则以人类为主要对象，把环境与人类生活的相互影响作为一个整体来研究，和社会科学有十分密切的联系。作为基础理论，生态学的许多基本原理被应用于环境科学中。

生态学是一门综合性极强的科学，一般可分为理论生态学和应用生态学两大类。理论生态学依据生物种的类别可分为动物生态学、植物生态学、微生物生态学、哺乳动物生态学、鸟类生态学、鱼类生态学和昆虫生态学等；应用生态学包括污染生态学、放射生态学、热生态学、自然资源生态学、野生动物管理生态学、人类生态学、经济生态学、古生态学和城市生态学等。还可按照传统的方法以生物栖息地将其划分为陆地生态学、海洋生态学、河口生态学、森林生态学、淡水生态学、草原生态学、沙漠生态学和太空生态学等。

现代生态学的发展，促使新的分支学科诞生，如行为生态学、化学生态学、数学生态学、物理生态学和进化生态学。当前综合性的环境生态学（environmental ecology）体现了生态学是涉及生物、环境、自然科学、社会经济以及人文学科等多种学科的综合学科。

2.1.2 生物圈

地球上有人类的历史不过200万～300万年，而人类有文字记载的历史也只有6000多年。在地球形成初期，地球上并没有生物，地球只是一个环境混沌的星球，没有生命。地球表面大气环境中，只包括N_2、CO_2、CO和H_2O，没有O_2和O_3。高能紫外线可以无阻挡地直射地球表面。大气圈内的无机物成分经过数亿年的照射被还原为简单的有机物，并形成了最简单的生命前体，即原始生命。这些无机物的非生物体合成了有生命的有机体，在原始的海洋中汇集起来，在漫长的岁月中，逐渐形成了最初的地球生命——最古老的生物——原始菌类。大约在34亿年前出现了最早的生命——异养厌氧菌，此后不断进化。大约在27亿年前，在光合作用下，由水和二氧化碳合成了有机蓝绿藻类，同时产生了氧气。游离氧气的产生，进一步促进了生命进化，再经过10亿～15亿年出现了真核细胞有性繁殖的多核细胞生物。经过几十亿年的进化，才形成各种各样的生物物种，在相互影响下形成了今天大气环境中的成分。这样的生命生存环境是生物圈及其他生态环境圈相互影响、相互制约、转化统一的结果。

几十亿年来，原生环境的灾害是人类目前技术力量无法控制的，但人类活动可以控制和保护那些濒临灭绝的野生动物、植物。人类生存于地球这个自然生态圈内，到目前为止，人类智慧、科技水平所能了解、认识的，整个宇宙范围只有地球这个星球的生态适合人类生存繁衍。因此保护物种也就是保护与人类息息相关的生存环境。

2.1.3 生物多样性

在人类身边，成千上万种生物按照各自的生活方式，生活在海洋、沙漠、森林等不同的环境中，构成了千姿百态的生物世界。

生物多样性是指地球上所有的生物体及其环境所构成的综合体。UNEP（联合国环境规划署）在《生物多样性公约》中指出："生物多样性是指所有来源的形形色色生物体，这些来源包括陆地、海洋和其他水生生态系统及其所构成的生态综合体，这包括物种内部、物种之间和生态系统的多样性。"生物多样性包含了三个层次，即遗传的多样性、物种的多样性以及生态系统的多样性。这三个层次互相关联、互相影响，基因是物种构成的基础，物种是生态系统的组成部分。物种的多样性是生物多样性的表现核心。

生物多样性不仅构成人类生态环境，还是人类赖以生存的各种有生命的自然资源的总汇，是开发并永续利用与未来农业、医学和工业发展密切相关的生命资源的基础。目前人类所需营养的70%以上来自小麦、稻米和玉米三个物种，90%的食物来自约20个物种，说明生物多样性对提供人类生存所需要的食物来源是至关重要的。全世界只有150余种植物被加以大规模种植，而动物方面只有为数不多的家禽家畜及鱼类为人类提供必要的蛋白质。面对人口的增长，通过增加地球上有限的可耕地面积，以取得有限几种粮食作物产量的增加来满足这种增长的需要是有一定的困难，必须开发与利用自然界潜在的食物资源，基因的多样性与物种的多样性使我们有了这样的可能，对今后的农、林、牧、渔业的发展具有重要的现实意义。另外，生物多样性在人类的卫生保健事业中起着不可估量的作用。例如在很久以前，人们就开始利用野生的植物作为药品治疗人类疾病，而且一直沿用至医药事业高度发达的今天。中国的传统中医药就是大量采用各种植物材料用于治疗，取得了极好的治疗效果。美国每年的医疗处方中至少30%的处方包含有来自野生植物的药物。全世界含有野生植物成分的药材及成药价值达400亿美元。

随着环境的污染与破坏，比如森林砍伐、植被破坏、滥捕乱猎、滥采乱伐等，如今世界上的生物物种平均每小时消失一种。而物种一旦消失，就不会再生。消失的物种不仅会使人类失去一种自然资源，还会通过生物链引起连锁反应，影响其他物种的生存。35亿年前，从地球上有生物出现时起，就不断地有新的物种产生与灭绝，迄今为止，地球上存在的生物约有300万～1000万种，有案可查的有150万种，而被人类研究和利用的生物只是其中一小部分。

如果人们不深刻认识到这个问题的严重性，继续对地球上某些重要的生态系统如热带雨林施加影响，那么地球上生物的消亡速度就会加快，其后果对人类社会的持续发展而言是灾难性的。因此，保护生物多样性刻不容缓。生物多样性的保护措施之一是保护自然及半自然的生态系统，即对生物的栖息地进行保护。如建立自然保护区是保护基因、物种和自然生态系统的有效手段，在保护区内，外界人为的干扰相对较少，绝大多数物种能得到保护；生物多样性保护的另一条措施是退化土地的改善和生态系统的恢复，通过一系列的技术手段使原有生态系统中的物种得以复原；当就地保护的目标不能达到时，则需要采取迁地保护的措施，通过建立动物园、种子库、胚胎库等，使得野外受威胁的物种得以保存下来。

阅读材料

生物多样性公约

联合国环境规划署（UNEP）于1987年采用生物多样性的概念，开始为确立野生生物保护及其国际法的组织而努力。1992年6月1日在肯尼亚的内罗毕召开的最终会议上，一致通过了《生物多样性公约》，6月5日缔约方在巴西里约热内卢签字。

1997年世界资源报告中说，在地球上生息的生物物种，仅被确认的就有170万种，把未确认的也包括在内大约有1400万种。《生物多样性公约》与以往的有关生物保护的公约（如华盛顿公约、拉姆萨尔公约）相比，是更全面的根本性公约。公约的目的是：强调生物多样性保护，构成多样性要素的生物资源的持续利用，以及公正公平地分配从资源得到的利益。

公约还讨论了生物技术的安全性，对于生物技术所改变的生物的利用，要采取控制方法，防止随之而来的危险性，关于改变生物的安全转让，要考虑有关办理手续的议定书。

关于资金问题，和气候变化框架公约一样把全球环境基金（GEF）作为暂定的资金机构，但要在缔约国会议的管理和指导下发挥职能。该公约于1993年12月29日生效。

2.2 生态系统

2.2.1 生态系统的概念及组成

某一生物物种在一定范围内所有个体的总和称为种群（population）；生活在一定区域内的所有种群组成了群落（community）；任何生物群落与其环境组成的自然综合体就是生态系统（ecosystem）。按照现代生态学的观点，生态系统就是生命和环境系统在特定空间的组合。在生态系统中，各种生物彼此间以及生物与非生物的环境因素之间互相作用，关系密切，而且不断地进行着物质和能量的流动。目前人类所生活的生物圈内有无数大小不同的生态系统。在一个复杂的大生态系统中又包含无数个小的生态系统，如池塘、河流、草原和森林等，都是典型的例子。图2-2是一个简化了的陆地生态系统，只有当草、兔子、狼、虎保持一定的比例，这一系统才能保持物质和能量的动态平衡。而城市、矿山、工厂等从广义上讲是一种人为的生态系统。无数个各种各样的生态系统组成的统一整体，就是人类生活的自然环境。

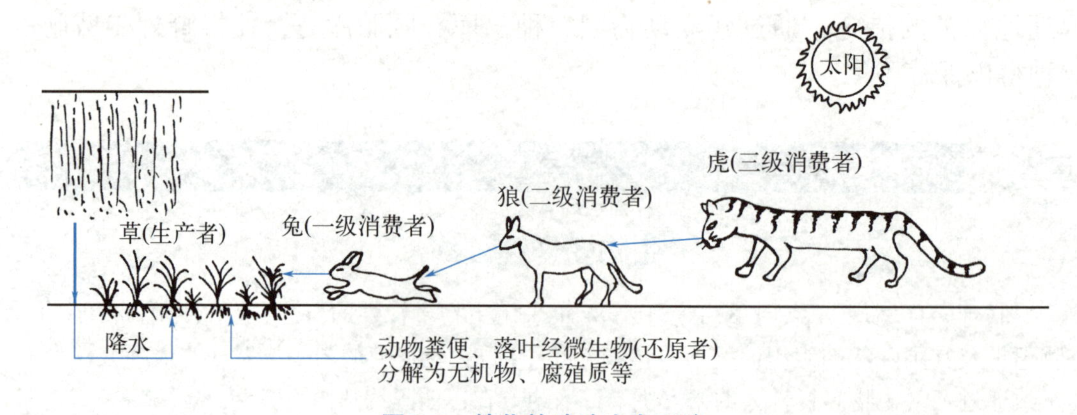

图2-2 简化的陆地生态系统

生态系统是由生物与非生物环境部分组成，包括以下几个方面。

2.2.1.1 生产者

自然界的绿色植物及凡能进行光合作用、制造有机物的生物（单细胞藻类和少数自然微生物等）均属生产者，或称为自养生物。生产者利用太阳能或化学能把无机物转化为有机物，这种转化不仅是生产者自身生长发育所必需的，同时也是满足其他生物种群及人类食物和能源所必需的，如绿色植物在阳光和叶绿素的作用下，其光合作用过程为：

$$6CO_2+6H_2O \longrightarrow C_6H_{12}O_6+6O_2$$

2.2.1.2 消费者

食用植物的生物或相互食用的生物称为消费者，或称为异养生物。消费者又可分为一级消费者、二级消费者等。食草动物如牛、羊、兔等直接以植物为食是一级消费者；以草食动物为食的肉食动物是二级消费者。消费者虽不是有机物的最初生产者，但在生态系统中也是一个极重要的环节。

2.2.1.3 分解者

各种具有分解能力的细菌和真菌，也包括一些原生生物，称为分解者或还原者。分解者在生态系统中的作用是把动物、植物遗体分解成简单化合物，作为养分重新供应给生产者利用。

2.2.1.4 无生命物质

各种无生命的无机物、有机物和各种自然因素，如水、阳光、空气等均属无生命物质。

以上四部分构成一个有机的统一整体，相互间沿着一定的途径，不断地进行物质和能量的交换，并在一定的条件下，保持暂时的相对平衡，如图2-3。

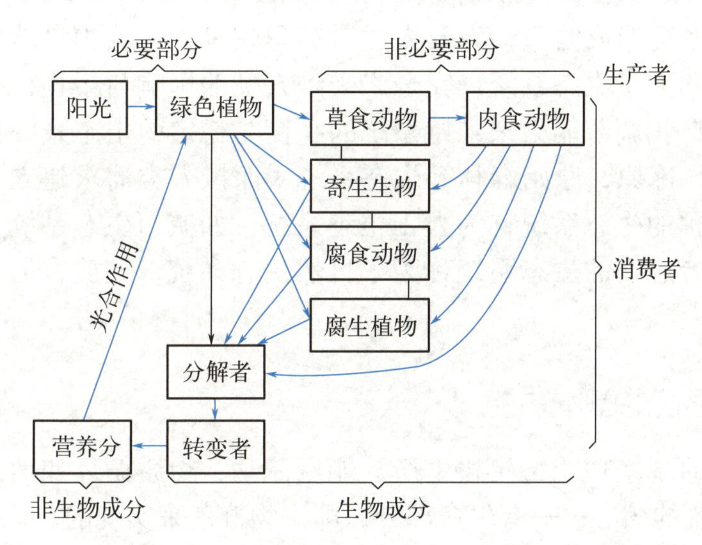

图2-3 生态系统的组成和主要作用

腐食动物—以动、植物的腐败尸体为食的动物，例如秃鹰、蛆；
腐生植物—从动植物残体的有机物中吸取养分的非绿色植物，例如蘑菇、蛇菇

2.2.2 生态系统的结构、类型及特征

2.2.2.1 生态系统的结构

构成生态系统的各组成部分，各种生物的种类、数量和空间配置，在一定时期处于相对稳定的状态，使生态系统能保持一个相对稳定的结构。

（1）形态结构　生态系统中生物的种类、数量及其空间配置的时间变化（发育、季相）以及地形、地貌等环境因素如山地、平原等，构成了生态系统的形态结构。其中，群落中植物的种类、数量及其空间位置是生态系统的骨架，是各个生态系统形态结构的主要标志。

（2）营养结构　生态系统各组成部分之间建立起来的营养关系，构成了生态系统的营养结构。营养结构以食物关系为纽带，把生物和它们的无机环境联系起来，把生产者、消费者和分解者联系起来，使得生态系统中的物质循环与能量流动得以进行。在生态系统中，食物关系往往很复杂，各种食物链有时相互交错，形成所谓食物网。由食物链、食物网所构成的营养结构是生态系统物质循环和能量流动的基础。

2.2.2.2 生态系统的类型

生态系统根据其环境性质和形态特征，可以分为陆地生态系统和水域生态系统。

陆地生态系统又可分为自然生态系统（如森林、草原、荒漠等）和人工生态系统（如农田、城市、工矿区等）；水域生态系统又可分为淡水生态系统（如湖泊、河流、水库等）和海洋生态系统（如海岸、河口、浅海、大洋、海底等）。

根据生态系统形成的原动力及人类对其影响等，可分为自然生态系统、半自然生态系统和人工生态系统。完全未受到人类的影响与干预，靠系统内生物与环境本身的自我调节能力来维持系统的平衡与稳定的生态系统称为自然生态系统，如极地、冻原、原始森林等生态系统；而按人类需求建立起来的，受人类活动强烈干预的生态系统称为人工生态系统，如城市生态系统、农田生态系统等；介于两者之间的生态系统称为半自然生态系统，如放牧的草原、养殖河塘等。

2.2.3 生态系统的基本功能

生态系统的基本功能是生物生产、能量流动、物质循环和信息传递，它们是通过生态系统的核心——有生命部分，即生物群落来实现的。

2.2.3.1 生物生产

生态系统中的生物不断地同化环境，吸收环境中的物质能量，转化成新物

质能量形式，从而实现物质和能量的积累，保证生命的延续和增长，这个过程称为生物生产。

生物生产包括植物性生产和动物性生产。绿色植物以太阳能为动力，以水、二氧化碳、矿物质等为原料，通过光合作用来合成有机物。同时把太阳能转变为化学能贮存于有机物之中，这样生产出植物产品。动物采食植物后，经动物的同化作用，将采食来的物质和能量转化成自身的物质和潜能，使动物不断繁殖和生长。

2.2.3.2 能量流动

绿色植物通过光合作用把太阳能（光能）转变成化学能贮存在这些有机物质中并提供给消费者。

能量在生态系统中的流动是从绿色植物开始的，食物链是能量流动的渠道。能量流动有两个显著的特点。一是沿着生产者和各级消费者的顺序逐渐减少。能量在流动过程中大部分用于新陈代谢，在呼吸过程中，以热的形式散发到环境中去。只有一小部分用于合成新的组织或作为潜能贮存起来。能量在沿着绿色植物→草食动物→一级肉食动物→二级肉食动物等逐级流动中，后者所获得能量约为前者所含能量的十分之一，从这个意义上来看，人类以植物为食要比以动物为食经济得多。二是能量的流动是单一的、不可逆的。因为能量以光能的形式进入生态系统后，不再以光能的形式回到环境中，而是以热能的形式逸散于环境中。绿色植物不能用热能进行光合作用，草食动物从绿色植物所获得的能量也不能返回到绿色植物。因此能量只能按前进的方向一次流过生态系统，是一个不可逆的过程。

2.2.3.3 物质循环

生态系统中的物质是在生产者、消费者、分解者、营养库之间循环的，见图2-4。

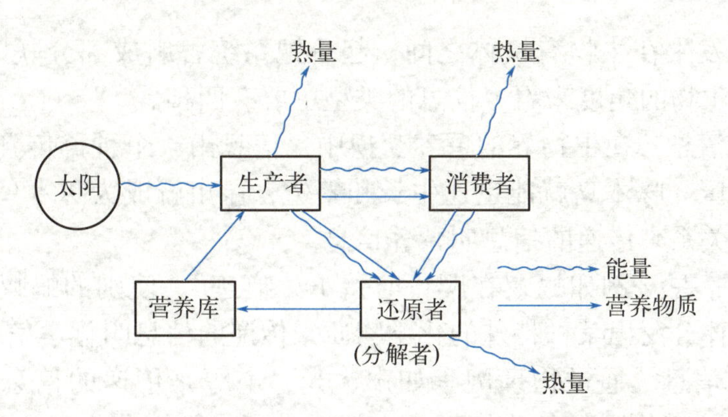

图2-4　营养物质在生态系统中的循环运动示意

（能量必须由太阳予以补充）

生态系统中的物质循环过程是这样的：绿色植物不断地从环境中吸收各种化学营养元素，将简单的无机分子转化成复杂的有机分子，用以建造自身；当草食动物采食绿色植物时，植物体内的营养物质即转入草食动物体内；当植物、动物死亡后，它们的残体和尸体又被微生物（还原者）所分解，并将复杂的有机分子转化为无机分子复归于环境，以供绿色植物吸收，进行再循环。周而复始，促使我们居住的地球清新活跃，生机盎然。

生态系统中的生物在生命过程中大约需要30 ~ 40种化学元素，其中碳、氢、氧、氮、磷、钾、硫、钙、镁是构成生命有机体的主要元素。它们都是自然界中的主要元素，这些元素的循环是生态系统基本的物质循环。例如，大气中的二氧化碳被陆地和海洋中的植物吸收，然后通过生物或地质过程以及人类活动又以二氧化碳的形式返回大气中，这就是碳循环的基本过程。见图2-5。

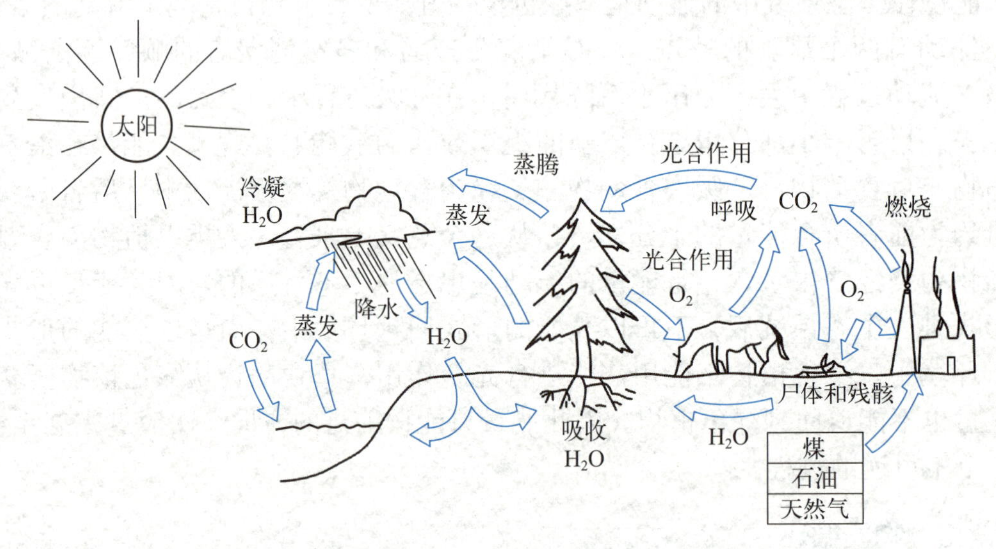

图2-5　生物圈中水、氧气和二氧化碳的循环

2.2.3.4　信息传递

信息传递发生在生物有机体之间，起着把系统各组成部分联成一个统一整体的作用。从生物的角度来看，信息的类型主要有四种。

（1）营养信息　在生物界的营养交换中，信息由一个种群传到另一个种群。如昆虫多的地区，啄木鸟就能迅速生长和繁殖，昆虫就成为啄木鸟的营养信息。这种通过营养关系来传递的信息叫营养信息。

（2）化学信息　例如蚂蚁在爬行时留下“痕迹”，使别的蚂蚁能尾随跟踪。这种通过生物体分泌出某种特殊的化学物质来传递的信息叫化学信息。

（3）物理信息　通过物理因素如声、光、电等来传递的信息叫物理信息。如季节、光照的变化引起动物换毛、求偶、冬眠、贮粮、迁徙；大雁发现敌情时发出鸣叫声等。

（4）行为信息　通过行为和动作，在种群内或种群间传递识别、求偶和挑战等信息叫行为信息。如蜜蜂通过舞蹈告诉同伴花园的方向、距离等。人类的手语也是一种行为信息方式。

阅读材料

全国生态日

是为了提高全社会生态文明意识，增强全民生态环境保护的思想自觉和行动自觉而设立的纪念日。

2023年6月28日，依据《全国人民代表大会常务委员会关于设立全国生态日的决定》，将8月15日设立为全国生态日，国家通过多种形式开展生态文明宣传教育活动。

2023年8月15日，是首个全国生态日，各地多种形式开展生态文明宣传教育活动，以实际行动守护绿水青山，共绘美丽中国画卷。

2.3　生态系统的平衡

2.3.1　生态平衡的特征

在任何正常的生态系统中，能量流动和物质循环总是不断地进行着。一定时期内，生产者、消费者和还原者之间都保持着一种动态平衡。生态系统发展到成熟的阶段，它的结构和功能，包括生物种类的组成、各个种群的数量比例以及能量和物质的输入、输出等都处于相对稳定的状态，这种相对稳定的状态称为生态平衡。

生态系统的平衡是动态的平衡，并不意味着保持自然界的老样子不变。生态系统中的生物与生物之间、生物与环境之间以及各环境因子之间，不停地进行着物质的循环和能量的流动。生态平衡不是静止的，甚至会因为系统中的某一部分先发生改变，引起不平衡，然后通过系统的自我调节能力使其进入一个新的平衡状态。

需要注意的是，自然界的生态平衡对人类来说并不总是有利的，这里所讲的生态平衡是指对人类生存与发展长期有利的平衡，是从人类“利己主义”出发的。例如人类需要建立更高效的农业生态系统来满足对食物和纤维等的需要。与自然系统相比较，农业生态系统是很不稳定的，但它给人类提供大量农畜产品，它的平衡与稳定需靠人类来维持。

平衡的生态系统通常具有四个特征。

① 生物种类组成和数量相对稳定　生态系统中各种生物之间、各群落之间保持相对稳定，生产者、消费者、分解者的种类与数量相对稳定，使得生态系

统的结构处于稳定状态。

② 一定时期内生态系统中能量和物质的输入和输出保持平衡　物质与能量在生态系统中与其环境间不断进行差异开发性流动。对一个平衡的生态系统来说其物质和能量的输入和输出相对平衡；否则，这种平衡就将被打破而建立新的平衡。

③ 物质与能量的流动保持合理的比例与速度　生态系统的动态平衡还表现在经过系统流动的各种物质元素保持着合适的比例，且在生态系统各部分的移动速度保持均衡。能量在系统各部分的分配与流动保持均衡。

④ 生态系统具有良好的自我调节能力　在一个成熟稳定的生态系统中，生产者、消费者和还原者之间有完好的营养关系，其本身能够不断进行自我调控。当系统受外界因素影响而导致其结构与功能产生变化时，系统能及时对这种影响做出反应，对其内部进行调控，使其恢复到原有的平衡状态。

只有满足上述特征，才能说明生态系统达到平衡，系统内各种量值达到最大，而且对外部冲击和危害的承受能力或恢复能力也最大。

生态系统能够维持相对的平衡状态，主要是由于其内部具有自动调节的能力。但这种调节能力是有一定限度的，它依赖于种类成分的多样性和能量流动及物质循环途径的复杂性，同时取决于外部作用的强度和时间。例如某一水域中污染物的量超过水体本身的自净能力时，这个水域的生态系统就会被彻底破坏。

2.3.2　生态平衡的破坏因素

生态系统受到外界因素影响导致其结构与功能受损，且超出其耐受限度、不能自我修复时，生态系统就会衰退甚至崩溃，这就是生态平衡的失调。其标志是组成生态系统的生产者、消费者、分解者的缺损，如大面积毁林开荒使原来的生产者从系统内消失，各级消费者因得不到食物而迁移或死亡，分解者随水土流失而被冲走，最后导致岩石或母质裸露或沙化，森林生态系统崩溃；外部压力不断作用于生态系统，造成生物种类与数量减少、层次结构产生变化，如草原由于过度放牧使高草群落退化为矮草群落；环境中各种非生命成分的变化，如水体污染导致水质恶化，使浮游生物及各级消费者受害。

生态平衡失调还会造成生物生产下降、能量流动受阻、物质循环中断、扰乱信息传递，使生态系统的功能下降。

破坏生态平衡有自然因素，也有人为因素。

2.3.2.1　自然因素

主要指自然界发生的异常变化或自然界本来就存在的对人类和生物有害的因素。如火山喷发、山崩、海啸、水旱灾害、地震、台风、流行病等自然灾害，都会破坏生态平衡。

2.3.2.2 人为因素

主要指人类对自然资源的不合理利用、工农业发展带来的环境污染等问题。主要有三种情况。

（1）物种改变引起平衡的破坏　人类有意或无意地使生态系统中某一种生物消失或往系统中引进某一种生物，都可能对整个生态系统造成影响。如澳大利亚原本没有兔子，1859年有人从英国带回24只兔子，放养在自己的庄园里供打猎用。由于澳大利亚没有兔子的天敌，致使兔子大量繁殖，数量惊人，遍布田野，在草原上每年以113km的速度向外蔓延，该地区大量的青草和灌木被全部吃光，牛羊失去牧场，田野一片光秃，土壤无植被保护，水土流失严重，农作物每年的经济损失多达1亿美元，生态系统遭到严重破坏。直到1950年澳大利亚政府从巴西引进兔子的流行病毒，才使99.5%的野兔死亡，总算将兔子的生态危机控制住了。

（2）环境因素改变引起平衡破坏　由于工农业的迅速发展，使大量污染物进入环境，从而改变生态系统的环境因素，影响整个生态系统。如空气污染、热污染、除草剂和杀虫剂的使用、化肥的流失、土壤侵蚀及污水进入环境引起富营养化等，改变生产者、消费者和分解者的种类和数量，并破坏生态平衡而引起一系列环境问题。

（3）信息系统的破坏　当人们向环境中排放的某些污染物质与某一种动物排放的信息素接触时，就会使其丧失驱赶天敌、排斥异种、繁衍后代的作用，从而改变生物种群的组成结构，使生态平衡受到影响。

2.3.3 保持生态平衡的途径

人为因素是破坏地球生态平衡的主要原因，人类是大自然的主宰，但又是生态系统的一员。为了自身的生存与后代永续发展，人类必须充分运用和发挥人类的智慧和文明，去主动调节生态系统的各种关系，调节生态平衡。调节生态平衡需要采取的主要措施如下。

（1）对自然资源进行综合考察、合理开发　自然资源是人类生产、生活所需物质与能量的来源，是自然环境的重要组成部分，人类的生产、生活活动把人类-资源-环境紧密联系起来，形成一个整体。单纯追求经济收益、违反生态平衡规律的人类活动，使人类与自然环境的相互关系尖锐化，加剧了资源的浪费、消耗。为实现自然环境的合理开发，首先要对自然资源进行多学科的综合考察研究，在此基础上，确定资源开发的目标，制定符合生态学原则的开发方案，使人类可以最大限度地利用自然资源。

（2）对生态系统进行合理调整　对生态系统的合理调控，应建立在对生态系统进行全面研究、充分掌握其规律的基础上，这样就使得系统更加稳定。如澳大利亚在其草原生态系统中引入能消化家畜粪便的蜣螂，蜣螂能在短时间内将牛粪滚成粪球并埋入地下供其幼虫食用，使牛粪上的蝇卵不能孵化为幼虫，间接地消灭了牛蝇。同时，粪球埋入地下还改善了土壤结构，增加了土壤养分，对牧草生长十分有利，促进了畜牧业的发展。

（3）在改造自然、控制自然灾害方面进行综合治理　人类需要有意识地改造自然界，控制自然灾害的发生。如我国长江三峡大坝的建设、三北防护林体系的建设等，在这些大型生态建设工程中，必须充分研究、论证，谨慎实施，防止对区域甚至全球生态环境产生不利影响。

阅读材料

全国自然保护区综合管理

2013年，国务院印发了《国家级自然保护区调整管理规定》，批准建立了44处国家级自然保护区，完成了384处国家级自然保护区人类活动遥感监测和实地核查，组织开展全国自然保护区基础调查和评价，完成了北京、天津等27个省（区、市）的基础调查项目总结；开展中俄跨界自然保护区和生物多样性保护的合作与交流，开展15个国家级海洋自然保护区建设管理专项检查活动；新建水生生物湿地保护示范区9个，国家级水产种质资源保护区60个。

2.4　生态规律及其应用

2.4.1　生态学的一般规律

生态学所揭示或遵循的规律，对做好环境保护、自然保护工作以及发展农、林、牧、副、渔各业均有指导意义。

2.4.1.1　相互依存与相互制约规律

相互依存与相互制约规律，反映了生物间的协调关系，是构成生物群落的基础。普遍的依存与制约，亦称“物物相关”规律。生物间的相互依存与制约关系，无论在动物、植物和微生物中，还是在它们之间都是普遍存在的。在生产建设中特别是在需要排放废物、施用农药化肥、采伐森林、开垦荒地、修建水利工程等的时候，务必注意调查研究，查清自然界诸事物之间的相互关系，统筹兼顾。

通过“食物”而相互联系与制约的协调关系，亦称“相生相克”规律。生态体系中各种生物个体都建立在一定数量的基础上，即它们大小和数量都存在一定的比例关系。生物体间的这种相生相克作用，使生物保持数量上的相对稳定，这是生态平衡的一个重要方面。

2.4.1.2　物质循环转化与再生规律

生态系统中植物、动物、微生物和非生物成分，借助能量的不停流动，一方面不断地从自然界摄取物质并合成新的物质，另一方面又随时分解为原来的简单物质，即“再生”，重新被植物所吸收，进行着不停的物质循环。因此要严格防止有毒物质进入生态系统，以免有毒物质经过多次循环后富集到危及人类的程度。

2.4.1.3　物质输入输出的动态平衡规律

当一个自然生态系统不受人类活动干扰时，生物与环境之间的输入与输出是相互对立的关系，生物体进行输入时，环境必然进行输出，反之亦然。对环境系统而言，如果营养物质输入过多，环境自身吸收不了，就会出现富营养化现象，打破原来的输入输出平衡，破坏原来的生态系统。

2.4.1.4　相互适应与补偿的协同进化规律

生物给环境以影响，反过来环境也会影响生物，这就是生物与环境之间存在的作用与反作用过程。如植物从环境吸收水分和营养元素，生物体则以其排泄物和尸体把相当数量的水和营养素归还给环境，最后获得协同进化的结果。经过反复地相互适应和补偿，生物从光秃秃的岩石向具有相当厚度的、适于高等植物和各种动物生存的环境演变。

2.4.1.5　环境资源的有效极限规律

任何生态系统中作为生物赖以生存的各种环境资源，在质量、数量、空间和时间等方面都有其一定的限度，不能无限制地供给，而其生物生产力也有一定的上限。因此每一个生态系统对任何外来干扰都有一定的忍耐极限，超过这个极限，生态系统就会被损伤、破坏，甚至瓦解。

以上五条生态学规律也是生态平衡的基础。生态平衡以及生态系统的结构与功能又与人类当前面临的人口、食物、能源、自然资源和环境保护五大社会问题紧密相关，见图2-6。

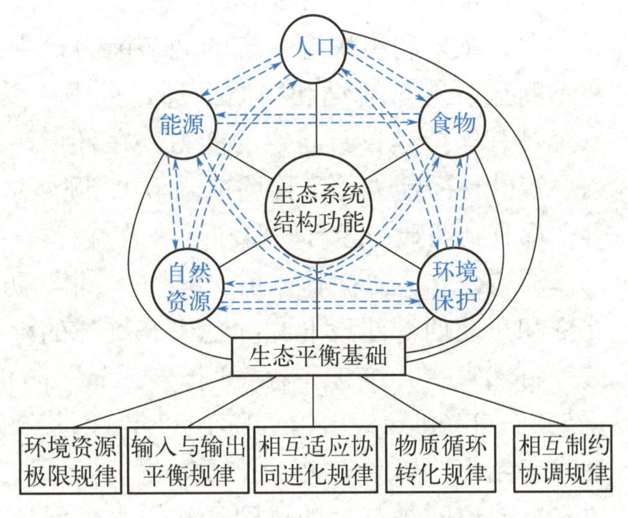

图2-6　生态平衡与五大环境问题的关系示意

2.4.2 生态规律在环境保护中的应用

由于人口的飞速增长，各个国家都在努力发展本国经济，刺激工农业生产的发展和科学技术的进步。随着人们对自然改造能力的增强，在开发利用自然资源的过程中，生态系统也遭到了严重破坏，引起生态平衡的失调：森林面积减少，沙漠面积扩大；洪、涝、旱、风、虫等灾害频繁发生；工业、生活污水未有效处理；各种大气污染物浓度上升……人类终于认识到要按照生态学的规律来指导自身的生产实践和一切经济活动，并把生态学原理应用到环境保护中去。

（1）全面考察人类活动对环境的影响　在一定时空范围内的生态系统都有其特定的能流和物流规律。只有顺应并利用这些自然规律来改造自然，人们才能既不断发展生产又能保持一个洁净、优美和宁静的环境。

举世瞩目的三峡工程曾引起很大争议，其焦点是如何全面考察三峡工程对生态环境的影响。长江流域的水资源、内河航运、工农业总产值等都在全国占有相当大的比重。兴修三峡工程可有效地控制长江中下游洪水，减轻洪水对人民生命财产安全的威胁和对生态环境的破坏；三峡工程的年发电量相当于4000万吨标准煤的发电量，可减轻对环境的污染。但是兴修三峡工程，大坝蓄水175m的水位将淹没四川、湖北两省19市县，移民72万人，淹没耕地35万亩、工厂657家……三峡地区以奇、险为特色的自然景观将有所改观，沿岸地少人多，如开发不当可能加剧水土流失，使水库淤积，一些鱼类等生物的生长繁殖将受到影响。1992年全国人民代表大会经过激烈讨论之后，投票通过了关于兴建三峡工程的议案。从经济效益和生态效益两方面，统筹兼顾时间和空间，贯彻了整体和全局的生态学中心思想。

（2）充分利用生态系统的调节能力　生态系统的生产者、消费者和分解者在不断进行能量流动和物质循环过程中，受到自然因素或人类活动的影响时，系统具有保持其自身稳定的能力。在环境污染的防治中，这种调节能力称为生态系统的自净能力（又称反馈调节）。例如水体自净、植树造林、土地处理系统等，都收到明显的经济效益和环境效益。

①“三北”防护林体系工程　“三北”防护林体系工程是中国在西北、华北北部和东北西部建设北疆绿色生态屏障的绿化工程。目的是抵御干旱、水土流失等自然灾害，维护生存空间。“三北”防护林体系工程东西长4480km，南北宽560 ~ 1460km，由国务院1978年11月25日正式批准建设。绿化工程规划至2050年结束，历时73年。这项绿化工程是从改善“三北”地区的生态环境出发，建立以农田防护林、防风固沙林、水土保持林及牧场防护林为主体，多林种结合、网-片-带结合、乔-灌-草结合的综合防护林体系，被称为“中国的绿色万里长城”，对控制中国北方风沙危害和水土流失、抵御沙漠南侵、建立良好的生

态平衡，具有重要的战略意义。

自1978年起至第五期工程，“三北”地区沙化土地面积已由年均扩展 $2460km^2$ 扭转为年均缩减 $1297km^2$，实现了土地沙化连续10年净减少。在东起黑龙江、西至新疆的万里风沙线上，营造防风固沙林1.2亿亩（1亩=666.67平方米），结束了沙化危害扩展加剧的历史。生态状况实现了从严重恶化到整体遏制、局部明显好转的历史性转变，“三北”地区区域性防护林体系基本建成。在维护北疆生态安全的同时，“三北”工程也稳定并拓展了沙区人民的生存和发展空间，如甘肃省在河西走廊北部风沙前沿建成长1200km的防风固沙林带，治理大小风沙口470余处，控制流沙面积300多万亩，使1400多个村庄免遭风沙危害。此外，“三北”工程不仅致力于努力改善沙区生态环境，还坚持生态、经济和社会效益相统一，促进了沙区经济发展，为全面建成小康社会做出了贡献，如初步建成了在呼伦贝尔和毛乌素沙地以樟子松为主、在新疆绿洲以特色林果为主、在河西走廊以沙生灌木为主的特色产业基地等。

②滇池生态恢复工程　滇池生态恢复工程是治理云南滇池污染，优化水资源，使滇池恢复原有良好生态环境的工程。目的是根本解决滇池的污染问题，遏制滇池水质的恶化趋势，使滇池流域的生态环境得到恢复，转入良性循环。

滇池流域历经“九五”至“十三五”这五个阶段的投资与治理，水环境保护工作取得一定进展，物种生物多样性增加。“四退三还”生态建设工程的成功实施，使滇池湖滨带植被覆盖率大幅度提升，从建设前期的13%增加到建设后期的80%；滇池生态环境逐步改善，滇池流域生物多样性恢复进程不断加速。截至2016年1月，滇池湖滨湿地物种数量与2006年相比增加约25%，包括多种云南省新纪录在内的鸟类共计140多种。截至2019年5月，滇池湖滨湿地植物共有290种，较2012年增加49种；现存鱼类23种，濒危物种滇池银白鱼和金线鲃等重现；现有鸟类138种，较2012年增加42种，国家二级重点保护鸟类7种，濒临灭绝的国家珍稀鸟类彩鹮及白眉鸭在滇池出现。

（3）解决近代城市中的环境问题　城市人口集中、工业发达，是文化和交通的中心。但是，每个城市都存在住房、交通、能源、资源、污染和人口等尖锐的矛盾。因此编制城市生态规划、进行城市生态系统的研究是加强城市建设和环境保护的新课题。

（4）以生态学规律指导经济建设，综合利用资源和能源　以往的工农业生产是单一的过程，既没有考虑与自然界物质循环系统的相互关系，又往往在资源和能源的耗用方面片面强调产品的最优化问题，以致在生产过程中大量有毒的废物排出，严重破坏和污染环境。

解决这个问题较理想的办法就是应用生态系统的物质循环原理，建立闭路循环工艺，实现资源和能源的综合利用，杜绝浪费和无谓的损耗。闭路循环工艺就是把两个以上流程组合成一个闭路体系，使一个过程的废料和副产品成为另一个过程的原料。这种工艺在工业和农业上的具体应用就是生态工艺和生态农场。

① 生态工艺　要在生产过程中使输入的物质和能量获得最大限度的利用，即资源和能源的浪费最少，排出的废物最少。图2-7所示为造纸工业闭路循环工艺流程，该工艺关注的是整个系统最优化，而不是分系统的最优化，这与传统的生产工艺是不同的。

② 生态农场　就是因地制宜地应用不同的技术来提高太阳能的转化率、生物能的利用率和废物的再循环率，使农、林、牧、副、渔及加工业、交通运输业、商业等获得全面发展。

如图2-8所示，生态农场使生物能获得最充分的利用，肥料等植物营养物可以还田，庄稼废物、人畜粪便等对大气和水体的污染得到控制，完全实现了能源和资源的综合利用以及物质和能量的闭路循环。

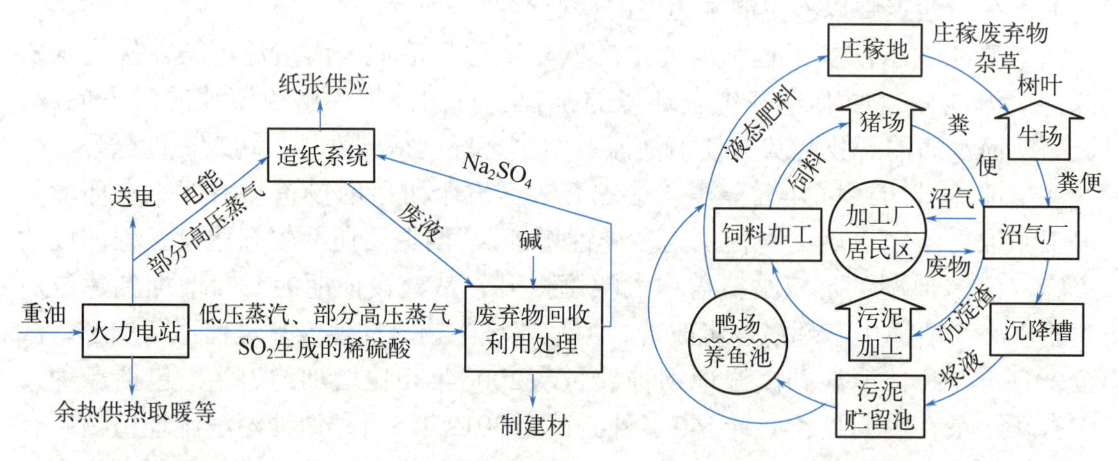

图2-7　造纸工业闭路循环工艺流程　　　　图2-8　典型生态农场示意图

（5）对环境质量进行生物监测和评价　利用生物个体、种群和群落对环境污染或变化所产生的反应阐明污染物在环境中的迁移和转化规律；利用生物对环境中污染物的反应来判断环境污染状况，如利用植物对大气污染（如二氧化硫污染物作用于阔叶植物时，其叶脉、叶缘之间出现不规则坏死小斑，颜色呈黄色或白色，若长期低浓度作用则老叶绿色变淡）、水生生物对水体污染的监测和评价；利用污染物对人体健康和生态系统的影响制定环境标准。

总之，应该利用生态学规律，把经济因素与地球物理因素、生态因素和社会因素紧密结合在一起进行考虑，使国家和地区的发展适应环境条件，保护生态平衡，达到经济发展与人类相适应、实行持续发展的战略目标。

案例

生态城市

本章小结

本章的主要内容有生态学、生物圈、生物多样性的概念，生态系统的功能、生态系统的平衡、破坏生态平衡的因素、保持生态系统平衡的途径。通过典型案例介绍了生态规律及其在环境保护中的应用。

掌握生态学的基本原理，对保持生态系统的平衡，在经济建设中应用生态学规律有着积极的意义。

思考与实践

1. 举例说明种群、群落的含义。
2. 试述生态系统的组成和功能。
3. 什么是生态平衡？影响生态平衡的因素有哪些？
4. 土地、森林、草场、矿产、生物等资源的保护措施是什么？
5. 生态学有哪些规律？
6. 生态规律在环境保护应用方面有哪些？

生态学农业项目参观

一、参观项目（任选）

1. 工业企业如酒厂、糖厂的有机废物如何转化为有益物质。
2. 农村沼气系统的工艺流程、设备以及利用。
3. 环保型无公害蔬菜生产基地。

二、要求

1. 了解本地生态农业的基本情况，明确实施生态农业是我国农业发展的方向。
2. 写出参观报告（字数在1000字以上）。

阅读材料

农业生态建设

中国生态农业的基本内涵是：按照生态学原理和生态经济规律，因地制宜地设计、组装、调整和管理农业生产和农村经济的系统工程体系。生态农业要求把发展粮食与多种经济作物生产，发展大田种植与林、牧、副、渔业，发展大农业与第二、三产业结合起来，利用传统农业精华和现代科技成果，通过人工设计生态工程，协调发展与环境之间、资源利用与保护之间的矛盾，形成生态上与经济上两个良性循环，实现经济、生态、社会三大效益的统一。生态农业具有以下几个特点。

① 综合性。生态农业强调发挥农业生态系统的整体功能，以大农业为出发点，按“整体、协调、循环、再生”的原则，全面规划，调整和优化农业结构，使农、林、牧、副、渔各业和农村一、二、三产业综合发展，各业之间互相支持，相得益彰，提高综合生产能力。

② 多样性。生态农业针对我国地域辽阔，各地自然条件、资源基础、经济与社会发展水平差异较大的情况，充分吸收我国传统农业精华，结合现代科学技术，以多种生态模式、生态工程和丰富的技术类型装备进行农业生产，使各区域都能扬长避短，充分发挥地区优势，各产业都根据社会需要与当地实际协调发展。

③ 高效性。生态农业通过物质循环、能量多层次综合利用和系列化深加工，实现经济增值，实行废弃物资源化利用，降低农业成本，提高效益，为农村大量剩余劳动力创造农业内部就业机会，保护农民从事农业的积极性。

④ 持续性。发展生态农业能够保护和改善生态环境，防治污染，维护生态平衡，提高农产品的安全性，变农业和农村经济的常规发展为持续发展，把环境建设同经济发展紧密结合起来，在最大限度地满足人们对农产品日益增长的需求的同时，提高生态系统的稳定性和持续性，增强农业发展后劲。

农村生态环境建设工程包括如下内容。

① 坚持“人与自然和谐相处”的原则。

② 实施农业结构调整和转型；实施绿色畜牧养殖，治理畜禽养殖场污水粪便，实现资源化利用；以沼气池建设为纽带，带动养殖业、种植业和农村能源改革。

③ 建立农业信息化平台，提升农业信息化水平。

④ 推进蔬菜标准化和安全食品监测工作，开展生物措施防治农林病虫害。推广使用农家肥、配方肥等有机肥料，减少化肥、农药施用量。广泛开展有机食品、绿色食品认证工作，打造有机食品生产基地。

⑤ 发展休闲农业，加快农业、农产品加工业和旅游产业的链接融合。

⑥ 发展民俗旅游和休闲农业观光旅游。

⑦ 大力开展绿化造林工程，进行生态涵养恢复。

⑧ 发展以生态经济为特色的新兴产业。

3 环境保护与可持续发展

知识目标	能力目标	素质目标
1. 掌握环境管理、环境规划和环境立法的基本概念； 2. 掌握清洁生产的概念和内容； 3. 掌握可持续发展的定义与内涵； 4. 了解环境保护与可持续发展的关系	1. 能准确把握新发展理念与可持续发展的关系； 2. 能科学认知可持续发展带来的新机遇	1. 能够深刻领会有关可持续发展的重要论述； 2. 培养学生深厚的爱国情感和中华民族自豪感

重点难点

重点：环境管理、环境规划和环境立法的概念；清洁生产的概念；可持续发展的概念

难点：环境保护与可持续发展的关系；清洁生产的内容

3.1 环境保护对策

3.1.1 环境管理

3.1.1.1 环境管理的定义

狭义的环境管理主要是指控制污染行为的各种措施。例如通过制定法律、法规和标准，实施各种有利于环境保护的方针、政策，控制各种污染物的排放。广义的环境管理是指按照经济规律和生态规律，运用经济、法律、技术、行政、教育等手段，限制人类损害环境质量的行为，通过全面规划使经济发展与环境相协调，达到既要发展经济满足人类的基本需求又不超出环境允许的极限。狭义和广义的环境管理，在处理环境问题的角度和应用范围等方面有所不同，但它们都是为了协调社会经济与环境的关系，最终实现可持续发展。

3.1.1.2 环境管理的内容

（1）从环境管理的范围来划分

① 资源环境管理　主要是自然资源的保护，包括可再生资源的恢复和扩大

再生产以及不可再生资源的合理利用。为此，要选择最佳方法使用资源，尽力采用对环境危害最小的发展技术，同时根据自然资源、社会和经济的具体情况，建立资源管理的指标体系、规划目标、标准、体制、政策法规和机构等。

② 区域环境管理　主要是协调区域社会经济发展目标与环境目标，进行环境影响预测，制定区域环境规划，进行环境质量管理与技术管理，按阶段实现环境目标。包括省、自治区、直辖市以及整个国土的环境管理，也包括水域、工业开发区、经济协作区等的环境管理。

③ 部门环境管理　包括能源环境管理、工业环境管理、农业环境管理、交通运输环境管理、商业和医疗等部门的环境管理以及企业环境管理。

（2）从环境管理的性质来划分

① 环境计划管理　是通过计划协调发展与环境的关系。环境计划管理首先是制定好环境规划，使环境规划成为整个经济发展规划的必要组成部分，用规划内容指导环境保护工作，并在实践中根据实际情况不断调整和完善规划。

② 环境质量管理　主要是指组织制定各种环境质量标准，各类污染物排放标准和监督检查工作，组织调查、监测和评价环境质量的状况以及报告和预测环境质量情况和变化趋势。

③ 环境技术管理　主要是制定防治环境污染的技术标准、技术规范、技术路线和技术政策，确定环境科学技术发展方向，组织环境保护的技术咨询和情报服务，组织国内和国际的环境科学技术协调和交流，并对技术发展方向、技术路线、生产工艺和污染防治技术进行环境经济评价，以协调技术经济发展与环境保护的关系，使科学技术的发展既能促进经济不断发展又能保证环境质量不断得到改善。

3.1.1.3　环境管理的基本职能

环境管理的基本职能主要包括宏观指导、统筹规划、组织协调、监督检查和提供服务。

环境管理部门宏观指导职能主要是政策指导、目标指导和计划指导。统筹规划的职能主要包括环境保护战略的制定、环境预测、环境保护综合规划和专项规划。组织协调包括环境保护法规方面的组织协调、环境保护政策方面的协调、环境保护规划方面的协调和环境科研方面的协调。监督检查的内容包括环境保护法律法规执行情况的监督检查、环境保护规划落实情况的检查、环境标准执行情况的监督检查和环境管理制度执行情况的监督检查，其方式包括联合监督检查、专项监督检查、日常的现场监督检查和环境监测。提供服务的内容包括技术服务、信息咨询服务和市场服务。

3.1.1.4　中国环境管理制度

在不断的环境管理实践中，中国根据国情先后总结出了八项环境管理制度。

（1）环境影响评价制度　环境影响评价制度是指把环境影响评价工作以法律、法规或行政规章的形式确定下来而必须遵守的制度，是一项体现“预防为主”管理思想的重要制度，它要求在工程、项目、计划和政策等活动的拟定和实施中，除了传统的经济和技术等因素外，还需要考虑环境影响，并把这种考虑体现到决策中去。中国是世界上最早实施建设项目环境影响评价制度的国家之一。1979年颁布的《中华人民共和国环境保护法（试行）》确定了该制度的法律地位。经过40多年的实施，这一制度不断完善，已经成为一项新的法律。

（2）“三同时”管理制度　一切新建、改建和扩建的基本建设项目（包括小型建设项目）、技术改造项目、自然开发项目，以及可能对环境造成影响的其他工程项目，其中防治污染及其他公害的设施和其他环境保护措施，必须与主体工程同时设计、同时施工、同时投产使用。

（3）排污收费制度　这是20世纪70年代引进的一项贯彻“谁污染、谁治理”的管理思想，以经济手段保护环境的管理制度。这一制度规定，一切向环境排放污染物的单位和个体生产经营者应当依照国家的规定和标准缴纳一定的费用。该制度与环境影响评价和“三同时”管理制度共同组成了中国的“老三项”环境管理制度，曾被誉为“中国环境管理的三大法宝”。

（4）环境保护目标责任制度　环境保护目标责任制是一项依据国家法律规定，具体落实各级地方政府对本辖区环境质量负责的行政管理制度。环境保护目标责任制是一项综合性的管理制度，通过目标责任书确定了一个区域、一个部门环境保护主要责任者和责任范围，运用定量化、制度化的管理方法，把贯彻执行环境保护这一基本国策作为各级政府和决策者的政绩考核内容，纳入到各级地方政府的任期目标之中。

（5）城市环境综合整治定量考核制度　所谓城市环境综合整治，就是把城市环境作为一个系统整体，以城市生态学为指导，对城市的环境问题采取多层次、多渠道、综合的对策和措施，对城市环境进行综合规划、综合治理、综合控制，以实现城市的可持续发展。这项制度是城市政府统一领导负总责，有关部门各尽其职、分工负责，环保部门统一监督的管理制度。

（6）排污申报登记与排污许可制度　排污申报登记指凡是排放污染物的单位，必须按规定向环境保护管理部门申报登记所拥有的污染物排放设施、污染物处理设施和正常作业条件下排放污染物的种类、数量和浓度。

排污许可制度是以污染物总量控制为基础，对排放污染物的种类、数量、性质、去向和排放方式等所作的具体规定，是一项具有法律含义的行政管理制度。

（7）污染集中控制制度　污染集中控制是创造一定的条件，形成一定的规模，实行集中生产或处理以使分散污染源得到集中控制的一项环境管理制度。治理污染的根本目的不是追求单个污染源的处理率和达标率，而应当是谋求整个环境质量的改善，同时讲求经济效益，以尽可能小的投入获取尽可能大的效益。

集中处理要以分散治理为基础。各单位分散防治若达不到要求，集中处理便难以正常运行，只有集中与分散相结合，合理分担，使各单位的分散防治经济合理，才能把环境效益和经济效益统一起来。

（8）限期治理污染制度　限期治理污染是强化环境管理的一项重要制度。所谓限期治理污染是指对特定区域内的重点环境问题采取限定治理时间、治理内容和治理效果的强制性措施。限期治理项目的确定要考虑需要和可能两个因素。所谓需要就是将对区域环境质量有重大影响、社会公众反映强烈的污染问题作为确定限期治理项目的首选条件，具有指令性和强制性特征。所谓可能就是要考虑限期治理的资金和技术的可能性，具备资金和技术条件的实行限期治理，不具备资金和技术条件的实行关停。

3.1.2　环境规划

3.1.2.1　环境规划的含义及作用

环境规划是环境决策在时间、空间上的具体安排。这种规划是对一定时期内环境保护目标和措施所做出的规定，其目的是在发展经济的同时保护环境，使经济与环境协调发展。其作用体现在以下几方面。

① 环境规划是国民经济与社会发展规划的有机组成部分。经济与社会发展规划的制定要以环境为基础（资源），合理开发利用自然资源，维护生态平衡，只有基础满足要求，国民经济才能实现持续发展。环境规划制定的主要依据是经济社会发展规划，没有经济社会发展规划不可能编制出环境规划。经济与环境协调发展最终要通过经济社会规划与环境规划的目标协调一致体现出来，在预定的轨道上充分发挥人的主观能动性。

② 经济发展与污染环境是客观存在的事实。环境规划就是解决发展与保护环境之间的矛盾的，通过环境规划手段协调保护环境与发展之间的关系，达到促进经济发展、改善和保护环境的目的。

③ 环境规划是环境决策在时间、空间上的具体安排。在一定时期内环境保护目标和措施所做出的决定，这是环境规划含义的核心部分。环境保护的核心是环境管理，环境管理的重要内容是环境规划，环境规划的中心是环境决策。

④ 环境规划的目的是为环境管理提供切实可行的最终方案，控制环境污染，改善提高生产（生活）环境质量，使经济与环境保护协调发展。

3.1.2.2　环境规划的类型

（1）从范围和层次划分

① 国家环境规划　协调全国经济社会发展与环境保护之间的关系，是全国

发展规划的组成部分。

② 区域环境规划　包括城市环境规划、乡镇环境规划、风景游览区环境规划、水系环境规划、资源能源开发区环境规划等。区域环境规划的综合性、地区性强，是国家环境规划的基础，又是制定城市环境规划、工矿区环境规划的依据。

③ 部门环境规划　包括工业部门、农业部门、交通运输环境规划等。

（2）从性质上划分

① 生态规划　在编制国家或地区经济社会发展规划时，不是单纯考虑经济因素，而是把当地的地球物理系统、生态系统和社会经济系统紧密结合在一起进行考虑，使经济发展能够符合生态规律，既能促进和保证经济发展，又不致使当地的生态系统遭到破坏。

② 污染综合防治规划　也称污染控制规划，是当前我国环境规划的重点。根据范围和性质不同又可分为区域污染综合防治规划（如经济协作区、能源基地、城市、水域等污染综合防治规划，其内容包括环境调查与环境基本状况的分析评价、环境预测、提出环境目标、污染防治系统规划、环境规划的实施与保证等）和部门污染综合防治规划（如工业系统污染、农业污染、商业污染、企业污染等综合防治规划）。

③ 自然保护规划（或重点保护对象）　这类规划范围广泛，主要保护生物资源和其他可再生资源以及文物古迹、有特殊价值的水源地、地貌景观等。

④ 环境科学技术发展规划　主要内容包括为实现上述三方面规划所需的科学技术研究、发展环境科学体系所需要的基础理论研究、环境管理现代化的研究。

3.1.2.3　环境规划的内容

环境规划的主要内容有以下几点。

（1）环境调查与评价　这是制定环境规划的基础，通过对环境的调查和环境质量评价获得各种科学数据信息。

（2）环境预测　这是编制环境规划的先决条件，通过现代化科技手段和方法，对未来的环境状况和环境发展趋势进行描述（定量、半定量）和分析。

（3）环境区划　从整体空间观点出发，根据自然环境特点和经济社会发展状况，把特定的空间划分为不同功能的环境单元，研究各环境单元环境承载能力（环境容量）及环境质量的现状与发展变化趋势，提出不同功能环境单元的环境目标和环境管理对策。

（4）环境目标　这是制定环境规划的关键。目标太高，环境保护投资多，超过经济负担能力，无法实现。目标过低，不能满足人们对环境质量的要求或造成严重的环境问题。

（5）环境规划设计　即进行环境区划及功能分区，提出污染综合防治方案。其主要依据是环境问题、各种有关政策和规定、污染物削减量、环境目标、投资能力及效益、措施可行性分析。

（6）环境规划方案的选择　环境规划方案主要是指实现环境目标应采取的措施以及相应的环境投资。

确定环境规划方案应考虑如下问题：①方案要有鲜明的特点；②确定的方案要结合实际；③综合分析各方案的优缺点；④各方案环保投资和三个效益的统一。

（7）实施环境规划的支持与保证　包括投资预算、编制年度计划、技术支持、强化环境管理等。

3.1.2.4　环境规划的特点

由于环境问题比较复杂，到目前为止，环境规划还没有一个固定的模式。但它是一项政策性、科学性很强的技术工作，有自身的特点和规律，具体表现在以下方面。

（1）综合性

① 环境规划的理论基础是生态经济学和人类生态学，涉及环境化学、环境物理学、环境生物学、环境工程、环境系统工程、环境经济和环境法学等多学科。

② 环境规划要协调的对象是经济系统与环境系统，包括地球物理系统、自然生态系统及社会经济系统，它们之间有物质、能量和信息流动，紧密地联系在一起。从整体上正确处理和协调经济系统和环境系统的关系是一项综合性很强的工作。

（2）广泛性　制定环境规划仅从单一问题、单一目标和单一措施上考虑是不够的，需要进行全面分析。环境规划的制定和执行涉及到各行各业和各部门，涉及各地区和全体人民的利益，要依靠群众、大家动手才能落实。

（3）地区性　各地区的自然背景环境、社会经济状况及发展水平不同，环境管理水平、各地区的主要环境问题也不相同。因此，各地区的环境规划在内容、要求和类型上也不相同，有明显的地区性特点。

（4）长期性　从时间上看，环境规划要考虑得更长远些，生态系统的变化有些要20年、30年甚至50年以上才能显露出来。从环境规划决策上看，环境规划是对一定时期内环境保护目标和措施所作出的规定。我国一般将五年规划称为五年计划（中期规划），长期规划一般在5 ~ 10年。环境规划内容、环境目标在不断变化，环境规划就要长期地做下去。

（5）预测性　没有科学的环境预测（定量或半定量），很难做出具有实际意义的环境规划。人类行为对环境的长期影响难以预测，因为人们对过去在经济社会活动与环境质量之间的变化关系和变化规律方面还掌握得很少，而今后随着新技术革命的发展又会出现很多新的因素，这些因素会给环境带来什么样的影响、发生什么样的变化更是所知甚少。环境特征的变化、环境质量状况的变化，既有自然因素影响，又有人为因素的影响，因而环境预测的难度较大。

3.1.3 环境立法

3.1.3.1 环境保护法的定义

环境保护法是为了协调人类与自然环境之间的关系，保护和改善环境资源，以保护人民健康和保障经济社会的可持续发展，而由国家制定或认可并由国家强制力保证实施的调整人们在开发利用、保护改善环境资源的活动中所产生的各种社会关系的行为规范的总称。该定义主要包括以下几个方面的含义：环境保护法的目的是通过防治环境污染和生态破坏，协调人类与自然环境之间的关系，保证人类按照自然客观规律特别是生态学规律开发利用、保护改善人类赖以生存和发展的环境资源，维持生态平衡，保护人体健康和保障经济社会的可持续发展；环境保护法产生的根源是人与自然环境之间的矛盾，而不是人与人之间的矛盾，其调整对象是人们在开发利用、保护改善环境资源，防治环境污染和生态破坏的生产、生活或其他活动中所产生的环境社会关系；环境保护法是一系列法律规范的总称，是以国家意志出现的、以国家强制力保证其实施的、以规定环境法律关系主体的权利和义务为任务的。

3.1.3.2 环境保护法的作用

（1）环境保护法是保证环境保护工作顺利开展的法律武器　1989年国家颁布的《中华人民共和国环境保护法》使环境保护工作制度化、法律化，使国家机关、企事业单位、各级环保机构和每个公民都明确了各自在环境方面的职责、权利和义务。对污染和破坏环境、危害人民健康的，则依法分别追究行政责任、民事责任，情节严重的还要追究刑事责任。有了环境保护法，使环保工作有法可依，有章可循。

（2）环境保护法是推动环境保护领域中法治建设的动力　环境保护法是我国环境保护的基本法，为制定各种环境保护单行法规及地方环境保护条例等提供了直接的法律依据，促进了我国环境保护的法治建设。许多环境保护单行法律、条例、政令、标准等都是依据环境保护法的有关条文制定的。

（3）环境保护法增强了广大干部和群众的法治观念　环境保护法的颁布实施要求全国人民加强法治观念，严格执行环境保护法。一方面，各级领导要重视环境保护，对违反环境保护法、污染和破坏环境的行为，要依法办事。另一方面，广大群众应自觉履行保护环境的义务，积极参与监督各企事业单位的环境保护工作，敢于同违反环境保护法、破坏和污染环境的行为做斗争。

（4）环境保护法是维护我国环境权益的重要工具　依据我国颁布的一系列环境保护法就可以保护我国的环境权益，依法使我国领域内的环境不受来自他国的污染和破坏，这不仅维护了我国的环境权益，也维护了全球环境。

3.1.3.3　我国环境保护法规体系

环境保护法体系是指为了调整因保护和改善环境，防治污染和其他公害而产生的各种法律规范，以及由此所形成的有机联系的统一整体。我国的环境保护法经过二十年的建设与实践，现已基本形成了一套完整的法律体系。

（1）宪法关于环境保护的规定　宪法第二十六条规定“国家保护和改善生活环境和生态环境，防治污染和其他公害”；第九条第二款规定“国家保障自然资源的合理利用，保护珍贵的动物和植物，禁止任何组织或者个人用任何手段侵占或者破坏自然资源”；第十条第五款规定“一切使用土地的组织和个人必须合理利用土地”等。宪法中的这些规定是环境立法的依据和指导原则。

（2）环境保护基本法　1979年9月13日第五届全国人大常委会第十一次会议通过了我国第一部综合性环境保护法律《中华人民共和国环境保护法（试行）》，1989年12月26日第七届人大常委会第十一次会议通过了《中华人民共和国环境保护法》。该法是我国环境保护法的主干，它规定了国家在环境保护方面总的方针、政策、原则、制度，规定环境保护的对象，确定环境管理的机构、组织、权力、职责以及违法者应承担的法律责任。2014年4月24日，第十二届全国人大常委会第八次会议审议通过了环保法修订案，定于2015年1月1日起施行。

（3）环境保护单行法律　环境保护单行法律是针对特定的污染防治领域和特定资源保护对象而制定的单项法律，是我国环境保护法的支干。目前已颁布了五项环境保护法、九项资源保护法以及一些条例和法规。五项环境保护单行法是《中华人民共和国大气污染防治法》《中华人民共和国水污染防治法》《中华人民共和国固体废物污染环境防治法》《中华人民共和国海洋环境保护法》和《中华人民共和国噪声污染防治法》。九项资源保护法是《中华人民共和国森林法》《中华人民共和国草原法》《中华人民共和国煤炭法》《中华人民共和国矿产资源法》《中华人民共和国渔业法》《中华人民共和国水法》《中华人民共和国土地管理法》《中华人民共和国野生动物保护法》和《中华人民共和国水土保持法》。这些法律属于防治环境污染、保护自然资源等方面的专门法规。通过这些环保法律的颁布与修订完善，有力地保障和推动了我国环保事业的发展。

（4）环境标准　环境标准是由行政机关根据立法机关的授权而制定和颁布的，旨在控制环境污染、维护生态平衡和环境质量、保护人体健康和财产安全的各种法律性技术指标和规范的总称。我国环境保护标准包括环境质量标准、污染物排放标准、环保基础标准和环保方法标准。例如环境质量标准有《环境空气质量标准》《地表水环境质量标准》《声环境质量标准》等，污染物排放标准有《社会生活环境噪声排放标准》《污水综合排放标准》《锅炉大气污染物排放标准》等。环境标准是中国环境保护法体系中的一个重要组成部分，也是环境法制管理的基础和重要依据。

(5)环境行政法规　环境行政法规是由国务院制定并公布或者经国务院批准，由主管部门公布的有关环境保护的规范性文件。主要包括两部分内容：一部分是为执行环境保护法律而制定的实施细则或条例；另一部分是对环境保护工作中出现的新领域或未制定相应法律的某些重要领域所制定的规范性文件。如《地下水管理条例》《消耗臭氧层物质管理条例》《淮河流域水污染防治暂行条例》等。

（6）环境保护部门规章　环境保护部门规章是指由环境保护行政主管部门或有关部门发布的环境保护规范性文件。如《环境保护公众参与办法》《环境监察办法》《突发环境事件应急管理办法》等。

（7）地方环境保护法规　这是由各省、自治区、直辖市根据国家环保法规和地区的实际情况制定的综合性或单行环境法规，是对国家环境保护法律、法规的补充和完善，是以解决本地区某一特定的环境问题为目标的，具有较强的针对性和可操作性。例如《吉林省生态环境保护条例》《北京市文物保护管理办法》《内蒙古自治区草原管理条例》《杭州市西湖水域保护管理条例》等。

（8）我国参加的国际公约、国际条约　凡是我国已参加的国际环境保护公约及与外国缔结的关于环境保护的条约，均是我国环境保护法体系的有机组成部分。至今我国已缔结或参加了30多个环境保护方面的国际条约，主要有《保护臭氧层维也纳公约》《保护世界文化和自然遗产公约》《关于消耗臭氧层物质的蒙特利尔议定书》《控制危险废物越境转移及其处置的巴塞尔公约》《生物多样性公约》等。

3.1.4　清洁生产

3.1.4.1　清洁生产的概念和内容

清洁生产是一个相对抽象的概念，没有统一的标准。1996年联合国环境规划署对清洁生产的重新定义是：清洁生产是指将整体预防的环境战略持续应用于生产过程、产品和服务中，以期增加生态效率并减少对人类和环境的风险。

清洁生产定义的基本要素见图3-1。

清洁生产是工业变革的表现之一，它推动了以环境保护为基础的绿色经济蓬勃发展。实行清洁生产是可持续发展战略的要求，关键因素要求工业提高能效，开发更清洁的技术，更新、替代对环境有害的产品和原材料，实现对环境与资源的保护和有效管理。

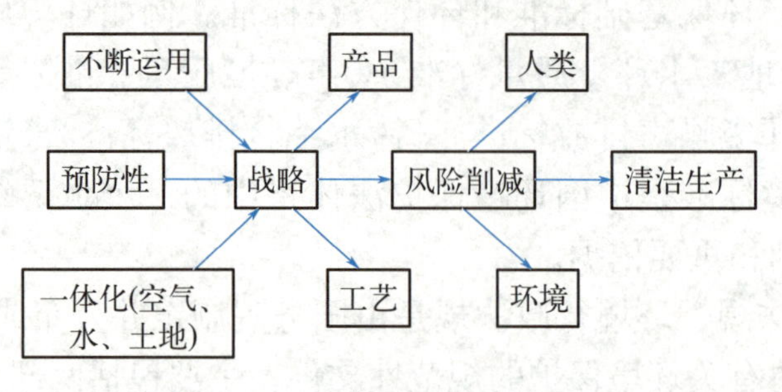

图3-1　清洁生产定义的基本要素

清洁生产是控制环境污染的有效手段，它彻底改变了过去被动的、滞后的污染控制手段，强调在污染产生之前就予以削减。经过多年来国内外实践证明，清洁生产具有高效率、可获经济效益、大大降低末端处理负担和提高企业市场竞争力等多种功效。

清洁生产主要包括以下三个方面。

（1）清洁的能源　包括常规能源的清洁利用，如采用清洁煤技术，逐步提高液体燃料、天然气的使用比例；可再生能源的利用，如水力资源的充分开发和利用；新能源的开发，如太阳能、生物质能、风能、潮汐能、地热能的开发和利用；各种节能技术和措施等，如在能耗大的化工行业采用热电联产技术，提高能源利用率。

（2）清洁的生产过程　包括在工艺设计中尽量少用或不用有毒有害的原料；消除无毒、无害的中间产品；减少或消除生产过程的各种危险性因素，如高温、高压、低温、低压、易燃、易爆、强噪声、强震动等。采用少废、无废的工艺；选择高效的设备；加强物料的再循环（厂内、厂外）；采用简便、可靠的操作和控制；完善的管理等。

（3）清洁的产品　包括节约原料和能源，少用昂贵和稀缺原料，尽可能"废物"利用；产品在使用过程中以及使用后不含危害人体健康和生态环境的因素；易于回收、复用和再生；合理包装；合理的使用功能（以及具有节能、节水、降低噪声的功能）和合理的使用寿命；产品报废后易处理、易降解等。

推行清洁生产在于实现两个全过程控制：在宏观层次上组织工业生产的全过程控制，包括资源和地域的评价、规划、组织、实施、运营管理和效益评价等环节；在微观层次上的物料转化生产全过程的控制，包括原料的采集、贮运、预处理、加工、包装、产品和贮存等环节。

3.1.4.2　实现清洁生产的主要途径

从清洁生产的概念来看，清洁生产的基本途径有清洁工艺和清洁产品两种。

清洁工艺是指既能提高经济效益又能减少环境污染的工艺技术。它要求在提高生产效率的同时必须兼顾削减或消除危险废物及其他有毒化学品的用量，改善劳动条件，减少对职工的健康威胁，并能生产出安全且与环境兼容的产品。

清洁产品则是从产品的可回收利用性、可处置性或可重新加工性等方面考虑。要求产品的设计人员本着产品促进污染预防的宗旨设计产品。

图3-2是清洁生产过程示意图。开发清洁生产技术是一个十分复杂的综合性问题，要求人们转变观念，从生产-环保一体化的原则出发，不但熟悉有关环保的法规和要求，还需要了解本行业及有关行业的生产、消费过程，对每个具体问题、具体情况都要作具体的分析。清洁生产是对生产全过程以及产品整个生命周期采取预防污染的综合措施。

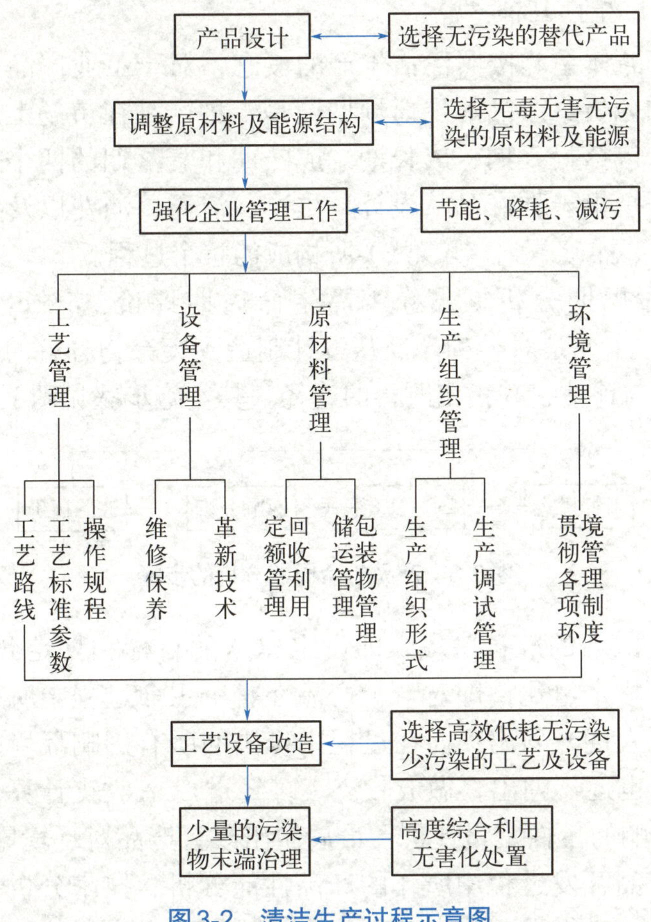

图3-2　清洁生产过程示意图

（1）资源的合理利用　在一般的工艺产品中，原料费用约占成本的70%。通过原料的综合利用可直接降低产品成本、提高经济效益，同时也减少了废物的产生和排放。首先要对原料进行正确的鉴别，在此基础上，对原料中的每个组分都应建立物料平衡，列出目前和将来有用的组分，制订将其转变成产品的方案，并积极组织实施。

（2）改变工艺和设备　简化流程中的工序和设备；实现过程连续操作，减少因开车、停车造成的不稳定状态；在原有工艺基础上，适当改变工艺条件，如温度、流量、压力、停留时间、搅拌强度、必要的预处理等；配备自动控制装置，实现过程的优化控制；改变原料配方，采用精料、替代原料、原料的预处理；原料的质量管理；换用高效设备，改善设备布局和管线；开发利用最新科学技术成果的全新工艺，如生化技术、高效催化技术、电化学有机合成、膜分离技术、光化学过程、等离子体化学过程等；不同工艺的组合，如化工-冶金流程、动力-工艺流程等。

（3）组织厂内物料循环　将流失的物料回收后作为原料返回流程中；将生产过程产生的废物经适当处理后作为原料或原料的替代物返回生产流程中，或作为原料用于本厂生产其他产品。

（4）改进产品体系　按照清洁生产的概念，对于工业产品要进行整体生命周期的环境影响分析。产品的生命周期原是一种产品在市场上从开始出现到最终消失的过程，包括投入期、成长期、成熟期和衰落期的四个过程。在清洁生产中，这一术语是指一种产品从设计、生产、流通、消费以及报废后处置几个阶段（即所谓从“摇篮”到“坟墓”）所构成的整个过程。

产品的生命周期分析（或称产品生命周期评价，life cycle assessment of product，LCA），主要是对一种产品从设计制造到废弃物分解的全过程进行全面的环境影响分析与评估，并指出改善的途径。其实施步骤见图3-3。

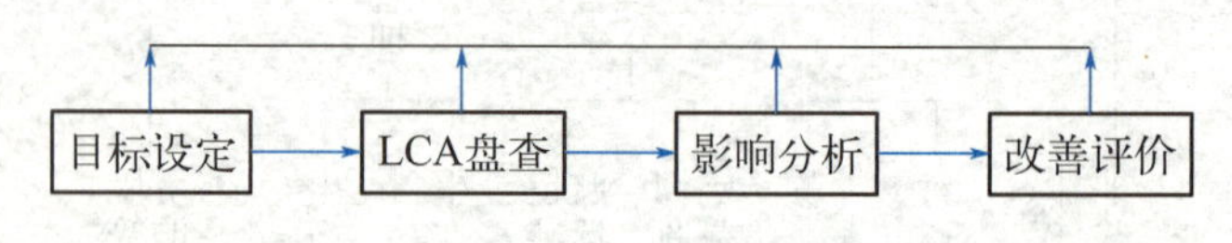

图3-3　产品生命周期分析的步骤

目标设定是LCA的准备阶段，即设定LCA的目标和划定分析评价的范围。LCA盘查是将环境定量化，即对一个产品在整个生命过程中所投入的所有原材料和能源作为收入逐一列出，而在过程中排出的所有影响环境的物质（包括副产品）作为支出也逐一列出，做成收支表。经过LCA收支计算，就可实现各种排放物对环境影响的定性定量评价，最后做出改善产品对环境影响的最佳决定。LCA是目前在产品开发过程中所作的产品性能分析、技术分析、市场分析、销售能力分析和经济效益分析的补充，体现了产品的设计中不但遵循经济原则，而且顾及生态效益；不但考虑在消费中的使用性能，还要关心产品报废后的命运的新的产品设计观念。

对于清洁生产开发有多种途径：产品的全新设计，使产品在生产过程中甚至在使用之后能对环境无害，同时降低产品的物耗和能耗，减少加工工序；调整产品结构、优化生产；赋予产品合理的寿命；去除多余的功能，盲目追求“多功能”往往会造成资源的浪费；简化包装，鼓励采用可再生材料制成的包装材料以及便于多次使用的包装材料；产品报废后易于回收、再生和重复利用；

产品系列化，品种齐全，满足各种消费要求，避免大材小用，优品劣用；推行清洁（绿色）产品标志制度，提高环保声誉。

（5）加强管理　强化企业管理是推行清洁生产优先考虑的措施，因为管理措施一般不涉及基本的工艺过程，花费又较少，经验表明往往可能削减40%的污染物。这些措施有：安装必要的检测仪表，加强计量监督；消除“跑、冒、滴、漏”；将环境目标分解到企业的各个层次，考核指标落实到各个岗位，实行岗位责任制；完备可靠的统计和审核；产品的质量保证；有效的指挥调度，合理安排批量生产的日程；减少设备清洗的次数，改进清洗方法；原料和成品妥善存放，保持合理的原料库存量；公平的奖惩制度；组织安全文明生产。

（6）必要的末端处理　全过程控制中的末端处理只是一种采取其他措施之后的最后把关措施。这种厂内的末端处理，往往作为送往集中处理前的预处理措施，它的目标不再是达标排放，而是只需处理到集中处理设施可接纳的程度。其要求是：清污分流，减少处理量，有利于组织物料再循环；减量化处理，如脱水、压缩、包装、焚烧等；按集中处理的收纳要求进行厂内预处理。

3.1.4.3　清洁生产的发展

（1）国际清洁生产的发展　清洁生产的起源来自于1960年美国化学行业的污染预防审计。而“清洁生产”概念的出现，最早可追溯到1976年。当年欧共体在巴黎举行了无废工艺和无废生产国际研讨会，会上提出“消除造成污染的根源”的思想；1979年4月欧共体理事会宣布推行清洁生产政策；1984年、1985年、1987年欧共体环境事务委员会三次拨款支持建立清洁生产示范工程。

自1989年，联合国开始在全球范围内推行清洁生产以来，全球先后有8个国家建立了清洁生产中心，推动着各国清洁生产不断向深度和广度拓展。1989年5月联合国环境规划署工业与环境规划活动中心（UNEPIE/PAC）根据UNEP理事会会议的决议，制定了《清洁生产计划》，在全球范围内推进清洁生产。该计划的主要内容之一为组建两类工作组：一类为制革、造纸、纺织、金属表面加工等行业清洁生产工作组；另一类则是清洁生产政策及战略、数据网络、教育等业务工作组。该计划还强调要面向政界、工业界、学术界人士，提高他们的清洁生产意识，教育公众，推进清洁生产的行动。1992年6月在巴西里约热内卢召开的联合国环境与发展大会上，通过了《21世纪议程》，号召工业提高能效，开展清洁技术，更新替代对环境有害的产品和原料，推动实现工业可持续发展。中国政府亦积极响应，于1994年提出了《中国21世纪议程》，将清洁生产列为重点项目之一。

自1990年以来，联合国环境规划署已先后在坎特伯雷、巴黎、华沙、牛津、汉城、蒙特利尔等地举办了六次国际清洁生产高级研讨会。在1998年10月韩国汉城第五次国际清洁生产高级研讨会上，出台了《国际清洁生产宣言》，包括13

个国家的部长及其他高级代表和9位公司领导人在内的64位签署者共同签署了该宣言，参加这次会议还有国际机构、商会、学术机构和专业协会等组织的代表。《国际清洁生产宣言》的主要目的是提高公共部门和私有部门中关键决策者对清洁生产战略的理解及该战略在他们中间的形象，它也将激励对清洁生产咨询服务的更广泛的需求。《国际清洁生产宣言》是对清洁生产这一环境管理战略的公开承诺。

20世纪90年代初，经济合作与发展组织（OECD，简称经合组织）在许多国家采取不同措施鼓励采用清洁生产技术。例如在德国，将70%投资用于清洁工艺的工厂可以申请减税。在英国，税收优惠政策是导致风力发电增长的原因。自1995年以来，经合组织国家的政府开始把它们的环境战略针对产品而不是工艺，以此为出发点，引进生命周期分析，以确定在产品生命周期（包括制造、运输、使用和处置）中的哪一个阶段有可能削减或替代原材料投入和最有效并以最低费用消除污染物和废物。这一战略刺激可引导生产商和制造商以及政府政策制定者去寻找更富有想象力的途径来实现清洁生产和产品。

美国、澳大利亚、荷兰、丹麦等发达国家在清洁生产立法、组织机构建设、科学研究、信息交换、示范项目和推广等领域已取得明显成就。特别是进入21世纪后，发达国家清洁生产政策有两个重要的倾向：其一是着眼点从清洁生产技术逐渐转向清洁产品的整个生命周期；其二是从大型企业在获得财政支持和其他种类对工业的支持方面拥有优先权转变为更重视扶持中小企业进行清洁生产，包括提供财政补贴、项目支持、技术服务和信息等措施。

（2）国内清洁生产的发展　自1993年以来，在环保部门、经济综合部门和行业主管部门的协调配合和推动下，我国推行清洁生产工作在企业试点示范、宣传教育培训、机构建设、国际合作以及政策研究制定等方面取得了较大进展。开展清洁生产的企业分属十几个行业，包括化工、轻工、建材、冶金、石化、铁路、电子、航空、医药、采矿、烟草、机械、仪器仪表和交通等。从1993年3月至1995年12月，在UNEPIE/PAC的帮助下，中外专家在全国3个城市（北京、烟台、绍兴）和3个省（山东、陕西、黑龙江）、9个工业行业（石油化工、原料化工、钢铁、冶金、印染、制革、电镀、造纸、酿酒）中的51家企业进行了清洁生产审计试点示范工作。在27家重点试点示范企业的29个清洁生产审计项目中，对358个清洁生产方案（优化企业管理、技术改造、现场循环利用、原料替代、产品更新等）实施，污染物排放量一般削减10%，最高削减50%，平均削减30%；运行费用（包括节水、节能和降低原料消耗等）平均节省20%；据估算，年收益可达1200万～2000万元，取得了可观的环境效益和经济效益。

自1994年成立国家清洁生产中心以来，全国相继成立17家行业和地方的清洁生产中心，还有一些省市和行业正在积极筹建清洁生产中心。这些专门机构的成立，大大推动了我国的清洁生产活动。

通过开展国际合作，开拓了国际环保合作的新领域，对扩大我国推行清洁生产工作在国际上的影响也起了很大的作用，并为我国推行清洁生产提供了重要的人力和资金来源，保证了我国清洁生产工作的顺利开展。

中国环境技术援助项目B-4子项目是我国利用世界银行贷款开展的第一个清洁生产国际合作项目，为清洁生产概念的引入、企业试点、政策制定和全面实施奠定了良好的基础。

中美清洁生产合作项目“在石化、电镀、医药三个行业推行清洁生产”，在实施过程中充分发挥行业主管部门的作用，是行业部门开展清洁生产的成功范例。

上海与英国海外开发署合作开展的上海环境支持项目，其中重要内容就是帮助上海工业企业推行清洁生产，实现废物减量化。

2013年11月7日，中国清洁生产联盟启动。旨在向政府部门、联盟成员及社会提供有关清洁生产政策、清洁生产审核以及清洁生产方法和技术等方面的信息和服务，共同推进清洁生产行业的持续健康发展。

中国清洁生产联盟将原有相对独立的机构组织通过联盟的形式紧密地结合在一起，加强各地区、各中心、各机构之间长期稳定的组织建设与沟通联系。构建联盟内项目对接体系，为清洁生产项目的实施提供技术支撑和项目服务，通过一系列有计划、有目的的项目实施，不断提升联盟成员单位的政策支撑、技术水平等方面的能力，共享先进的清洁生产方法、政策和技术，实现联盟成员之间的互利共赢。联盟还将紧紧依靠国家部委，积极争取国家有关政策扶持或资金支持，推进清洁生产行业的整体发展。

2011 ~ 2013年，各省（区、市）环境保护厅（局）依法在当地主要媒体公布了27247家应当实施清洁生产审核的重点企业名单，其中有10172家重点企业公布了主要污染物排放情况。全国有25174家重点企业开展了强制性清洁生产审核。

2011 ~ 2013年，共有15779家重点企业通过了清洁生产审核评估，12598家重点企业通过了清洁生产审核验收。其中2013年有556家企业未通过清洁生产审核评估，180家企业未通过清洁生产审核验收。

2011 ~ 2013年，全国重点企业通过清洁生产审核共提出清洁生产方案446108个，已经实施423450个。实施清洁生产方案投入资金共计886.8亿元，其中政府投资5.4亿元，企业投资881.4亿元。

截至2013年，全国环保系统至少有21个省（区、市）建立了省级清洁生产中心；部分省（区、市）建立了至少25个地市级清洁生产中心，清洁生产审核咨询服务机构数量发展到了934家；18个省（区、市）建立了清洁生产专家库。

2011 ~ 2013年，国家层面清洁生产审核培训人员9676人次；省（区、市）举办省级清洁生产培训班443期，培训人员32896人次；举办清洁生产知识普及型培训、讲座或者企业内审员培训班9016期，培训人员540552人次，各类清洁生产培训班共培训人员580168人次。

2011 ~ 2013年，重点企业清洁生产审核主要集中在化学原料及化学品制造行业（3289家）、金属表面处理及热处理加工行业（3040家）、轻工行业（2338家）、纺织行业（1820家）、电气机械及器材制造行业（1201家）、非金属矿物制品业行业（1170家）、有色金属冶炼及压延加工行业（1135家）、通信设备、计算机及其他电子设备制造行业（1093家）、环境治理行业（855家），上述行业占三年开展强制性清洁生产审核企业总数（25174家）的63.3%。

2021年国家发展改革委联合生态环境部、工业和信息化部、科技部、财政部、住房和城乡建设部、交通运输部、农业农村部、商务部、市场监管总局印发《"十四五"全国清洁生产推行方案》(以下简称《方案》)。《方案》提出要以习近平新时代中国特色社会主义思想为指导，全面贯彻党的十九大和十九届二中、三中、四中、五中全会精神，深入贯彻习近平生态文明思想，立足新发展阶段，贯彻新发展理念，构建新发展格局，推动高质量发展，以节约资源、降低能耗、减污降碳、提质增效为目标，以清洁生产审核为抓手，系统推进工业、农业、建筑业、服务业等领域清洁生产，积极实施清洁生产改造，探索清洁生产区域协同推进模式，培育壮大清洁生产产业，促进实现碳达峰、碳中和目标，助力美丽中国建设。

《方案》提出的主要目标是：到2025年，清洁生产推行制度体系基本建立，工业领域清洁生产全面推行，农业、服务业、建筑业、交通运输业等领域清洁生产进一步深化，清洁生产整体水平大幅提升，能源资源利用效率显著提高，重点行业主要污染物和二氧化碳排放强度明显降低，清洁生产产业不断壮大。到2025年，工业能效、水效较2020年大幅提升，新增高效节水灌溉面积6000万亩。化学需氧量、氨氮、氮氧化物、挥发性有机物（VOCs）排放总量比2020年分别下降8%、8%、10%、10%以上。全国废旧农膜回收率达85%以上，秸秆综合利用率稳定在86%以上，畜禽粪污综合利用率达到80%以上。城镇新建建筑全面达到绿色建筑标准。

《方案》是继清洁生产促进法颁布实施以来，首个国家层面指导清洁生产推进的纲领性文件，是"十四五"我国推行清洁生产、部署相关工作、制定相关政策的重要依据和行动指引，对推动减污降碳协同增效、加快形成绿色生产方式、促进经济社会发展全面绿色转型具有重要意义。

典型案例

① 乙苯生产的干法除杂工艺　聚苯乙烯是由单体苯乙烯聚合而成。苯乙烯生产的第一步是以苯乙烯为原料在催化剂（氯乙烷和氯化铝）作用下发生烷基化反应，生成乙苯；第

二步再以乙苯脱氢制取苯乙烯。合成乙苯时，应除去烷基化反应的副产品和杂质，在常规处理中用氨中和后经水洗、碱洗，废水用絮凝沉降处理分出污泥后排放。

干法除杂工艺不改变原来基本的乙苯生成的工艺和设备，烷基化反应后的产物同样用氨中和，但中和后即进行絮凝沉降，沉淀物经分离后用真空干燥法制取固体粉末，这种固体粉末可用来生成肥料，因此可作为副产品看待。干法工艺消除了废水的处理和排放，亦无其他废弃物排放。新旧工艺流程对比见图3-4。

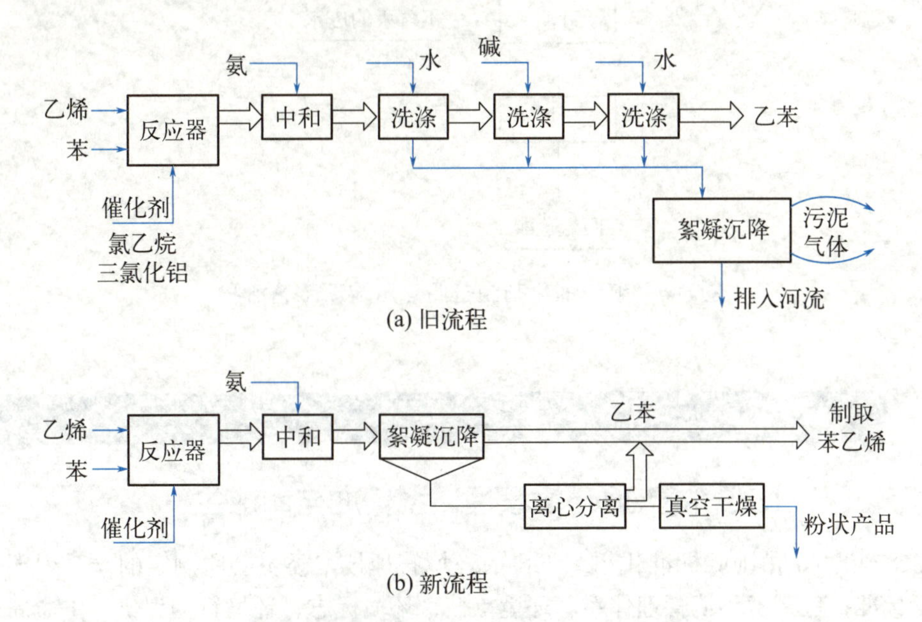

图3-4　乙苯生产除杂工艺的新旧流程对比

本例是一个对辅助工艺的小改革，实施起来难度不大，但消除了废水的排放，得到的固体渣又可以作为副产品利用，从而使苯的烷基化过程实现了无废生产。

② 蒽醌制取四氯蒽醌工艺　染料工业中蒽醌制取四氯蒽醌的老工艺流程比较复杂，由于每一步工序中或多或少都会产生污染物，所以整个反应会产生大量的有毒含汞废液和废水，以及大量的含有原料、中间产物及产品的废水，而且产品的产率比较低，见图3-5。

现在改用碘作催化剂，革除了原来的汞催化剂，从而简化了生产工艺流程，减少了生产工序，减少了废水排放量，而且降低了废水毒性，提高了产品产率。新工艺见图3-6。

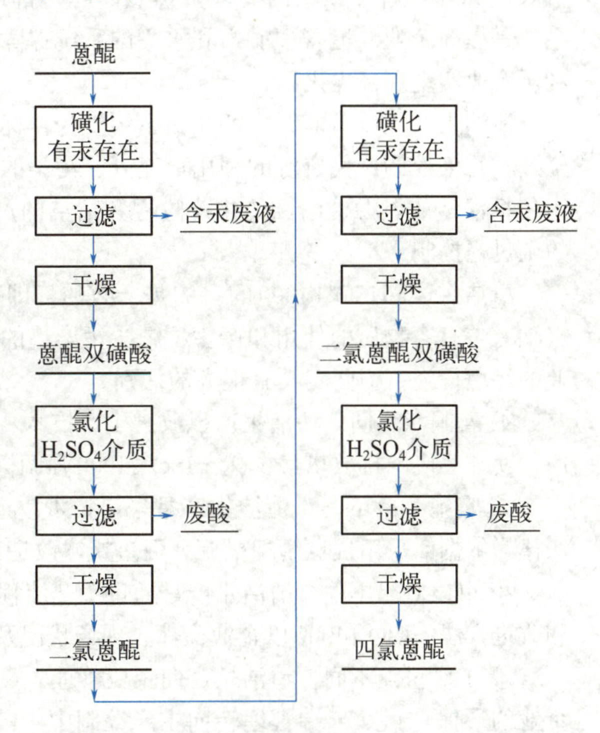

图3-5　汞作催化剂制备四氯蒽醌老工艺流程

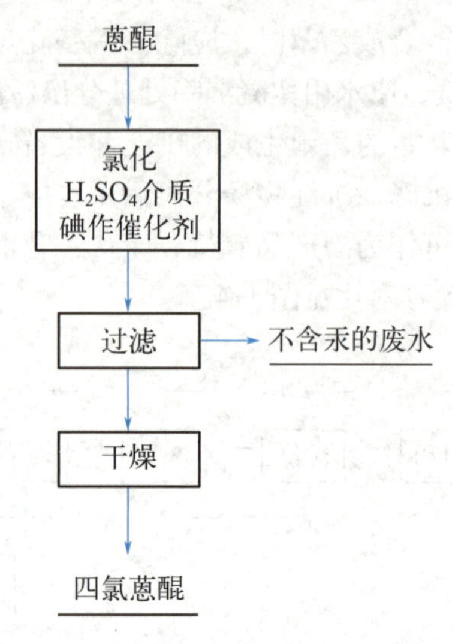

图3-6 碘作催化剂制备四氯蒽醌新工艺流程

阅读材料

ISO 14000环境管理体系标准与清洁生产

ISO 14000是由国际标准化组织下设的环境管理技术委员会所制定的一系列环境管理国际标准，包括了环境管理体系、环境审核、环境标志、环境行为评价、生命周期分析等国际环境管理领域内的许多焦点问题，旨在促使企业建立一个完善的环境管理体系，是提高企业环境管理能力和水平的系统保障，对企业环境系统进行认证和评估，有利于企业实现环境优化。

清洁生产是以节能、降耗和减少污染为目标，以管理、技术为手段，实施工业生产全过程污染控制，使资源的利用最充分、污染的产生量最小化的一种综合性措施。其内容包括清洁的能源、清洁的生产过程和清洁的产品，对产品实行从“摇篮”到“坟墓”的全过程控制。

清洁生产和ISO 14000的目的是一致的，即减少环境影响、节能、降耗；减少甚至根除有毒有害物质的使用和产生，减少污染物的产生和排放；通过监控和监测，改善企业的环境行为。但两者又有很大的区别。

① 着眼点不同　清洁生产以改进生产技术、提高资源利用率、减少有毒有害材料使用，使“三废”排放量最少化；ISO 14000强调标准化的先进环境管理体系模式。

② 实施手段不同　清洁生产是采用技术改造，辅以加强管理；ISO 14000是以国家法律为依据，采用优良管理措施，促进技术改造。

③ 审核对象不同　清洁生产是通过工艺流程分析、物料、能量平衡方法确定污染源和改进方法；ISO 14000以企业文件、现场状况及记录来检查企业的管理情况。

④ 工作重点不同　清洁生产向企业管理人员和技术人员提供一种新的环保思想，使企业的环保重点从末端管理转向生产控制中；ISO 14000向管理层提供了一种先进的管

理模式，将环境管理纳入到其他管理中，使职工明确自己的环保职责。

清洁生产技术含量较高，ISO 14000管理含量较高；ISO 14000为清洁生产提供了组织保证，清洁生产为ISO 14000提供了技术支持；两者的有机结合将促进企业最终达到环境改善的目的。

阅读材料

南京化工园循环经济标准化

2014年6月底，南京化工园区国家级循环经济试点项目通过了中国石化联合会、中国标准研究院、江苏省质监局以及南京大学、东南大学等单位组成的专家组的验收，成为我国首个具有标准化体系的循环经济化工园区，为全国化工园区提供参考样板。

南京化工园区循环经济试点项目于2011年3月经国家标准委、发改委批准立项，经过3年建设，园区重点延伸和完善了碳一产业链循环经济，制定修订了国家标准6项、行业标准12项、地方标准1项、企业标准106项，新增通过清洁生产企业44家；在全国首创了“3+1”循环经济标准模式（“3”为组织实施管理的三个层次，即试点工作的决策层、管理层和实施层；“1”为技术咨询层），构建了企业内节能、节水、综合利用的小循环，企业间能量和物料循环利用的中循环；强化了园区废弃物的循环利用，使园区的资源利用率最大化，废弃物的排放量最小化。

同试点前相比，园区产值提高了42%，工业用水重复利用率、工业固体废弃物综合利用率、工业废气处理率分别提高了8.2%、5%和2%，万元工业增加值取水量、单位工业增加值COD排放量以及单位工业增加值能耗分别降低了53%、15.4%和19.5%。其中工业废气处理率、二氧化硫和氮氧化物的排放达标率、危险废弃物集中处理率均达到100%，有效促进了园区循环经济发展，实现了较好的经济效益、环境效益和社会效益。

3.1.5 环境教育

3.1.5.1 环境教育的定义

环境教育是一门新兴学科，有关环境教育的定义仍处在发展和完善过程中。1977年在苏联第比利斯召开的部长级国际环境教育大会提出，环境教育的目的是树立起对城乡的经济、社会、政治及其生态相互依赖性的清楚认识和关心，为每个人提供获得保护和改善环境所需的知识、价值观、态度、义务和技能的机会，创建个人、群体和整个社会对待环境的新行为模式。我国的环境教育定义是：借助于教育手段使人们认识环境，了解环境问题，获得治理环境污染和防止新环境问题产生的知识和技能，并在人与环境的关系上树立正确的态度，以便通过社会成员的共同努力保护人类环境。

3.1.5.2 我国环境教育现状

我国环境保护开始形成以环境保护基础教育（即中小学、幼儿园环境教育和高中等院校非环境类专业的环境教育）、环境保护专业教育（即高中等院校培养环境类专业人才）、环境保护在职教育（即在职环保人员的教育）、环境保护社会教育（即对广大干部群众的普及教育）四大部分组成的全方位的环境教育体系。

（1）环境保护基础教育　在中小学和幼儿园开展环境教育的意义为：面向未来，在解决当代的环境问题时，也要避免下一代出现新的环境问题，需要超前准备必要的环境知识，更早树立环境观念；通过教育儿童的过程，去影响和教育家长及全社会；通过环境教育可作为对儿童进行国情教育、爱国教育的重要内容，培养儿童爱国家、爱自然的美好道德风尚。

（2）环境保护专业教育　环境保护专业教育主要是指各级各类学校为培养研究生、本科生、专科生、中专生和职业高中生等各层次的环境保护专门人才而进行的教育。

（3）环境保护在职教育　通过对在职人员的环境专业教育，使各级环保工作者逐步达到本岗位所需要的知识和技能水平，能够胜任本职工作。

（4）环境保护社会教育　社会教育是指在各级党政干部、企事业职工、城市街道居民、农村村民中开展的环境保护科普知识教育，旨在提高广大群众保护环境道德观念，增强保护环境的自觉性和参与意识。社会教育的特点是规模大、范围广，渗透到社会的各个阶层和方面，具有十分广泛的群众性，是构成具有中国特色环境教育的一个最主要方面。

3.2 可持续发展

3.2.1 可持续发展的定义与内涵

3.2.1.1 基本概念

20世纪80年代，针对人类面临的挑战，全球对“发展”展开了激烈的讨论，联合国成立的环境与发展问题高级委员会提出世界各国必须组织新的持续发展的道路，并且一再强调持续发展是21世纪发达国家和发展中国家的共同发展战略，是人类求得生存与发展唯一的途径。1992年在巴西里约热内卢举行的联合国环境与发展大会上通过了《21世纪议程》，制定了可持续发展的重大行动计划，各国对可持续发展取得了共识。

1987年世界环境与发展委员会主席Brundtland女士（挪威首相）向联合国提交了《我们共同的未来》，这一著名报告提出，可持续发展是指在不牺牲未来几代人需要的情况下，满足我们当代人需要的发展。这个定义明确地表达了两个基本观点：一是人类要发展，尤其是穷人要发展；二是发展要有限度，不能危及后代人的发展。报告还指出当今存在的发展危机、能源危机、环境危机都不是孤立发生的，而是改变传统的发展战略造成的。要解决人类面临的各种危机，只有改变传统的发展方式，实施可持续发展战略才是积极的出路。具体地讲，在经济和社会发展的同时，采取保护环境和合理开发与利用自然资源的方针，实现经济、社会与环境的协调发展，为人类提供包括适宜的环境质量在内的物质文明和精神文明。同时，还要考虑把局部利益和整体利益、眼前利益和长远利益结合起来。特别值得注意的是在发展指标上与传统发展模式有了很大的不同，不再把国内生产总值作为衡量发展的唯一指标，而是用社会、经济、文化、环境等各个方面的指标来衡量发展。表3-1列举了全球性发展与环境的综合对策。

表3-1 全球性发展与环境的综合对策

年代	事件
1891年	自然保护团体塞拉俱乐部在美国成立
1969年	环境保护组织“地球之友”在美国成立
1970年	OECD环境委员会成立
1972年	罗马俱乐部《增长的极限》出版，提出地球资源的有限性 联合国人类环境会议在斯德哥尔摩举行，通过了《人类环境宣言》及行动计划 第十七届联合国教科文组织（UNESCO）大会，通过了《保护世界文化和自然遗产公约》（1975年生效） 联合国环境规划署（UNEP）成立
1974年	在第六届联合国特别会议上，发表建立国际经济新秩序的宣言 世界人口会议召开，通过《世界人口行动计划》 世界粮食会议召开，通过《消除饥饿及营养不良的世界宣言》
1976年	联合国人类住区会议在加拿大温哥华召开
1979年	第二届OECD环境部长级会议召开，通过了《关于预见性环境政策的宣言》 联合国欧洲经济委员会（UNECE）环境部长级会议召开
1980年	UNEP及世界银行等10家多边援助机构，通过了《关于经济开发中的环境政策及实施程序的宣言》 世界环保组织（IUCN）和世界自然基金会（WWF）发表《世界自然资源保护大纲》 美国政府出版《公元2000年的地球》，预言21世纪将面临更严重的环境问题
1981年	在渥太华首脑会议上，首次在共同宣言中添加了有关环境问题的事项 联合国新生及可再生能源会议召开，通过了《增加新生及可再生能源利用的行动计划》
1982年	联合国人类环境会议10周年纪念会议在内罗毕召开，通过《内罗毕宣言》
1983年	OECD设置“环境影响评价与开发援助特别团体”
1984年	联合国成立世界环境与发展委员会（WCED） 世界银行制定《环境政策与实施程序》 OECD“环境与经济会议”召开
1985年	首脑会议基础上的环境部长级会议在伦敦召开 联合国亚洲及太平洋经济社会委员会（ESCAP）环境部长级会议召开 第三届环境部长级会议召开，通过了《环境，未来的资源》宣言及《在环境援助计划和项目中有关环境影响评价的理事会建议》等

续表

年代	事件
1987年	联合国WCED（世界环境与发展委员会）通过了《东京宣言》，并公布《我们共同的未来》报告书，提出了许多以可持续发展为中心思想的建议
1989年	以全球环境为焦点的最高首脑经济宣言 24国有关自然环境的《海牙宣言》
1990年	EC（欧洲理事会）首脑会议通过环境宣言
1991年	世界银行、UNEP、联合国开发计划署（UNDP）设立“全球环境基金（GEF）” 在发展中国家环境与发展会议上，通过《北京宣言》
1992年	UNCED（联合国环境与发展大会）在巴西里约热内卢召开，通过《里约宣言》和《可持续的环境与发展行动计划》（21世纪议程）及《森林原则声明》
1993年	《巴塞尔公约》第一次缔约方会议 中国环境与发展国际委员会成立 《中国环境与发展十大对策》发表 联合国可持续发展委员会（UNCSD）第一次年会
1994年	《中国21世纪议程》发表 《生物多样性公约》第一次缔约方会议 《蒙特利尔议定书》第六次缔约方会议，确定中国为正式会员
1995年	《气候变化框架公约》第一次缔约方会议 《荒漠化公约》谈判结束，开放签字
1996年	联合国第二次人类住区会议在伊斯坦布尔召开 《巴塞尔公约》《生物多样性公约》《气候变化框架公约》《蒙特利尔议定书》、UNCSD等继续召开会议
1997年	UNCSD第五次年会 联大特别会议将对《21世纪议程》5年来的进展作综合评议

阅读材料

21世纪议程

1992年联合国在巴西里约热内卢召开的环境与发展大会上通过了《21世纪议程》，阐明了人类在环境保护与可持续发展之间应做出的决策和行动方案，对加强全球环境问题的国际合作和建立新的伙伴关系具有积极指导意义。

《21世纪议程》全文分四部分，共40章，要求各国制定和组织实施相应的可持续发展战略、计划和政策，迎接人类社会面临的新挑战。

第一部分叙述了社会经济要素的内容、贸易与环境、国际经济、贫困问题、人口问题以及人类居住问题，明确规定了环境和发展的统一等。

第二部分为发展的资源保护和管理，详细叙述了所谓全球环境问题及不同领域的环境保护所施行的政策。

第三部分是关于加强社会成员的作用，依次叙述了妇女、儿童、青年、土著居民、地方政府、工人、产业界、科学技术团体及农民所应起的作用。

第四部分论述了实施的方法，包括资金问题，技术转让，科学、教育培训，提高发展中国家的应对能力，国际决策机构、国际法制及情报等。

1994年3月25日我国国务院第十六次常务会议讨论并通过了《中国21世纪议程——中国21世纪人口、环境与发展白皮书》，制订了中国国民经济目标、环境目标和主要对策。

3.2.1.2　可持续发展的内涵

可持续发展是一个涉及经济、社会、文化、技术和自然环境的综合概念，不是一般意义上所指的在时间和空间上的连续，而是特别强调环境承载能力和资源的永续利用对发展进程的重要性和必要性。

（1）可持续发展的理论内容

① 发展是可持续发展的前提　可持续发展并不否定经济增长，尤其是发展中国家，发展是可持续发展的核心，是可持续发展的前提。但是，发展需要重新审视如何实现经济增长的模式，由粗放型向集约型转向。可持续发展是能动地调控自然-社会-经济这一复合系统，使人类在不超越环境承载力的条件下发展经济。也就是以自然资源为基础，同环境承载力相协调。经济发展、社会发展与环境的协调，要求不能以环境污染（退化）为代价来取得经济增长，应通过强大的物质基础和技术能力，由传统经济增长模式（高消耗、高污染、高消费）转变为可持续发展模式（低消耗、低污染、适度消费），促使环境保护与经济持续协调地发展。

② 全人类的共同努力是实现可持续发展的关键　当前世界上的许多资源与环境问题已超越国界和地区界限，具有全球的规模。人类共居在一个地球上，全人类是一个相互联系、相互依存的整体。要实现全球的可持续发展，必须建立牢固的国际秩序和合作关系，必须采取全球共同的联合行动。经济全球化趋势正在给全球经济、政治和社会生活等诸多方面带来深刻影响，既有机遇也有挑战。在经济全球化的进程中，各国的地位和处境很不相同。我们需要世界各国“共赢”的经济全球化，需要世界各国平等的经济全球化，需要世界各国公平的经济全球化，需要世界各国共存的经济全球化。

③ 公平性是实现可持续发展的尺度　可持续发展的公平性原则主要包括三个方面。一是当代人公平，即要求满足当代全球各国人民的基本要求，予以机会满足其要求较好生活的愿望。二是代际间的公平，即每一代人都不应该为着当代人的发展与需求而损害人类世世代代满足其需求的自然资源与环境条件，应给予世世代代利用自然资源的权利。三是公平分配有限的资源，即应结束少数发达国家过量消费全球共有资源，给予广大发展中国家合理利用更多的资源以达到经济增长和发展的机会。

④ 社会的广泛参与是实现可持续发展的保证　可持续发展作为一种思想、观念，一个行动纲领，指导产生了全球发展的指令性文件——《21世纪议程》。

因此要充分了解群众意见和要求，动员广大群众参加到持续发展工作的全过程中来。

⑤ 生态文明是实现可持续发展的目标　农业文明为人类产生了粮食，工业文明为人类创造了财富，那么生态文明将为人类建设一个美好的环境。生态文明主张人与自然和谐共生，即人类不能超越生态系统的承载能力，不能损害支持地球生命的自然系统。可持续发展理论的持续性原则要求人类对于自然资源的耗竭速率应该考虑资源与环境的临界性，不应该损害支持生命的大气、水、土壤、生物等自然系统。持续性原则的核心是对人类经济和社会发展不能超越资源和环境的承载能力。“发展”一旦破坏了人类生存的物质基础，“发展”本身也就衰退了。

⑥ 可持续发展的实施以适宜的政策和法律体系为条件　实施可持续发展强调“综合决策”和“公众参与”。需要改变过去各个部门封闭地、分隔地、“单打一”地分别制定和实施经济、社会、环境政策的做法，提倡根据周密的社会、经济、环境考虑和科学原则、全面的信息和综合的要求来制定政策并予以实施。在经济发展、人口、环境、资源、社会保障等各项立法和重大决策中都要贯彻可持续发展的原则。

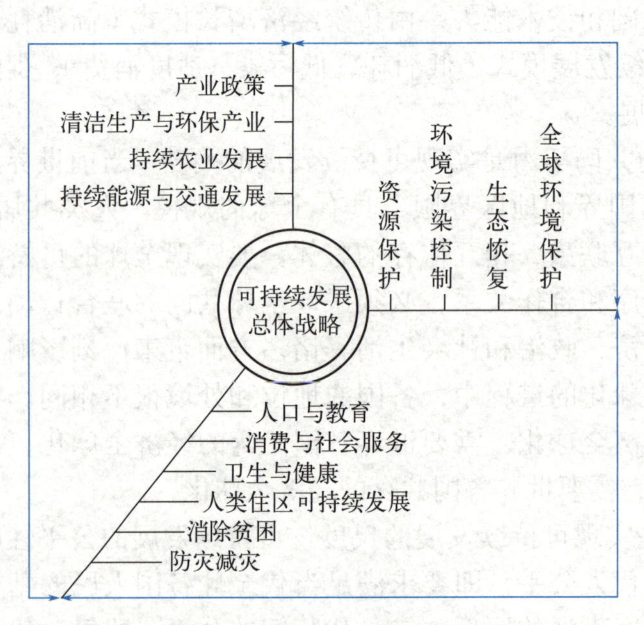

图3-7　可持续发展概念图解

（2）可持续发展战略要求　可持续发展战略总的要求有以下几点。

① 人类以人与自然相和谐的方式去生产。

② 从把环境与发展作为一个相容整体出发，制定社会、经济可持续发展的政策。

③ 发展科学技术、改革生产方式和能源结构。

④ 以不损害环境为前提，控制适度的消费和工业发展的生产规模。

⑤ 从环境与发展最佳相容性出发确定其管理目标的优先次序。

⑥ 加强和发展资源保护的管理。

⑦ 发展绿色文明和生态文化。

可持续发展总体战略涉及的内容见图3-7。

3.2.2 环境保护与可持续发展的关系

可持续发展的提出是源于环境保护，环境既是发展的资源又是发展的制约条件，因为环境容量是有限的。

3.2.2.1 环境的作用

（1）环境为人类活动提供了各种资源　环境整体及其各组成要素是人类生存和发展的基础，也是各种生物生存的基本条件。例如1992年全世界共开采煤炭43亿吨、原油29亿吨、获取谷物19.5亿吨、大豆1.1亿吨、棉花0.18亿吨。地球上人类的各种经济活动都是以这些初始产品为原料或动力而开始的，人口总量增加和经济发展导致自然资源消耗量也逐年增加，使地球负担加重。

（2）环境的自净　环境能在一定程度上对人类经济活动产生的废物和废能量进行消纳和同化，即在不同的环境容量下环境具有不同程度的自净功能。环境通过各种各样的物理、化学、生化、生物反应来消纳、稀释、转化废弃物的过程，称为环境的自净作用。假如没有这种功能，千万年来，整个世界将充满废弃物，人类将无法生存。

（3）满足人们对舒适性的要求　环境提供了人类生存、活动、发展的空间，还提供了舒适性环境的精神享受。现代人对生存空间舒适性的要求在不断提高，包括清洁的空气、清净的水、自然的景色、丰富的物质以及和谐的社会关系等。全世界有许多优美的自然和人文景观，如中国的张家界、埃及的金字塔、美国的黄石公园等，每年都吸引着成千上万的游客。舒适优美的环境使人们心情愉快、精神轻松，有利于提高人体素质，使人们更有效地工作。

3.2.2.2 保护环境是可持续发展的关键

环境问题的实质在于人类活动索取资源的速度超过了资源本身及其替代品的再生速度和向环境排放废弃物的数量超过了环境的自净能力。而只有走可持续发展道路，才能使人类经济活动索取自然资源的速度小于资源本身及其替代品的再生速度，并使向环境排放的废弃物能被环境自净，从根本上解决环境问题，避免走“先污染、后治理”的老路，实现人口、资源、环境与经济的协调发展。

（1）环境容量有限　全球每年向环境排放大量废水、废气和固体废物。这些废物排入环境后，有的能够稳定存在上百年，使全球环境状况发生显著的变化。如大气中二氧化碳、甲烷等温室气体的增多导致“温室效应”；臭氧层空洞加大，酸雨面积增加；工业废水、生活污水对水体的污染等。

（2）自然资源的补给和再生、增殖需要时间　自然资源的补给和再生、增殖需要时间，一旦超过了极限，要想恢复是困难的，有时甚至是不可逆转的。例如过度砍伐森林会使森林和生物多样性面临毁灭的威胁；土地荒漠化、耕地减少速度加快；淡水资源短缺，人类生存已受到威胁；海洋生物资源枯竭，不少海域的鱼类已灭绝。

（3）保护环境是为了保证发展　以粮食生产为例：我国现有耕地仅占国土面积的13.8%，人均占有耕地面积仅为世界人均值的1/3，已达到人均占有耕地的警戒线。在这些耕地中，受污染的达7.6%，受酸雨危害的达4.0%，仅农田污染每年就减产粮食0.12亿吨。全国每年流失土壤50亿吨，相当于全国耕地每年被剥去1cm厚的肥土层。

以上数据充分说明：如果土地资源不得到有效的保护，粮食紧张不仅会阻碍经济的发展，而且会威胁民族的生存。搞好环境保护正是为避免出现这样的问题，它是实现可持续发展的关键。

（4）环境投资出效益　一些发达国家在公害显现和加紧防治阶段的环保投入占国内生产总值（GNP）的比例远远高于我国。如美国和日本在20世纪80年代分别为2.1%和4.0%，德国、法国、英国、意大利、加拿大在70年代曾经达到1.3%～2.8%，而中国在整个“八五”期间环保投入只占GNP的0.7%。“九五”期间我国用于环境保护投资约为3460亿元，占GNP的0.9%。国际上的实践经验表明，该比例如果达到1%～1.5%，可以基本控制污染；达到2%～3%，才能逐步改善环境。

3.2.2.3　对可持续发展具有重要意义的技术领域

表3-2、表3-3列出了可持续发展的技术领域和节能技术。

表3-2　主要技术领域对可持续发展重要性的评价

主要技术领域	评价有关技术重要性的标准			
	降低环境风险	技术进步	预竞争阶段一般可用性	社会与个别厂商所获效益比
能源获取技术	++	+		+
能源储存技术	+	+	+	+
能源最终使用技术	++			++
农业生物技术	+	++		
替代与精细农业技术			++	+
制造模拟、监测和控制技术	+	+	++	
催化剂技术		+	++	

续表

主要技术领域	评价有关技术重要性的标准			
	降低环境风险	技术进步	预竞争阶段一般可用性	社会与个别厂商所获效益比
分离技术	+	+	++	
精密制作技术			++	
材料技术	+		++	
信息技术			++	+
避孕技术	++	+		++

注："++"表示某类技术对某项判断标准具有特别重要的意义；"+"表示某类技术对某项判断标准具有比较重要的意义；空白则表示在某项标准衡量下对应技术的重要性并不显著。

表3-3　提高能源转化和输出效率的节能技术

分类	节能途径	具体措施	
燃烧节能技术	采用节能型燃烧器和燃烧装置；制订节能燃烧制度；进行节能类燃烧设备改造，以改善不完全燃烧自身预热烧嘴的程度，减少烟气带走的热量；合理使用燃料，提高燃烧设备的低N_x烧嘴热效率，提高生产率	节能燃烧器	平焰烧嘴 油压比例烧嘴 自身预热烧嘴 高速烧嘴 低N_x烧嘴
		节能燃烧装置	往复炉排 振动炉排 粉煤燃烧装置 下饲式加煤机 简易煤气发生装置 抽板顶煤燃烧机
		节能燃烧制度	低空气比例系数 低温排入烟气 富氧燃烧 预热助燃空气和燃料 合理的加热工艺曲线
		节能设备改造	炉体构造的合理改革 水冷件的合理绝热包扎 改旁热式为直热式 二氧化锆测定烟气残氧
		新的燃烧技术	水煤浆混合燃烧 油掺水混合燃烧 油煤混合燃烧 煤的气化与液化
传热节能技术	通过提高辐射率、吸收率和两者选择性匹配来强化辐射传热；提高对流给热系数来强化对流传热；选用高导热系统材料，强化传热；以及增大辐射面积等强化综合传热	强化辐射传热	远红外加热干燥技术 高辐射率涂料加热技术 高吸收率涂料技术
		强化对流传热	强制循环通风 轧钢加热炉喷流预热技术
		强化传导传热	碳化硅高导热炉膛 锅炉除垢技术 减少接触热阻技术

续表

分类	节能途径	具体措施	
绝热节能技术	减少绝热对象的散热损失和蓄热损失，主要通过选择合适的轻质、超轻质绝热材料及其合理的组合来实现	管道保温	热力管道保温优化技术 热工设备保温优化技术 热力管道的堵漏塞冒技术
		炉衬组合	耐火纤维全炉衬技术 耐火纤维贴面炉衬技术 间歇式加热炉炉料优化设计 低辐射率外壁涂料
		其他	热工设备的合理保温绝热

案例

农业的可持续——生态农业

（1）生态农业的概念和内涵　生态农业是依照生态学原理和生态经济规律在系统科学的思想和方法指导下，融现代科学技术与传统农业技术精华于一体并进行（劳力、物质投入尤其信息）集约经营和科学管理的农业生态系统。

生态农业是实现农业可持续发展的战略思想，强调农业生产力持久稳定提高，必须建立在合理利用资源和保护生态环境的基础上，为协调人口、资源、环境的关系及解决发展与保护的矛盾提供了途径，是发展农业和农村经济的指导性原则。

生态农业是协调农业和农村全面发展的系统工程，按生态经济学原则和系统科学原理对区域农业进行整体优化和整理，使农业实现高效、低耗、和谐、稳定发展。

生态农业是按生态工程原理组装起来的促进生态与经济良性循环的农业适用技术体系，是一个有序的和能形成实现社会、经济、生态三大效益高效循环统一的生态经济系统，它能不断提高系统生产力、实现农业可持续发展。

（2）生态农业的技术措施　建设生态农业的重要技术措施是开展农业清洁生产。根据农业生产完全依赖于农业生态环境的特点，针对农业生态系统既是系统外环境污染的受体又是污染物产生源头的特点，将整体预防农业生态系统内外污染的环境策略应用于农业生产过程和农产品生产过程中，将可持续发展战略变成可实际操作的措施，以期减少农业生产直接或间接对人类和环境的风险，保护资源和维护农业生态，实现农业持续稳定发展、农民增收，和农村整个社会、经济与环境协调、持续发展的目的。目标是：①因地制宜、合理利用和保护自然资源，最大限度地利用自然温光资源，减少对化石物能的投入和依赖，提高物能利用效率，节省稀缺资源和不可替代资源；②在农业生产过程中，既要减少甚至消除废物和污染物的产生与排放，又要防止有毒物质进入农产品、食物中，危害人类健康。

农业清洁生产的总体技术思路是：在防止和控制农业生态环境外源污染的同时，通过清洁的物能投入、持续高效利用农业资源和优化农业生产结构，使用清洁的农业生产工艺与设施，采用无污染或少污染的种植、养殖和加工模式。充分发挥区域性农业资源优势，采取科学管理措施，促进生态农业建设，加速农业产业化进程。最终生产出既满足人类需要，又有利于人类健康和环境保护的清洁农业产品，实现农业生产持续发展和环境保护的“双赢”目标。

表3-4归纳了当前我国生态农业的主要措施和策略。每一项措施中都包含着若干项生态技术，有的措施如“沼气及其他能源建设”，本身就是一项或几项农业生态工程所组成。

表3-4　当前我国生态农业的主要措施和策略

措施或环节	经济效益	社会效益	生态效益
优化种植业布局	增产增收	搞活经济	系统协调，用养结合
绿化（种树种草）	长远增收	改善生活环境，提供燃料	改善农田小气候，防风防蚀，提供饲草
农林、农果复合生态结构（农田防护林）	增产增收	提供林、果产品	改善农田环境，利用生物共生优势
发展经济作物	增产增收	提供商品	系统投入产出平衡
畜禽饲养（优化畜群结构）	转化增值	提供优质产品	充分利用饲料资源，农牧相互促进
水产养殖（桑养鱼、稻萍鱼）	增产增收 转化增值	提供优质产品	水面利用，废弃物利用，促进循环，发挥共生优势
食用菌及其他养殖业	转化增值	提供优质食品	废弃物利用，促进循环
农畜产品加工	转化增值	提供加工产品及饲养	促进能源转化利用和物质循环，开辟饲料来源
沼气及其他能源建设	节省燃料开支	提供补充能源	开发新能源，促进有机物质再循环，控制污染
有机肥和秸秆还田	节省生产开支	节约化石能源，提供优质产品	有机物再循环提高土壤肥力
综合防治，少用农药	节省生产开支	提供无公害产品	控制污染，保护环境和生物资源
科学施用化肥	节省生产开支	提供优质产品	保护水土资源，养分收支平衡
发展工副业	增收	转移劳力，城乡交流	系统开放，以工补农
庭院经济	增产增收	提供花、菜、药等土特产品，利用闲散劳力	发挥复合生态系统活力

3.2.3　中国可持续发展的战略与对策

中国作为一个发展中国家，深受人口、资源、环境、贫困等全球性问题的困扰。控制人口，节约资源，保护环境，实现可持续发展，这是中国环境与生态学者及中国政府对全球性发展资源、生态环境的锐减、污染和破坏以及中国国情为解决全球性问题而提出的一个极为科学而鲜明的行动纲领。同时还对可持续发展做出了完整的定义：不断提高人群生活质量和环境承载力的，满足当代人需求又不损害子孙后代满足其需求能力的，满足一个地区或一个国家人群需求，又不损害别的地区或别的国家的人群，满足其需求能力的发展。联合国环境与发展会议（UNCED）之后，中国政府重视自己承担的国际义务，积极参与全球可持续发展理论的建设和健全工作。中国制定的第一份环境与发展方面的纲领性文件就是1992年8月党中央、国务院批准转发的《中国关于环境与发展问题的十大对策》。

3.2.3.1 实行可持续发展战略

（1）加速我国经济发展、解决环境问题的正确选择是走可持续发展道路
20世纪80年代末，中国由于环境污染造成的经济损失已达950亿元，占国内生产总值的6%以上。这是传统的以大量消耗资源的粗放经营为特征的发展模式，投入多、产出少、排污量大。另外，传统发展模式严重污染环境，且资源浪费巨大，加大资源供需矛盾，经济效益下降。因此，必须由“粗放型”转变为“集约型”，走持续发展的道路是解决环境与发展问题的唯一正确选择。

（2）贯彻“三同步”方针 “经济建设、城乡建设、环境建设同步规划，同步实施，同步发展”，是保证经济、社会持续、快速、健康发展的战略方针。

3.2.3.2 可持续发展的重点战略任务

（1）采取有效措施，防治工业污染 坚持“预防为主，防治结合，综合治理”和“污染者付费”等指导原则，严格控制新污染，积极治理老污染，推行清洁生产，实现生态可持续发展。主要措施如下。

① 预防为主、防治结合 严格按照法律规定，对初建、扩建、改建的工业项目，要求先评价、后建设，严格执行“三同时”制度，技术起点要高。对现有工业结合产业和产品结构调整，加强技术改造，提高资源利用率，最大限度地实现“三废”资源化。积极引导和依法管理，坚决防治乡镇企业污染，严禁对资源乱挖乱采。

② 集中控制和综合管理 这是提高污染防治的规模效益、实行社会化控制的必由之路。综合治理要做到：合理利用环境自净能力与人为措施相结合；集中控制与分散治理相结合；生态工程与环境工程相结合；技术措施与管理措施相结合。

③ 转变经济增长方式，推行清洁生产 走资源节约型、科技先导型、质量效益型工业道路，防治工业污染。大力推行清洁生产，全过程控制工业污染。

（2）加强城市环境综合整治，认真治理城市“四害” 城市环境综合整治包括加强城市基础设施建设，合理开发利用城市的水资源、土地资源及生活资源，防治工业污染、生活污染和交通污染，建立城市绿化系统，改善城市生态结构和功能，促进经济与环境协调发展，全面改善城市环境质量。当前主要任务是通过工程设施和管理措施，有重点地减轻和逐步消除废气、废水、废渣和噪声这城市“四害”的污染。

（3）提高能源利用率，改善能源结构 通过电厂节煤、严格控制热效率低、浪费能源的小工业锅炉的发展、推广民用型煤、发展城市煤气化和其他供热方式、逐步改变能源价格体系等措施，提高能源利用率，大力节约能源。调整能源结构，增加清洁能源比重，降低煤炭在我国能源结构中的比重。尽快发展水电、核电，因地制宜开发和推广太阳能、风能、地热能、潮汐能和生物能等清洁能源。

（4）推广生态农业，坚持植树造林，加强生物多样性保护 推广生态农业，提高粮食产量，改善生态环境。植树造林，确保森林资源的稳定增长。通过扩大自然保护区面积，有计划地建设野生珍稀物种及优良家禽、家畜、作物和药物良种的保护及繁育中心，加强对生物多样性的保护。

3.2.3.3 可持续发展的战略措施

（1）大力推进科技进步，加强环境科学研究，积极发展环保产业 解决环境与发展的问题根本出路在于依靠科技进步。加强可持续发展理论和方法、总量控制及过程控制理论和方法、生态设计和生态建设、开发和推广清洁生产技术等的研究，提高环境保护技术水平。正确引导和大力扶持环保产业的发展，尽快把科技成果转化为污染防治控制的能力，提高环保产品质量。

（2）运用经济手段保护环境 应用经济手段保护环境，促进经济环境的协调发展。做到排污收费；资源有偿使用；资源核算和资源计价；环境成本核算。

（3）加强环境教育，提高全民环境意识 加强环境教育，提高全民的环保意识，特别是提高决策层的环保意识和环境开发综合决策能力，是实施可持续发展的重要战略措施。

（4）健全环保法制，强化环境管理 中国的实践表明，在经济发展水平较低，环境保护投入有限的情况下，健全管理机构，依法强化管理是控制环境污染和生态破坏的有效手段。“经济靠市场，环保靠政府”。建立健全使经济、社会与环境协调发展的法规政策体系，是强化环境管理、实现可持续发展战略的基础。

（5）实施循环经济 如何来推动我国经济的快速增长呢？是继续沿用传统的经济发展模式，用高消耗、高污染来带动经济增长，还是通过发展新经济，以高新技术为主导，以创新为核心，来推动经济的可持续发展？这是摆在我们面前的一个重要抉择。

发展新经济，即发展知识经济和循环经济，是21世纪国际社会的两大趋势。知识经济就是在经济运行过程中智力资源对物质资源的替代，实现经济活动的知识化转向；循环经济则是按照生态规律利用自然资源和环境容量，实现经济活动的生态化转向。自从20世纪90年代确立可持续发展战略以来，发达国家正在把发展循环经济、建立循环型社会看作是实施可持续发展战略的重要途径和实现方式。相对于知识经济而言，我们对循环经济动态和趋势的关注和研究显得非常不够。

所谓循环经济，就是把清洁生产和废物综合利用融为一体的经济，本质上是一种生态经济，它要求运用生态学规律来指导人类社会的经济活动。20世纪50、60年代以来生态学的兴起，使人们产生了模仿自然生态系统的愿望，按照自然生态系统物质循环和能量流动规律重构经济系统，将经济系统和谐地纳入自然生态系统的物质循环过程中，建立起一种新形态的经济。

与传统经济相比，循环经济的不同之处在于：传统经济是一种由“资源-产品-污染排放”所构成的物质单向流动的经济。在这种经济中，人们以越来越高的强度把地球上的物质和能源开采出来，在生产加工和消费过程中又把污染和废物大量地排放到环境中去，对资源的利用常常是粗放的和一次性的，通过把资源持续不断地变成废物来实现经济的数量型增长，导致了许多自然资源的短缺与枯竭，并酿成了灾难性环境污染后果。而循环经济倡导的是一种建立在物质不断循环利用基础上的经济发展模式，它要求把经济活动按照自然生态系统的模式，组成一个“资源-产品-再生资源”的物质反复循环流动的过程，使得整个经济系统以及生产和消费的过程不产生或者只产生很少的废弃物。只有放错了地方的资源，而没有真正的废弃物。循环经济的特征是自然资源的低投入、高利用和废弃物的低排放，从根本上消解长期以来环境与发展之间的尖锐冲突。

从提倡一些废弃资源回收和综合利用到循环经济的提出，是经济发展理论的重要突破，它打破了传统经济发展理论把经济和环境系统人为割裂的弊端，要求把经济发展建立在自然生态规律的基础上，促使大量生产、大量消费和大量废弃的传统工业经济体系转轨到物质的合理使用和不断循环利用的经济体系，为传统经济转向可持续发展经济提供了新的理论范式。

在西方国家，循环经济已经成为一股潮流和趋势，有些国家甚至以立法的方式加以推进。循环经济是实施可持续发展战略的必然选择和重要保证，在世界上呼声很高的清洁生产，则是实现循环经济的基本方式。主要做法可归纳为以下四个方面。

① 要有符合循环经济的设计　要求把经济效益、社会效益和环境效益统一起来，并且要充分注意到使物质循环利用，做到物尽其用，即使在产品使用生命周期结束之后，也易于拆卸和综合利用。在产品设计中，尽量采用标准设计，

使一些装备可以便捷地升级换代，而不必整机报废；同时，在产品设计中，要尽量不产生或少产生对人体健康和环境的不利因素；不使用或尽可能少用有毒有害的原料。科学合理的设计，是推行循环经济的前提条件，预则立，不预则废，设计是循环经济的首要环节。

② 依靠科技进步　积极采用无害或低害新工艺、新技术，大力降低原材料和能源的消耗，实现少投入、高产出、低污染，尽可能把环境污染物的排放消除在生产过程之中。以德国为例，在GDP（国内生产总值）增长2倍多的情况下，主要污染物减少了近75%，收到了经济效益和环境效益“双赢”的结果。

③ 资源的综合利用　使废弃物资源化、减量化和无害化，把有害环境的废弃物减少到最低限度，这是循环经济的一条重要原则和主要标志。废弃物的综合利用，有两种方式：一是原级资源化，即把废弃物生成与原来相同的产品，如用废纸生产再生纸，可以减少原生材料量的20%～90%；二是次级资源化，即把废弃物变成与原来不同的新产品，这种利用方式，可减少原生材料量的25%。工业生态园是推行循环经济的一种好方式，世界上有许多成功的典型，这种方式模仿自然生态系统，使资源和能源在这个工业系统中循环使用，上家的废料成为下家的原料和动力，尽可能把各种资源都充分利用起来，做到资源共享，各得其利，共同发展。在建工业开发区时，也应建立这种模式。

④ 科学和严格的管理　循环经济是一种新型的、先进的经济形态。但是，不能设想仅靠先进的技术就能推行这种经济形态，它是一门集经济、技术和社会于一体的系统工程，科学、严格的管理是做好这种经济的重要条件。因此，需要建立一套完备的办事规则和操作规程，并且有督促其实施的管理机制和能力。从清洁生产角度看，工业污染物排放的30%～40%是管理不善造成的。只要强化管理，不需要花费很多的钱，便可获得削减物料和污染物的明显效果。

要使循环经济得到发展，只靠企业的努力是不够的，还需要政府的支持和推动。首先，国家要改变国内生产总值按GDP统计的方法，因为这种统计方法没有扣除资源消耗和环境污染的损失，是一种不全面、不真实的统计。当然，目前世界上通行的是这种统计。但是，一些国家也在用新的统计方法，就是包括生态统计在内的统计，在计算国内生产总值时，可扣除资源的消耗和环境污染破坏的损失。中国也应朝这个方向转变。可以实行两本账：一本按传统的方法计算，供与国际比较用。另一本包括生态环境的统计，供国内用，特别是供各级政府领导人用。如果实行这种统计，会使人民特别是各级领导人大吃一惊，会看到很高的国内生产总值因扣除自然资源和环境污染破坏损失而大大减少。这就会促使人们抛弃传统的经济发展模式，走经济、社会和环境相结合的可持续发展之路。

同时，还要制定必要的法规，对循环经济加以规范，做到有法可依，有章可循。特别要使用经济激励和惩罚手段，以推动循环经济的健康发展。

我国可持续发展战略的总体目标是：用50年的时间，全面达到世界中等发达国家的可持续发展水平，进入世界可持续发展能力前20名行列；在整个国民经济中科技进步的贡献率达到70%以上；单位能量消耗和资源消耗所创造的价值在2000年基础上提高10 ~ 12倍；人均预期寿命达到85岁；人文发展指数进入世界前50名；全国平均受教育年限为12年；能有效地克服人口、粮食、能源、资源、生态环境等制约可持续发展的瓶颈；确保中国的食物安全、经济安全、健康安全、环境安全和社会安全；2040年实现能源资源消耗的“零增长”；2050年实现生态环境退化的“零增长”，全面实现进入可持续发展的良性循环。

本章小结

本章主要提出了环境保护措施和经济可持续发展的概念。

环境保护的对策有：环境管理、环境规划、环境立法、清洁生产、环境科学、环境教育。

要求同学们掌握清洁生产、循环经济、可持续发展等新知识、新概念，对环境保护与经济发展之间的关系有进一步的认识。

思考与实践

1. 什么叫环境管理？其基本职能有哪些？
2. 我国有哪几项环境管理制度？什么叫“三同时”制度？
3. 什么叫环境保护法？其作用是什么？
4. 环境保护法的基本原则有哪些？我国目前已颁布的环境保护单行法律有哪些？
5. 什么是清洁生产？其基本要素是什么？
6. 实现清洁生产的主要途径是什么？
7. 什么叫环境教育？包括哪些内容？
8. 我国的环境教育包括哪几个层次？
9. 我国环境科学技术的现状？与发达国家相比差距在哪里？
10. 可持续发展的定义、内涵是什么？
11. 为什么说环境保护是可持续发展的关键？
12. 何谓循环经济？其特征是什么？
13. 可持续发展的技术领域有哪些？
14. 农业可持续发展的目标是什么？
15. 农业可持续发展的技术模式及特点是什么？
16. 生态农业的技术措施有哪些？

开展清洁生产的工业企业的调查

一、研究目的

对本地区的不同行业开展清洁生产的企业调查，了解开展清洁生产取得的效益。

二、调查内容

1. 企业的性质、规模、基本概况。
2. 企业的产品、规格、用途、销售状况。
3. 企业的生产工艺、技术指标及“三废”排放、处理状况。
4. 开展清洁生产所取得的效益，包括经济效益、环境效益和社会效益。
5. 企业采取哪些清洁生产技术。
6. 调查相近企业没有开展清洁生产的状况。
7. 走访企业上级主管部门、清洁生产推广部门、评价部门、环境管理部门。

三、研究方式

1. 以调查访问法为主，学生可分成若干小组，分类调查。
2. 由各组组长编写本组调查报告。

四、成果形式

完成调查报告，着重比较开展清洁生产与未开展清洁生产两类企业的经济、环境、社会效益状况，分析本地区没有开展清洁生产的原因是什么，并提出本地企业开展清洁生产的合理建议。

绿色产品的市场调研

一、课题的提出

当前市场上出售的食品、家用电器、蔬菜、建材等有的打出“绿色”的旗号，给消费者带来困惑，有的还形成市场欺诈行为，因此应澄清什么是绿色产品，不同系列产品绿色标准是什么，以及什么部门给予认证。

二、研究的目的和意义

通过该课题的研究培养实事求是的科学态度，避免人云亦云，不知其所以然。

完成调查报告向消费者宣传绿色产品的真正含义。

三、调查内容

1. 大型商场家电中的“绿色环保型电器”的型号、性能、价格、用途等。
2. 大型超市绿色食品或有机（天然）食品以及生活用品的价格、标志、生产状况和市民购买状况。
3. 大型建材装饰市场，了解绿色建材、装修材料的市场状况、功能、用途等。
4. 当地绿色产品认证部门，了解本地区有多少类、种产品被认定而获得绿色产品标志。
5. 对居民进行调查，了解居民对绿色产品的认识水平、认可程度和消费状况。

四、活动形式

1. 全班分若干小组，每组3 ~ 4人，设计出不同的子课题。调查不同的单位、不同的产品。
2. 各组学生通过查阅资料、上网查阅获得相关信息。

3. 学生独立设计调查表格、问卷内容，在教师指导下进行修改补充。

五、成果形式

1. 分组完成调查分析报告。
2. 完成科普性文章，推荐至相关媒体发表。
3. 向有关部门提出关于绿色产品的合理化建议。

阅读材料

保护环境的道德规范

21世纪的中国青年必须具备一种新的基本素质，就是以“天人合一”的伦理为基础的环境道德。

（1）尊重善待自然，维护生态平衡，不断优化环境。

（2）高度重视和实行绿色生产开发，以保证经济发展不破坏自然，确保生态平衡。

（3）节约资源，享受适度，科学消费。让资源的利用“细水长流”，永续于后人。

（4）污染环境可耻，破坏生态可恶。同一切破坏和污染环境的人和事做坚决斗争。

（5）向自然索取不要忘记回报于自然，以使地球越来越美好。

（6）“己所不欲，勿施于人”。绝不可以只为自己的小环境和私利而去破坏他人乃至全人类的大环境和公共利益。

4 能源与环境

知识目标	能力目标	素质目标
1. 了解能源的分类； 2. 掌握我国能源消耗和利用现状； 3. 掌握能源利用对环境的影响； 4. 了解新能源的开发与利用	1. 能分析能源利用与环境保护的关系； 2. 能对新能源进行比较	1. 培养学生在日常生活中节约能源的意识； 2. 培养学生勇于创新、敬业乐业的工作作风

重点难点

重点：我国能源消耗和利用现状
难点：能源利用对环境的影响

4.1 能源

4.1.1 能源的分类

能源是指可能为人类利用以获取有用能量的各种资源。如太阳能、风力、水力、电力、天然气和煤等。能源与人类有着密不可分的关系，既能供人类使用，造福于人类，但又会给人类带来环境上的污染。随着经济的发展和人民生活水平的不断提高，能源的需求量会越来越多，必然会对环境产生极大的影响。

人们从不同角度对能源进行了多种多样的分类，如一次能源和二次能源、常规能源和新能源、可再生能源和不可再生能源等，具体分类见表4-1。

表4-1 能源分类表

一次能源	常规能源	可再生能源：水力
		不可再生能源：煤、石油、天然气、核裂变燃料
	新能源	可再生能源：太阳能、生物能、风能、潮汐能
		不可再生能源：核聚变能
二次能源	电能、氢能、汽油、煤油、重油、焦炭、沼气、丙烷等	

一次能源是指从自然界直接取得而不改变其基本形态的能源，有时也称初级能源；二次能源是指经过加工，转换成另一种形态的能源。常规能源是指当前被广泛利用的一次能源，新能源是指目前尚未被广泛利用，而正在积极研究以便推广利用的一次能源。一次能源又分为可再生能源和不可再生能源，可再生能源是能够不断得到补充的一次能源，不可再生能源是须经地质年代才能形成而短期内无法再生的一次能源，但它们又是人类目前主要利用的能源。

根据能源消费是否造成环境污染，又可分为污染型能源和清洁型能源。煤和石油类能源是污染型能源，水力、电能、太阳能和沼气能是清洁型能源，为保护环境应大力提倡应用清洁型能源。

4.1.2 世界及我国的能源消耗情况

能源是近代工农业生产和人类生活必需的基本条件之一。从一定意义上说，人均能源消耗量是衡量现代化国家人民生活水平的主要标志。全球2020年一次能源消耗下降了4.5%，能源消耗的下降主要由石油消耗下降导致，石油消耗下降量占能源消耗下降量的3/4。天然气和煤炭消耗量也出现了显著下降。按国家划分，美国、印度和俄罗斯的能源消耗下降幅度最大。2021年我国能源消费总量为52.4亿吨标准煤，比2020年增长5.2%。煤炭消费量增长4.6%，原油消费量增长4.1%，天然气消费量增长12.5%，电力消费量增长10.3%。煤炭消费量占能源消费总量的56.0%，比2020年下降0.9个百分点；天然气、水电、核电、风电、太阳能发电等清洁能源消费量占能源消费总量的25.5%，比2020年上升1.2个百分点。全国“万元国内生产总值能耗”比2020年下降2.7%。

4.1.3 我国能源利用现状

据统计，截至2021年底，我国煤炭资源的总储量为2078.85亿吨，石油总储量为36.89亿吨，天然气总储量为63392.67亿立方米。

4.1.3.1 煤炭

我国煤炭资源主要分布在西部和北部地区，1978年以来煤炭在我国能源结构中所占比例一直大于50%，说明煤炭在我国一次能源结构中占重要地位。

每个国家的煤炭储量都不相同，美国稳居全球第一，可开采的煤炭总量占全球储量的23.3%，俄罗斯位居第二，所占比例为15.2%，我国的煤炭储量与以上国家相比有所减少，只有13.2%，在全球的排名是第四。我国在2019年煤炭新增300.1亿吨，较上年明显下降。2019年我国煤炭产量居世界第一位，约为38.46亿吨，同比增长4.0%，占全球总产量的47.3%，比上年提高1.6个百分点。我国煤炭消费量也仍居世界第一位，约为81.67亿吨，同比增长2.3%。

煤炭在我国的能源消费中所占的比例一直很高，一直到2019年依然占到58%，煤炭可开采的储量大约为1.6亿吨。可见，虽然近年来我国新增探明地质储量有所增加，但仍是“入不敷出”，石油资源对外依存度过高的问题有待解决。

4.1.3.2 石油

我国不可再生能源主要是以煤炭、石油为主，石油在一次能源结构中的地位仅次于煤炭。但我国石油国内开采量小，相对依赖进口石油。2001年以前，我国石油生产量比较富裕，石油生产量大于消费量。在2001年左右，我国就开始大量进口石油，在2001年到2019年我国石油消费量快速增加，而石油生产量并未有大幅度增长，导致我国石油进口量不断增长，成为石油进口大国。

4.1.3.3 天然气

天然气与煤和石油相比，最重要的特点是清洁环保，有利于保护环境、节能减排。天然气的大量使用减少了二氧化碳和二氧化硫的排放量，对于缓解温室效应、全球变暖问题具有重要的作用，能够从本质上提高环境质量，但是天然气仍会产生一定的二氧化碳，所以天然气并不能够被当作新能源投入使用。

2014 ~ 2019年我国能源消费结构中，天然气的比重一直在增加，2019年天然气的产量和储量都有了大幅提升，增长率在68%左右，天然气新增探明储量达到1.4万亿立方米，最近三年天然气的增产量比较高，增速较上年加快3.6个百分点。

2019年天然气的增长速度依然很快，与2018年相比，保持6.5%的增速，我国从国外进口的天然气含量总共有1322亿立方米，2019年我国的天然气进口量也有所增加，可以看出我国对于节能环保的力度。我国对于天然气的自主产气效能也有了大幅提高，对于天然气的进口量第一次出现下降趋势，由前一年的43.1%下降到42.1%，但是依然很高。

阅读材料

“国六”汽油及特点

“国六”是国家对汽车尾气排放制定的标准。“国六”是“国五”的升级版，一氧化碳和总碳氢化合物，及非甲烷总烃下降50%，氮氧化物降低了42%。

“国六”汽油具备以下特点：

一是加严烯烃含量限值，由24%分别降至国六a阶段18%、b阶段15%；

二是加严芳烃含量限值，由40%降至35%；

三是加严苯含量限值，由1%下降至0.8%，严于欧盟1%的标准；

四是加严汽油馏程50%蒸发温度限值，由120℃降至110℃。

4.2 能源利用对环境的影响

任何一种能源的开发利用都会给环境造成一定的影响。例如，水能开发利用可能造成地面沉降、地震、上下游生态系统显著变化、地区性疾病蔓延、土壤盐碱化、野生动植物灭绝、水质发生变化等。在诸多能源中以不可再生能源引起的环境影响最为严重和显著，它们在开采、运输、加工和利用等环节都会对环境产生严重影响。能源利用对环境的影响主要表现在以下几个方面。

① 城市大气污染：一次能源利用过程中，产生了大量的CO_2、SO_2、NO_x、尘及多种芳烃化合物，已对一些国家的城市造成了十分严重的污染，不仅导致了对生态的破坏，而且损害了人体健康。欧盟每年由于大气污染造成的材料破坏、农作物和森林以及人体健康损失费用超过100亿美元。我国每年因大气污染造成的损失达120亿元人民币。如果考虑一次能源开采、运输和加工过程中的不良影响，则造成的损失更为严重。

② 温室效应：大气中的CO_2按体积计算是每100万大气单位中有280个单位的CO_2。由于矿物燃料的燃烧，1980年已达到340个单位，预计21世纪中期至末期，其数量可达360个单位。实验测定，CO_2易吸收波长小于380nm的紫外线、波长660 ~ 8000nm的近红外线和波长大于13000nm的远红外线。到达地面的太阳光能量中，99%的可见光将地面物体晒热，这些物体便不断地以红外线辐射形式将能量散发返回空间，大气中CO_2等气体能吸收红外辐射，并将反射回地面从而干扰地球的热平衡。随着大气中CO_2等浓度升高，大气会变得越来越暖，产生“温室效应”。温室效应将导致全球平均表面温度上升1.5 ~ 3℃，极地温度可能上升6 ~ 8℃，这样的温度将可能使占地球淡水95%的两极冰帽融化10%左右，导致海平面上升20 ~ 140cm，许多沿海地区可能会被淹没；另外因地球赤道半径增大，使地球自转一周的时间增加约0.03s，从而会引起地球动力学效应的变化。例如，地球自转速度减慢会产生一个自西向东的惯性力，破坏地层结构各板块之间力的平衡，容易使某些地区积存应力，从而加剧地震和火山爆发。我国华北地区的几次大地震，几乎都发生在地球自转减慢的时期。

③ 酸雨：当大气中SO_2、NO_x和氯化物等气态污染物在一定条件下通过化学反应转变为H_2SO_4、HNO_3和HCl，并附着在水滴、雪花、微粒物上随降水落下，其雨水pH小于5.6的都称为酸雨。酸雨对环境和人类的危害主要表现在以下几个方面。一是改变土壤的酸碱性，危害作物和森林生态系统。酸性物质不仅通过降雨湿性沉降，而且也可通过干性沉降于土壤，使地面直接吸收SO_2气体并氧化为H_2SO_4，使土壤中钙、镁、钾等养分被淋溶，导致土壤日益酸化、贫瘠化，影响植物生长，同时酸化的土壤也会影响土壤微生物的活动。二是改变湖泊水

库的酸度，破坏水生生态系统。酸雨造成的湖泊水质酸化会消灭许多对酸敏感的水生生物群种，破坏湖泊中的营养食物网络。当湖泊和河流等水体pH降到5.0以下时，流域内土壤和湖底河泥中的有毒金属如铝等即溶解在水中，毒害鱼类，鱼类的生长繁殖会受到严重影响；还会引起水生生态的变化，耐酸的藻类、真菌增多，而有根植物、无脊椎动物、两栖动物等会减少。三是腐蚀材料，造成重大经济损失。酸雨对钢铁构件和建筑物有极大的腐蚀作用，特别是危害各种雕刻的历史文物，我国故宫的汉白玉就是被酸雨所侵蚀。四是空气中酸度提高会造成雾量的增加，以至改变地区的气候。此外，酸雨渗过土壤时还能将重金属带入蓄水层，使地下水受污染而危及人类健康。

4.2.1 化石燃料对环境的影响

化石燃料的应用量很大，利用时对环境的影响也很大。

4.2.1.1 开采和运输时对环境的影响

开采煤的过程中对环境产生的影响有：当矿井中瓦斯处理不当时，瓦斯气体进入空气中而引起大气污染；矿下开采破坏了地壳内部原有的力学平衡，引发地质灾害，如地面沉陷等现象；煤矿开采还会使地下水和地表水遭受严重污染；露天开采还会占用大量农田、草地等。

石油和天然气的不合理开采会破坏地下空间的平衡，可能引发滑坡、山崩和地面沉降。石油开采时加入的各种化学试剂会对周围环境的水体及农田造成不良的影响；油井事故还会污染当地环境，破坏生态平衡。天然气开采时易产生污染大气的硫化氢和污染河流的伴生盐水。

煤炭运输时会造成大气污染，石油的海运油船事故会造成严重的海洋污染等。

4.2.1.2 加工时对环境的影响

煤在加工过程中，不仅会产生对水体的污染，在干燥时产生的灰尘、氮氧化物、硫氧化物也会造成大气污染，煤在气化和液化过程中还会排出大量污染物。

石油在加工过程或炼制过程中，产生的废气中有硫氧化物、氮氧化物、一氧化碳和氨等，产生的废水中含有氯化物、悬浮固体、油脂、溶解固体、氨态氮、磷酸盐、痕量金属等，污染物的数量较大。

4.2.1.3 使用时对环境的影响

由于目前世界上的能源消耗以化石能源为主，而化石能源除极少数用作化工原料外，大都用作燃料，其中煤炭主要用作取暖和发电，石油主要用于交通运输。化石燃料造成的污染为燃烧时产生的各种有害气体、固体废物和余热所造成的热污染。

① 有害气体　有害气体是指化石燃料燃烧时产生的硫氧化物、氮氧化物、一氧化碳、烃类和其他有机化合物等大气污染物。这些气体在大气中存在时，一方面污染空气，随着大气的环流作用向四外扩散；另一方面，这些有害气体可以通过降水形成酸雨，污染水体和土壤。在这些气体污染物中苯并[*a*]芘是一种强烈的致癌物质，毒性很大。

② 热污染　化石燃料可产生大量的热能，这些热能可被利用的仅占总发热量的1/3，有2/3的热量以余热的方式被排放到环境中去，其中有一大部分被排放到水体中，破坏水体生态系统，对水生生物的生存构成威胁。如水温升高，使藻类的繁殖速度加快，固氮藻的固氮速率增大，水体中各类无机氮含量增加，水体发生富营养化，从而改变正常的水生生态系统。

③ 固体废物　化石燃料燃烧后，产生的大量固体废物会对环境产生污染。如固体废物长期堆存，不仅占用大量土地，而且会造成对水体和大气的严重污染和危害。

4.2.2　水力发电对环境的影响

虽然水电是一种经济、清洁、可再生的能源，水电本身不会对环境产生污染问题，但是水力发电需要修建水库，水库的修建如不事先充分论证、周密安排好对策，会对环境产生如下几方面的影响。

4.2.2.1　自然状况

建造水库将会引起流域水文上的改变和库区气候的改变。如使下游水位降低，甚至断流；由于来自上游泥沙减少，可能补偿不了海浪对河口一带的冲刷作用，使三角洲受到侵蚀；水库建成后，由于蒸发量大，气候凉爽且较稳定，降雨量减少，使水库地区的气候发生改变。巨大的水库可能引起地面沉降，甚至诱发地震。例如意大利的法恩特水坝于1963年坍塌，死亡2000多人，在坍塌的前几年中常常出现小的地震。此外，还会引起库区泥沙淤积、坡岸稳定性降低、土地盐渍化。

4.2.2.2　水质变化

由于水库中各层水的密度、温度、溶解氧的不同，因此流入、流出水库的水在颜色、气味等物理化学性质方面会发生改变。水库深层水的水温低，而且沉积库底的有机物不能充分氧化而发生厌氧分解，水体的二氧化碳、硫化氢含量明显增强，影响大气的质量。如巴西的依泰普水库因大量热带植物腐烂而发出硫化氢臭味，湖水也出现了酸化现象。

4.2.2.3 生物方面

某些水库由于修建地理位置和季节的影响，会改变水库原来位置的生态系统状况，如上游原是陆地的生态系统，建成水库后则变为水域生态系统，下游则发生相反的变化。生态系统的急剧改变，势必破坏原有的生态平衡，将明显影响到原有的生物类群。

4.2.2.4 社会经济方面

建造大型水库可获得巨大的社会经济效益，但同时也会产生其他方面的问题。如居民需要搬迁重新定居，自然景观、文物古迹会被淹没与破坏等。如果计划不周、措施不力，将会引起一系列的社会经济问题。如埃及修建阿斯旺水坝时，10万移民粮食安排不周，结果需世界粮食组织进行救济。

4.2.3 核能对环境的影响

核能源是一种清洁、安全、廉价的能源。由于化石燃料的日益匮乏与使用过程中对环境的严重污染，核能源在未来的能源应用上占有重要的地位。目前，核能在世界一次能源消费构成中所占的比例还不太均衡，1993 ~ 1994年世界核能消费占总能源消费的7.2%左右，法国的一次能源消费中，核能占所占的比例最大，占40%以上，而我国当时的核能消费仅占总能源消费的0.4%。但随着人口的激增与工业生产的飞速发展，核能以其他能源不可比拟的优越性，将被广泛地应用。

核能主要应用于发电。核能发电对环境的影响主要是原子核在裂变反应和衰变反应形成很强的放射性裂变产物对环境的影响。核能发电可能对环境产生的影响主要来自于以下三个方面。

4.2.3.1 核反应堆的安全问题

核反应堆的主要部分是核燃料、慢化剂、冷却剂、反射层、屏蔽层和控制棒等。核电站所使用的是低浓铀（铀-235只占3%左右），组装疏松，总质量远未达到核爆炸的临界值，而且有调控装置，因此不会产生核爆炸那样大的危害。但是，如果冷却系统失灵，会使反应堆芯温度不断升高，以致堆芯自身熔融，造成放射性物质外溢，此时，如果没有壳密闭就容易造成严重危害。如1986年苏联发生的切尔诺贝利核电站事故就是迄今为止最大的核电事故。

4.2.3.2 慢性辐射的影响问题

实际上生物圈总是在受到低水平电离辐射。核电站对周围居民的辐射剂量，只相当于天然辐射剂量的1/6 ~ 1/5，只有一次胸胃X射线透视所受剂量的1/11。

而核电站每天对人的辐射剂量比每天看半个小时电视的辐射剂量还小。因此这种慢性辐射对人体的影响是很小的。但反应堆和核处理车间通过水或空气，释放出的放射性物质可在人体内各器官产生富集，对人体产生的危害要引起足够重视。

4.2.3.3 放射性废物的环境问题

核电的放射性废物即指核反应堆的核废料，如果这些核废料处理不好产生泄漏，将会严重污染环境，对人类的健康构成危害。

阅读材料

西气东输工程

我国西部地区天然气资源比较丰富，约占全国天然气总资源的60%。而东部地区特别是长江三角洲地区经济比较发达，但能源紧缺、大气污染严重，是西部天然气比较现实的消费市场。

西气东输工程主干线管道全长约4100km。管道主干线首站起自新疆塔里木轮南，经库尔勒、武威、甘塘、中卫、靖边、吴堡、长治、郑州、淮南、南京、无锡、苏州等地区到达上海市。输气规模设计为商品气120亿立方米；预计总投资为1460亿元，其中管道工程投资456亿元。

实施西气东输工程有利于促进我国能源结构和产业结构调整，带动东、西部地区共同发展，改善长江三角洲及沿线地区人民生活质量，减少污染物的排放量。

4.3 新能源

随着经济的不断发展，能源的消耗量迅速增大，使得能源问题越来越成为经济发展的突出问题。煤和石油等能源的开发利用越多，地球上贮存的资源就越少，同时也会带来严重的环境污染问题。因此人们正在积极寻找各种办法和措施，大力探索和开发各种新型清洁能源。

4.3.1 新型能源及清洁能源

新型能源是指近期和将来被广泛开发和利用的能源。清洁能源是指能源在使用过程中，不会对环境产生污染的能源。这些能源的使用，不仅会缓解目前的能源危机状况，更主要的是能够减轻环境的压力。在这些新型能源及清洁能源中，包含有太阳能、风能、潮汐能、生物能、水能、海洋能等以及氢能、地热能。这些能源的核心为太阳能（见图4-1）。

4.3.2 新型能源的开发与利用

4.3.2.1 太阳能

热是能的一种形式，太阳光能使照射的物体发热，证明它具有能量。这种能量来自太阳辐射，故称为太阳辐射能，它是地球的总能源，也是唯一既庞大、无污染又可再生的天然能源。据估计太阳每秒钟放射相当于3.75×10^{26}W的能量，然而仅有不到十亿分之一的能量到达地球大气的最高层，并还有一部分因加热空气和被大气反射而消耗掉，即使这样，每秒钟到达地面上的能量还高达80×10^{12}kW，相当于550×10^{4}t煤的能量。也就是说在短暂的1s之内，太阳照射到地球上的能量，等于三座半50×10^{4}kW中等的火力发电厂一年燃烧237×10^{4}t煤所产生的能量。直接利用太阳能，目前主要有以下三种方法。

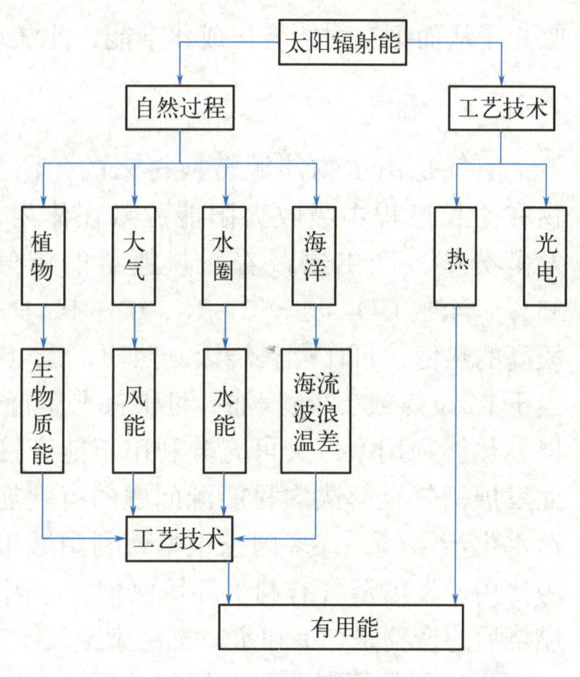

图4-1 太阳能利用形式

（1）太阳能直接转换成热能　太阳能的热利用是通过反射、吸收或其他方式收集太阳辐射能，使之转化为热能并加以利用。我国推广应用的太阳能热利用项目主要有太阳能灶、太阳能热水器、太阳能温室、太阳能干燥、太阳能采暖等。

（2）太阳能直接转换成电能　太阳能转换成电能的方法很多，其中应用较普遍的就是太阳能电池，它是利用光电效应将太阳能直接转换成电能的装置。太阳能电池有多种，主要有硅电池、硫镉电池、碲化镓电池和砷化镓-砷化铅电池等。现在已广泛应用于空间飞行器中的太阳能电池是硅电池，它的转化效率高，一般可达13% ~ 20%，在宇宙空间如卫星上转换效率高达35%，既可作小型电源使用，又可建成大面积大功率的太阳能电站。我国已成功地将光电池应用于卫星工程上，通过卫星空间多年运行的考验，这一太阳能电源系统性能良好，保证了卫星的可靠工作。

（3）太阳能直接转换成化学能　植物的光合作用就是把太阳能直接转换成化学能的过程。自然界中植物借光合作用将太阳能转换成自身化学能的效率很低，约为千分之几。为了提高太阳能的利用率，已经生产了一种使用人工“能量栽培场”的方法，即利用某些藻类催其生长，而将太阳能转换成藻类的储存热能用来作燃料（通过处理可制成木炭、煤气、焦油、甲烷等）。这种方法利用太阳能的效率可达3%；另一种是光化学反应，利用光照下某些化学反应可以吸收光子从而把辐射能转化成化学能，此法现今尚处于研究试验阶段。

4.3.2.2 沼气

沼气是由生物能源转换得来的，沼气的能量系统来自太阳的光和热。植物在生长过程中吸收太阳能贮藏在体内，死亡后在微生物的作用下，有机质发酵分解，产生蕴藏着大量能量的沼气。沼气的组成为：55% ~ 65% CH_4，35% ~ 45% CO_2，0 ~ 3% N_2，0 ~ 1% H_2，0 ~ 1% O_2，0 ~ 1% H_2S。沼气具有较高的热值，可作燃料烧饭、照明，也可以驱动内燃机和发电机。1m^3沼气约相当于1.2kg煤或0.7kg汽油，可供3t卡车行驶2.8km。用生物质能产生沼气，既可提高热能利用率，又可充分利用不能直接用于燃烧的有机物中所含的能量，因此发展沼气是解决农村能源问题的有效途径。在城市也可利用有机废物、生活污水生产沼气。许多国家很早就利用城市污水处理厂制取沼气，并作为动力能源使用。发展沼气有利于环境保护，原因在于：一是沼气为较干净的再生能源，燃烧后的产物是CO_2和水，不污染空气；二是垃圾、粪便等有机废物及作物秸秆是产生沼气的原料，投入沼气池后，既改善了环境卫生，又使蚊蝇失去了滋生的条件，病菌、虫卵经沼气发酵后即被杀死，可减少疾病的传播；三是生产沼气的废物是很好的肥料，既有较高的肥力，又不危害人体健康，同时减少了化肥和农药施用量，降低了土壤污染，间接地保护了环境。

4.3.2.3 地热能

地球内部的热量主要是由于放射性分解以及地球内部物质分异时产生的能量。在地壳中，温度随着深度增加而均衡地增长。作为热源的岩浆，浸入地壳某处并加热不透水的结晶岩浆，使其上面的地下水升温到500℃左右，但由于顶岩封盖压力很高，所以水蒸气仍处于液体状态，需要打井才能喷出地面。

通常，地热能源以其在地下热储中存在的不同形式分为蒸汽型、地压型、干热岩型、热水型和岩浆型五类，目前能为人类开发利用的主要是地热蒸汽和地热水两大类。其中干蒸汽利用效果最好，温度超过150℃，属于高温地热田，可直接用于发电，但其数量也最少。目前世界上仅发现五个主要干蒸汽区，即美国加利福尼亚州的盖塞斯间歇泉区、意大利的拉德雷洛、新墨西哥州的克尔德拉以及日本的两个地区；湿蒸汽田的储量大约是干蒸汽田的20倍，温度在90 ~ 150℃之间，属于中温地热田。湿蒸汽在使用之前必须预先除去其中的热水，所以在发电应用技术上较困难；热水储量最大，温度一般在90℃以下，属于低温地热田，可直接用于取暖或供热，但用于发电较困难。

我国的地热能源十分丰富，据统计，现已查明的温泉和热水点已接近2500处，并陆续有发现。我国地下热水资源几乎遍布全国各地，温泉群和温泉点温度大多在60℃以上，个别地方达100 ~ 140℃。我国在开发和利用地热能源的同时，注意了地热的综合利用工作，强调“能源”和“物质”相结合的开发利用，以防止对环境的污染和对生态系统的破坏。

4.3.2.4 氢能

氢能又叫氢燃料，是一种清洁能源。氢作为燃料有很多优越性，在燃烧时发热量很大，相当于同重量含碳燃料的4倍，而且水可以作为氢的廉价原料，燃烧后的生成物又是水，可循环往复，对环境无污染，便于运输和贮藏。若以氢做汽车、喷气机等交通工具的燃料和炼铁的还原剂，可使环境质量有极大的改善。目前制取氢的方法主要是电解水法。电解水法将直接消耗大量的电能，每生产$14m^3$的氢要消耗3000W的电能。但由于效率低，投资和运行费用高，目前大量电解水制取氢的技术尚未成熟。制取氢的其余方法，还有热化学法、直接分解法等，均需在高温条件下完成水分解，消耗大量的热能，故而很不经济。氢是一种易爆物质，且无臭无味，燃烧时几乎不见火苗，这些不安全特性使氢的使用受到限制。

4.3.2.5 潮汐能

潮汐是一种自然现象，是在月球和太阳引潮力作用下发生的海水周期性涨落运动。一般情况下，每昼夜有两次涨落，一次在白天，称潮，一次在晚上，称汐，合起来即为潮汐。

潮汐能的利用形式目前主要有以下三个方面。

（1）潮汐发电　在海湾或潮汐河口建筑闸坝，形成水库，并在其旁侧安装水电机组。涨潮时海水由海洋流入水库，退潮时水库水位比海洋水位高，从而形成库内潮位差。利用潮汐涨落潮差的能量，推动水轮发电机组发电。据估计，世界潮汐能源总量不到水力资源的1%，世界第一座大型潮汐发电站建立于法国拉朗斯，其发电能力为24×10^4kW。

（2）潮汐磨　在港湾筑坝，利用潮汐涨落水位差作原动力，推动水轮机旋转，带动石磨进行粮食和其他农副产品的加工。

（3）潮汐水轮泵　在潮流界以上的潮区界河段，有潮水顶托的江河淡水，江湖潮差可达2 ~ 3m，江边还有一定量的河网港浦作淡水蓄能水库，因此可利用这些条件建泵站来解决灌溉问题。

4.3.2.6 风能

风能利用就是把自然界风的能量经过一定的转换器，转换成有用的能量，这种转换器即风力机，它以风作能源，将风力转换为机械能、电能、热能等。我国风能利用主要有风力发电、风力提水和风帆助航等几种形式。风作为一种自然能源，是一种无污染而又廉价的能源，是取之不尽、用之不竭的能源。在整个大气中的总风力估计是 3.0×10^{14}kW，其中约1/4在陆地上空，地球上全年的风能约等于 10^{12}t标准煤的发电量。风在地球上普遍存在，但它是一个需因地制宜加以利用的重要能源。风具有不经常性和定向性，并具有一定的平均风速才能利用。因而在不同地区充分利用风力资源作为一部分能源的补充是有一定意义的。

4.3.2.7 生物质能

生物质能是以生物质为载体的能量。生物质是一切有生命的可以生长的有机物质，包括动植物和微生物。生物质能是由太阳能转换而来，地球上的绿色植物、藻类和光合细菌，通过光合作用（即利用空气中的二氧化碳和土壤中的水，将吸收的太阳能转换成碳水化合物和氧气的过程）贮存化学能。生物质所含能量的多少与品种、生长周期、繁殖与种植方法、收获方法、抗病抗灾性能、日照的时间与强度、环境的温度与湿度、雨量、土壤条件等因素有密切关系。生物质能潜力很大，世界上约有250000种生物，在理想的环境与条件下，光合作用的最高效率可达8% ~ 15%，一般情况下平均效率为0.5%。据理论推算，全世界每年通过光合作用固定下来的生物质能是全世界全年能源消耗量的10倍。

本章小结

本章介绍了能源的基本概念及其分类方法，世界和我国的能源消耗的现状，我国能源存在的问题及解决方向；着重讲述了各种能源在利用过程中，对环境造成的污染；为解决环境污染问题，提倡开发并利用新型清洁能源如太阳能、沼气、地热能、氢能、潮汐能和风能。

思考与实践

1. 什么叫能源？能源是如何分类的？
2. 简述世界及我国的能源消耗情况。
3. 我国的能源问题及解决方向如何？
4. 能源的不合理利用对环境可造成哪些影响？
5. 化石燃料在利用过程对环境产生的影响有哪些？
6. 水力发电对环境的影响如何？
7. 核能利用对环境的影响如何？
8. 什么是新型能源及清洁能源？
9. 新型能源和利用和开发前景如何？

生活能源使用情况的调查

一、课题的提出

在日常生活中，可以看到许多燃料燃烧后会使空气受到污染。如何结合当地实际情况合理使用各种燃料，尽量减少对环境的污染，已成为人们关心的问题。

二、课题的目的和意义

通过此课题的研究，了解和掌握本地区的燃料使用状况，如煤炭、液化石油气、天然气沼气、石油、酒精等；了解各种燃料的性质，掌握各种燃料对当地环境的影响。同时扩大知识面，增强环境意识。

三、课题研究方式及途径

1. 走访有关部门如公用局、交管局、石油公司、燃料公司等单位。

2. 上网及查询相关资料并回答下列问题。

① 什么是燃烧？

② 煤在燃烧时发生哪些主要化学反应？

③ 煤气的主要成分是什么？

④ 液化石油气的主要成分是什么？

⑤ 天然气的主要成分是什么？

⑥ 什么是沼气？

⑦ 固体酒精是怎样制成的？

四、研究的内容及成果

1. 调查本地区燃料的种类、性能和价格，作出分析和比较。

2. 对煤气、天然气等经常使用的燃料燃烧后的产物进行检测分析。

3. 对本地区如何防止燃料燃烧后对空气的污染提出建议。

4. 从各种能源利用对环境影响的角度出发，提出你认为较合适的能源，并提出有关切实可行的节能措施。

阅读材料

建设能源强国，
保障国家能源安全

“绿色地球、宜居家园”，新能源
助力碳中和社会建设

5 自然资源开发利用与保护

知识目标	能力目标	素质目标
1. 掌握自然资源的定义、分类及属性； 2. 了解世界与中国自然资源的特点； 3. 了解土地资源、生物资源、矿产资源的利用与保护	1. 能理解环境保护与资源利用的辩证关系； 2. 能积极参与资源保护和合理利用资源的实际行动	1. 培养在日常生活中节约能源的习惯； 2. 培养勇于创新、敬业乐业的工作作风

重点难点

重点：世界自然资源的特点；中国自然资源的特点

难点：自然资源的利用与保护

5.1 概述

5.1.1 自然资源的定义、分类及属性

5.1.1.1 自然资源的定义

自然资源也称资源。根据联合国环境规划署的定义，自然资源是指在一定时间条件下，能够产生经济价值以提高人类当前和未来福利的自然环境因素的总和。自然资源是指广泛存在于自然界的能为人类利用的自然要素，如土地、水、森林、草原、矿物、海洋、野生动植物、阳光、空气等。

自然资源是一个具有历史性的范畴，自然资源的开发利用与人类社会的进步和发展密切相关。随着社会生产力的发展和科学技术的进步，人类不断地拓宽自然资源的范围。例如古人以木柴为燃料，后来人类发现了煤并以煤为燃料，目前人类不仅广泛以石油和天然气来代替煤为燃料，还可以从石油和煤中提取多种化工原料；而太阳能、氢能、潮汐能、地热能和生物能等清洁型能源将成为新型能源。

5.1.1.2 自然资源的分类

由于自然资源内容广泛，依据自然资源的共同特征及自然资源的有限性，可将自然资源分为有限资源和无限资源，如图5-1所示。

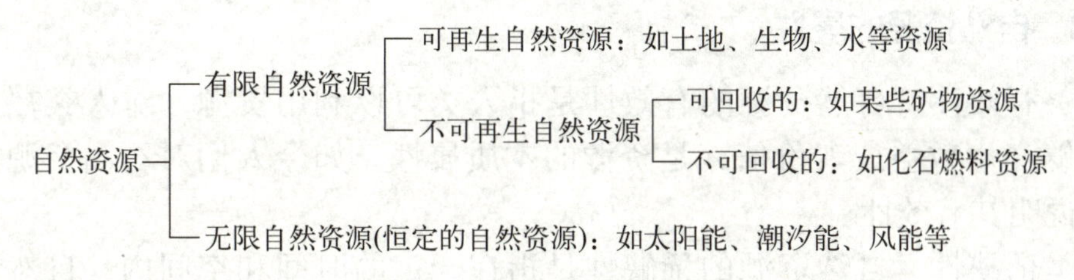

图5-1 自然资源分类

（1）有限自然资源　有限的自然资源又称耗竭性资源。这类资源是在地球演化过程中的特定阶段形成的，质与量是有限定的，空间分布是不均匀的。有限资源又可分为可再生资源和不可再生资源两类。

① 可再生资源　通过天然作用或人工经营能为人类反复利用的各种自然资源，这类资源被人类开发利用后，能够依靠生态系统自身的运行能力得到恢复或再生，如生物资源、土地资源、水资源等。只要消耗速度不大于它们的恢复速度，借助自然循环、生物的生长和繁殖，这些资源从理论上讲是可以被人类永续利用的。但各种可再生资源的恢复速度是不同的，如自然形成1cm厚的土壤腐殖质层大约需要300 ~ 600年，森林的恢复一般需数十至百余年，而野生动物种群的恢复只需几年至几十年。因此，不合理地开发和利用这些自然资源，会使这些可再生的资源变成不可再生资源，以致耗竭。如过度利用野生生物资源，就会造成生物物种在地球上的灭绝；再如对土地资源不进行很好的利用和保护，当土壤受到侵蚀会使水土流失导致肥力下降，甚至出现沙漠化；当水体受到严重污染后，会失去原有的使用价值。

② 不可再生资源　也称为枯竭性自然资源，由于这类资源是在漫长的地球演化过程中形成的，因而它们的储量是固定的。这些资源被人类开发利用后，会逐渐减少以至枯竭，在现阶段或短时间内不可能再生。如各种金属矿、非金属矿、煤和石油等。在这些不可再生的自然资源中，有些资源被开采和利用后转化为不可逆状态，如煤和石油，这些资源经过燃烧后，释放出大量的热量，一部分转换为其他形式的能量，另一部分以热量的形式辐射回宇宙，这一部分的资源既不能再生，也不能回收。也有些资源虽然为不可再生资源，但可通过回收被重新利用，如金属矿物资源，可借助回收再循环使用，变废为宝，这种做法一方面解决了自然资源紧缺问题，另一方面也解决了环境污染的问题。

（2）无限自然资源　无限资源又称为恒定的自然资源或非耗竭性资源，是指那些被利用后，在可以预计的时间内不会导致其储量减少，也不会导致其枯竭的资源，如太阳能、潮汐能、风能、大气等。这类资源随着地球的形成及运动而存在，基本上是持续稳定产生的，但是会因人类的生产、生活活动的影响而使其质量受损，如大气会因受到严重污染而质量下降，大气污染的加剧，会使植物自身的光合作用降低，即太阳能利用率降低。

5.1.1.3 自然资源的属性

（1）有效性　自然资源的有效性是指人类可以利用资源，对人类社会经济发展能够产生效益或者价值，是资源的本质属性，如今人们对石油资源的依赖性足以说明其有效性。

（2）稀缺性　自然资源的稀缺性是指在一定的时间和空间内，自然资源可供人类开发和利用的数量是有限的。对于不可再生资源的稀缺性是很明显的；对于可再生资源，当人类对其开发利用量超过资源再生能力时，也会导致资源的枯竭，同样具有稀缺性。因此，稀缺性是所有资源的本质属性之一，只有合理地利用资源，讲究资源利用的经济效益、生态效益和社会效益，才能保证人类永续不断地利用自然资源。

（3）区域性　自然资源的区域性是指自然资源不是均匀地分布在任意空间范围，它们总是相对集中于某一区域，而且结构、数量、质量和特性都有显著不同。例如，我国自然资源的分布就具有明显的区域性，煤、石油和天然气等能源资源主要分布在北方，而南方则蕴含丰富的水资源。自然资源的区域性对区域经济的发展影响很大。因此，在开发利用自然资源时，必须结合区域性这一特点，联系当地的具体经济条件，全面评价资源的结构、数量和质量，因地制宜地规划和安排各种产业的生产，充分发挥当地资源的优势和潜力。

（4）多用性　自然资源多用性是指自然资源具有多种功能和多种用途。例如森林资源既能向人们提供各种林、特产品和木材，同时又具有防风固沙、保持水土、涵养水源和绿化环境等功能，还可为人类提供观光旅游的场所；水资源不仅用于工业和日常生活，还兼有航运、发电、灌溉、养殖、调节气候等功能。自然资源的多用性为人类开发和利用资源提供了多种选择的可能性，可从多方面进行综合研究、开发和利用自然资源。

（5）整体性　自然资源的整体性是指自然资源本身是一个庞大的生态系统。自然资源中的各种资源，在生态系统中既相互联系、又相互制约，共同构成了一个有机的统一体。人类活动对其中任何一部分的破坏，都会导致整个系统结构的变化。例如森林资源的破坏不仅会影响到生物资源的生存，还会造成水土流失、河流泛滥，最终导致农业、渔业等行业的损失。因此，在开发和利用自然资源的过程中，必须统筹安排、合理规划，以保持生态系统的整体平衡。

（6）两重性　对人类的生存和发展来说，自然资源既是人类的生产资料和劳动对象，又是人类赖以生存的生态环境，具有两重性。例如，森林作为一种自然资源，既可以向人类提供木材和各种林产品等生产资料，同时还具有涵养水源、保持水土和改善环境等功能，是自然生态环境的一部分。因此，对待自然资源既要重视开发和利用，又要重视保护和管理。

（7）可塑性　自然资源的可塑性是指自然资源在外界因素的影响下可以产生优变和劣变。当外界条件有利时，在某种程度上可以改善资源的利用性能，使其价值升值；反之，则会降低其利用的价值。这种可塑性为科学、高效地利用自然资源提供了很好的指导思想。

5.1.2　自然资源的现状及特点

5.1.2.1　世界资源的现状及特点

随着全球人口的增长和经济的发展，对资源的需求与日俱增，人类正受到某些资源短缺或耗竭的严重挑战。当今人类抛弃了“地球资源取之不尽、用之不竭”的错误观念，深刻认识到地球资源的有限性。

（1）水资源短缺　世界水资源研究所认为，全球有26个国家的2.32亿人口已经面临缺水的威胁，另有4亿人口用水的速度超过了水资源更新的速度，世界上有约1/5的人口得不到符合卫生标准的淡水。世界银行认为，占世界人口40%的80多个国家在供应清洁水方面有困难。预计到2025年，全世界将有30亿人生活在水资源紧张的环境中。由于自然条件的影响、人口的增长及经济的发展，世界水资源短缺已成为现实，全球性的水资源危机正向人类靠近。

（2）土地荒漠化　据联合国环境规划署（UNEP）1992年的现状调查推断，全球2/3的国家和地区、世界陆地面积的1/3受到荒漠化的危害。沙漠面积已占全球面积的7%，每年有50亿～70亿公顷的耕地被沙化，全世界每分钟至少就有1万公顷的土地变成荒漠。沙漠化每年对全球造成的经济损失高达423亿美元，其中亚洲210亿美元，非洲90亿美元。同时，全世界30%～80%的灌溉土地不同程度地受到盐碱化和水涝灾害的危害，由于侵蚀而流失的土壤每年高达240亿吨，近50年来，全球已退化的耕地面积达12亿公顷，现在世界上有8.5亿人口生活在贫瘠的土地上。由此可见土地资源问题的严重性。

（3）森林资源破坏　根据世界资源研究所、联合国环境规划署、联合国开发署和世界银行统计，1996年全球森林总面积为37.91亿公顷。森林覆盖率不足全球陆地的30%，其中热带森林14.08亿公顷，非热带森林18.24亿公顷，稀疏林5.42亿公顷，红树林0.17亿公顷。森林是木材的供应来源，并且具有贮水、调节气候、保持水土、提供生计等重要作用。目前世界森林资源的总趋势是在减少，自1950年以来，全世界森林已损失了一半，其中中部美洲减少了66%，中部非洲减少了52%，东南亚减少了38%。据估计，1981～1990年间全世界每年损失森林平均达1690万公顷，现在世界森林仍以每年1800万～2000万公顷的速度在消失，所以森林资源减少的形势仍是严峻的。

（4）矿产资源匮乏　矿产资源是地壳形成后，经过几千万年、几亿年甚至几十亿年的地质作用而生成的，露于地表或埋藏于地下的具有利用价值的自然资源。矿产资源是人类生活资料与生产资料的主要来源，是人类生存和社会发展的重要物质基础。目前95%以上的能源、80%以上的工业原料、70%以上的农业生产资料及30%以上的工农业用水均来自矿产资源。随着经济的不断发展，许多矿物质资源的储量正在锐减，有的甚至趋于枯竭。石油是世界上用量极大的矿物燃料，1980年已探明的世界石油储量相当于1280亿吨标准煤，按目前的产量增长率，全世界的石油储量大约在2015 ~ 2035年将消耗掉80%。全世界天然气的总储量，据1980年资料为3580亿吨标准煤，如按目前的消耗速度，全世界的天然气仅可维持40 ~ 80年。在人口增长和经济增长的压力下，全世界对矿产资源的开采加工已达到非常庞大的规模，许多重要矿产储量随着时间的推移日益贫困和枯竭，见表5-1。

表5-1　世界几种主要金属的产量最高峰期

矿产名称	产量高峰年份	枯竭年份	矿产名称	产量高峰年份	枯竭年份
铝	2060	2215	锌	2065	2250
铬	2150	2325	石棉	2015	2150
金	1980	2075	煤	2150	2405
铅	2030	2165	原油	2005	2075
锡	2020	2100			

（5）物种资源灭绝　由于森林锐减，动植物赖以生存的环境遭到破坏，物种正以前所未有的速度从地球上消失。伦敦环境保护组织“地球之友”指出，20世纪80年代地球上每天至少有一种生物灭绝，90年代达到每小时灭绝一种，到2000年有100万种物种从地球上消失，目前全世界估计有2.5万种植物和1000多种脊椎动物处于灭绝的危险中。这种大规模的物种灭绝，在人类历史上是空前的，给人类的生存前途带来致命的威胁。

5.1.2.2　中国资源的现状及特点

我国以占世界9%的耕地、6%的水资源、4%的森林、1.8%的石油、0.7%的天然气、不足9%的铁矿石、不足5%的铜矿和不足2%的铝土矿，养活着占世界22%的人口；大多数矿产资源人均占有量不到世界平均水平的一半，我国的煤、油、天然气人均资源只及世界人均水平的55%、11%和4%。

（1）资源总量多，人均占有量少　我国土地资源的特点是“一多三少”，即总量多，人均耕地少，高质量的耕地少，可开发后备资源少。虽然我国现有土地面积居世界第3位，但是人均仅及世界人均的1/3；耕地面积列世界第二位，而人均排在世界第67位。我国水资源总量居世界第6位，但人均占有量仅有2400m^3，为世界人均水量的25%，居世界第119位。我国森林面积居世界第5位，森林蓄积量列第7位。但我国的森林覆盖率只相当于世界森林覆盖率的61.3%，全国人均占有森林面积相当于世界人均占有量的21.3%，人均森林蓄积量只有世界人均蓄积量的1/8。我国的矿产资源总量丰富，但人均占有量不足，仅为世界人均水平的58%。

（2）资源空间分布不平衡　我国疆域辽阔，就全国而言，东农西牧，南水北旱，土地平川农林互补，江河海洋散布环集，在总体上呈现以农业为主、农林牧渔各业并举的格局。但是，各种资源的空间分布极不平衡。我国陆地水资源的地区分布是东南多，西北少，由东南向西北逐渐递减。如长江以南的珠江、浙江、福建、台湾和西南诸河等地区，虽然国土面积只占全国的36.5%，但水资源量却占全国的81%。森林主要集中在东北和西南地区，森林蓄积量分别占全国总量的32%和39.75%，而西北地区很少。矿产资源分布也不均衡，北方多煤、多铁，南方多有色金属等。

这种空间分布的不平衡性，一方面有利于进行集中重点开发，建设强大的生产基地；但另一方面也使煤炭、石油、矿石和木材等资源的开发利用受到交通运输条件的制约，给交通运输等基础设施建设带来巨大的压力。

（3）资源质量差别很大　这种现象在耕地、天然草地和矿产资源等方面比较突出。如我国耕地面积中，高产稳产田占1/3，而低产田也占1/3，在全部耕地中，单位面积产量可以相差几倍到几十倍，复种指数的差距也可以达到3倍以上。

到21世纪中叶，我国人口总数将达到15亿～16亿，资源和环境将面临更大的挑战；在经济发展方面，人均国内生产总值将达到中等发达国家的水平。但由于20世纪环保投入不足，自然保护的形势更为严峻，自然生态环境更加失调，资源与能源危机越演越烈，不但会威胁到人民生活和健康，而且将制约经济的发展。为子孙后代着想，留给他们一个清洁优美的环境和多种多样可供持续利用的自然资源与能源，是每个人义不容辞的责任。

5.1.3　人类与自然资源的关系

人与自然资源同属环境系统中的组成要素，在环境系统中，人类依附于自然资源，也就是说人类的生存与发展离不开自然资源，受到自然资源状况的制约。正是由于地球这一环境系统中有了大量的适于人类生存与发展的自然资源与气候等条件，人类才得以在这里繁衍生息。而人类的生活与活动，无时无刻不在改变着自然资源的存在数量与质量。如果人类的各项活动能够遵循自然生态规律，就能够在这一环境中得以生存和发展。如果人类的活动不断地破坏环境和无休止地毁坏自然资源的话，势必会造成自然资源的耗竭，进而影响人类的生存。因此，人类必须认识到这一点，应该反思自己的过失，保护和利用好自然资源，以维持人类在地球上的生存。

5.1.4 自然保护区的概念、作用及分类

自然保护区是国家为保护自然环境和自然资源，对具有代表性的不同自然地带的环境和生态系统、珍贵稀有动物自然栖息地及其他自然历史遗迹和重要水源地等，划区加以特殊保护的自然地域，也指某一特定的保护区。自然保护区是为了保护各种重要的生态系统及其环境、拯救濒于灭绝物种、保护自然历史遗产而划定的进行保护和管理的特殊地域的总称。

自然保护区是保留了一定面积的各种类型的生态系统，能完整地保存自然环境的本来面目，为人类提供生态系统的天然“本底”值。由于在自然保护区里保持有完整的生态系统，包括丰富的物种、生物群落及其赖以生存的环境，因此可以看作是物种的天然“资源库”，它能保存生物物种的多样性，尤其是保护濒于灭绝的生物种，自然保护区是生物物种的贮备地，因而又是天然的“基因库”。这就为进行各种有关生态学的研究提供了良好的基地，成为设立在大自然中的天然实验室。自然保护区对于维持生物圈的生态平衡，保持水土，涵养水源，调节气候，改善人类生活环境，促进农业生产、科学研究、文化教育、卫生和旅游事业的发展，都有重要的作用。设立自然保护区是人类保护环境的一项重要措施。

自然保护区按照保护对象可分为五类。

① 以保护有代表性的自然生态系统为主的自然保护区　该类保护区面积较大，包括所在自然地带的多种多样的自然生态系统，如吉林长白山温带森林生态系统自然保护区；四川卧龙和福建武夷山的亚热带森林生态系统自然保护区；广东海南岛、云南西双版纳的热带森林生态系统自然保护区等。

② 以保护某类特有生态系统为主的自然保护区　该类保护区面积不一定很大，主要保护某类生态系统及其中一些珍贵的动植物种类。如四川王朗大熊猫等珍贵动物自然保护区、广西花坪的银杉自然保护区、湖南莽山常绿阔叶林自然保护区、黑龙江伊春红松母树自然保护区等。

③ 以保护某些珍贵稀有动植物资源为主的自然保护区　该类保护区面积依实际情况而定，如陕西佛坪、甘肃白水江等地的大熊猫自然保护区，黑龙江扎龙丹顶鹤水禽自然保护区以及福建莘口格氏栲、米储林珍贵树种自然保护区等。

④ 以保护特殊的自然风景为主的自然保护区　该类保护区多半是与名胜古迹结合在一起，有零散小片天然森林和古树，自然风景奇特而优美，个别地方还具有科研和教学价值。如四川九寨沟自然保护区、重庆缙云山自然保护区、广东鼎湖山自然保护区等。

⑤ 以保护具有特殊意义的自然历史遗迹为主的自然保护区　包括一些特殊

的地质剖面、冰川遗迹、化石产地、瀑布、温泉等。如黑龙江省五大连池自然保护区、甘肃玛雅雪山古冰川遗迹和恐龙古化石产地等。

阅读材料

中国最美的十大自然保护区

5.2 土地资源

土地是地球陆地的表层，是农业的基本生产资料，是工业生产和城市活动的主要场所，也是人类生活和生产的物质基础，是极其宝贵的自然资源，是人类赖以生存和发展的物质基础和环境条件。

5.2.1 土地资源的概念和特性

广义的土地概念，是指地球表面陆地和陆内水域，不包括海洋，是由地质、水文、地貌、气候、土壤、岩石、动植物等要素组成的自然历史综合体。狭义的土地概念，是指地球表面陆地部分，不包括水域，由土壤、岩石及其风化碎屑堆积组成。土地资源是指地球表层土地中，现在和可预见的将来，能在一定条件下产生经济价值的部分。从发展的观点看，一切难以利用的土地，随着科学技术的发展，都将会陆续得到利用，在这个意义上，土地资源与土地是同义语。

土地资源的基本特性是明显的地域性、不可代替性和面积有限性。土地资源占据着一定的空间，存在于一定的地域，并与其特定的周围环境相互联系，具有明显的地域性；土地资源作为人类生产、生活的物质基础、基本生产资源和环境条件，其基本用途和功能不能用其他任何自然资源来代替；地球在形成和发展过程中，决定了现今全世界的土地面积。一般来说，土地资源的总量是有限不变的。

5.2.2 土地资源的利用与保护

5.2.2.1 我国土地资源的特点

我国土地辽阔，总面积约960万平方公里。我国土地资源的特点是“一多三少”，即总量多，人均耕地少，高质量的耕地少，可开发的后备资源少。主要表现在以下几个方面。

（1）土地类型复杂多样　从地形高度看，我国的土地从平均海拔50m的东部平原到海拔4000m以上的西部高原，形成平原、盆地、丘陵、山地等错综复杂的地貌类型。我国土地资源构成状况见表5-2。

表5-2　中国土地资源构成状况

土地的组成部分	面积/亿公顷	占土地总面积/%	土地的组成部分	面积/亿公顷	占土地总面积/%
森林	8.13	12.7	高原荒漠、高山雪原	1.27	2.0
耕地	6.67	10.4	水面	1.80	2.8
草地	23.73	37.1	沼泽	0.73	1.2
居住环境	4.47	7.0	其他	6.93	10.8
沙漠、荒原	10.20	16.0	合计	63.93	100

（2）土地资源总量大、人均占有量小　我国土地总面积占世界土地总面积的6.5%，占亚洲大陆面积的22%，仅次于俄罗斯、加拿大，居世界第三位。但我国人口众多，人均占有的土地资源数量很少。根据联合国粮农组织的资料，我国人均占有土地只有1.01公顷，仅为世界平均水平的1/3；人均占有耕地面积只有0.088公顷，仅为世界平均水平的1/4。

（3）山地多，平原少，耕地比重小　我国是一个多山国家，山地、高原和丘陵的面积占土地总面积的69.27%，平原、盆地约占土地总面积的30.73%；我国耕地总面积仅占土地总面积的14.5%，与世界上领土较大的国家相比，如加拿大、美国、澳大利亚和巴西等，我国山地总面积比重最大。

（4）农用土地比重小、分布不平衡　我国土地面积大，但可以被农林牧副各行业和城乡建设利用的土地仅占土地总面积的70%，且分布极不平衡，90%以上的农业用地分布在我国东部和东南部地区。在可被农业利用的土地中，耕地1.3亿公顷，占土地总面积的14%；林地1.67亿公顷，占17%；天然草地2.8亿公顷，占29%；淡水水面约0.18亿公顷，占2%；建设用地0.27亿公顷，占3%。

（5）土地后备资源潜力不大　我国农业历史发展悠久，较好的土地后备资源已为数不多。据统计，今后可供进一步作为农林牧用的土地共约1.25亿公顷，其中可开发为农地和人工牧草地的仅0.33亿公顷左右。而质量好和中等的只占其总量的30%，约0.1亿公顷。

5.2.2.2　土地资源利用保护措施

我国土地资源开发利用过程中存在的主要问题有土地利用布局不合理、耕地不断减少、土壤肥力下降、土壤污染严重、沙漠化和盐碱化加剧、水土流失严重等。当前，急需制定保护土地资源的政策法规，强化土地资源管理，制定并实施生态建设规划和土壤污染综合防治规划。

（1）健全法制，强化土地管理　1986年6月25日，第六届全国人民代表大会常务委员会第十六次会议通过了《中华人民共和国土地管理法》，采取了严格的措施加强土地管理，保护耕地资源。该法明确规定国家实行土地用途管理制度、占用耕地补偿制度、基本农田保护制度并采取有力措施，保护土地资源。2019年8月26日第十三届全国人民代表大会常务委员会第十二次会议《关于修改〈中华人民共和国土地管理法〉、〈中华人民共和国城市房地产管理法〉的决定》第三次修正。

（2）防止和控制土地资源的生态破坏

① 制定并实施生态建设规划　早在1999年1月国务院常务会议讨论通过了《全国生态环境建设规划》，对防止和控制土地资源的生态破坏提出了明确的目标：坚决控制住人为因素产生新的水土流失，努力遏制荒漠化的发展。

② 积极治理已退化的土地　治理水土流失的原则是实行预防与治理相结合，以预防为主；治坡与治沟相结合，以治坡为主；生物措施与工程措施相结合，以生物措施为主；因地制宜，综合治理。土地沙化的防治关键是严禁滥垦草原，加强草场建设，控制载畜量；禁止过度放牧，以保护草场和其他植被。沙区林业要用于防风固沙、禁止采樵；对土壤次生盐渍化的治理可分别采用水利改良、生物和化学改良措施。

（3）综合防治土壤污染

① 强化土壤环境管理　制定土壤环境质量标准，进行土壤环境容量分析，对污染土壤的主要污染物进行总量控制；控制和消除土壤污染源，主要是控制污灌用水及控制农药、化肥污染。

② 农田中废塑料制品污染的防治　从价格和经营体制上优化和改善对废塑料制品的回收与管理，并建立生产粒状再生塑料的加工厂，有利于废塑料的循环利用；研制可控光解和热分解等农膜新品种，以代替现用高压农膜，减轻农药残留负担；尽量使用分子量小、生物毒性低、相对易降解的塑料增塑剂。

③ 积极防治土壤重金属污染　目前防治重金属污染、改良土壤的重点是在揭示重金属土壤环境行为规律的基础上以多种措施限制和削弱其在土壤中的活性和生物毒性，或者利用一些作物对某些金属元素的抗逆性，有条件地改变作物种植结构以避其害。行之有效的治理措施包括“客土”换土法、化学改良法、合理调用措施和生物改良措施。

阅读材料

中国实现荒漠化土地零增长

专家指出，全球土地退化问题仍然非常突出，全球仍有32个国家土地退化面积大于土地恢复面积，2030年可持续发展目标的实现面临严重挑战。中国提前实现土地退化零增长，土地净恢复面积全球占比18.24%，位居世界第一，为全球土地退化零增长做出了重要贡献。"十三五"以来，我国荒漠化防治成效显著，全国累计完成防沙治沙任务880万公顷，占"十三五"规划治理任务的88%。

经过多年治理，毛乌素、浑善达克、科尔沁和呼伦贝尔四大沙地生态状况整体改善，林草植被增加226.7万公顷，沙化土地减少16.9万公顷。我国批准建立53个全国防沙治沙综合示范区，封禁保护沙化土地总面积174万公顷，建设120个国家沙漠（石漠）公园。

据第五次全国荒漠化和沙化监测结果显示，全国荒漠化和沙化土地面积年均减少2424平方公里和1980平方公里，沙尘天气次数年均减少20.3%，植被平均盖度增加0.7%。

5.3 生物资源

生物资源是生物长期进化过程中形成的一种可再生资源，包括植物资源、动物资源和微生物资源三大类。常见的有森林资源、草原资源及物种资源等。

5.3.1 森林资源

森林是人类最宝贵的资源之一，发达国家林业已成为国家富足、民族繁荣、社会文明的标志。保护和利用森林资源已成为举世关注的一大问题。

5.3.1.1 森林的功能

森林在自然界中的作用越来越受到人们的关注。森林不仅为人类提供大量林木资源，而且还具有保护环境、调节气候、防风固沙、保持水土、涵养水源、净化大气、吸收二氧化碳、美化环境及生态旅游等功能。

（1）森林的环境保护功能　森林具有良好的防风固沙功能，在风沙严重的地区，天然林或农田防护林可降低风速，稳定流沙，从而保护农田，改善气候。森林是一个庞大的大气净化器，是天然的制氧机，据测定，1hm^{2}阔叶林每天可吸收1t二氧化碳，放出730kg氧气，可供1000人正常呼吸之用。森林还有过滤降尘的功能，如工矿和交通车辆不断向大气排出大量有毒有害气体和粉尘，通过森林的吸收、阻滞和过滤，可以净化空气，每公顷云杉林可吸滞粉尘10.5t。另外，森林还可分泌杀菌素，杀死某些有害微生物。森林还有很好的消声和隔声作用，如营造40m宽的林带，能使噪声降低10～15dB。此外，森林还可美化环境，成为娱乐和有益于健康的旅游场所。

（2）森林的调节气候功能　森林对大气水的循环有重要作用，以热带雨林为例，每亩热带雨林每年蒸腾500多吨水，大量水蒸气进入大气形成降水，一般在这些地区大约1/4 ~ 1/3的降水来自蒸腾作用。地区性的森林大面积消长对该地区气候影响很大。四川西昌地区在新中国成立前是荒山秃岭，从1958年起，进行了大面积云南松飞机播种，现已绿化100多万亩（15亩=1公顷），从而使该地区气候明显变化。西昌气象站资料表明：1958年相对湿度为58%，20世纪70年代为62.4%，50年代平均每年有大风11次，70年代减到4 ~ 6次，西昌逐渐由干热地区向湿润地区转化。

（3）森林的涵养水源功能　水源涵养功能是衡量我国森林生态功能最重要且最有价值的指标之一。第八次全国森林资源清查结果显示，水源涵养比第七次清查结果增加了859.43亿立方米，增长率为17.27%；第九次结果比第八次增加482.41亿立方米，增长率为8.31%。虽然涵养水源量稳定维持上升趋势，并保持较高增长率，但增长速度在放缓。根据国家统计局公布的年水资源总量和年用水量数据，第七次至第九次清查的十五年期间，全国年均水资源总量一直稳定增长，全国年用水量呈先增长后减少的趋势，体现出我国作为水资源匮乏的国家，保护水资源、节约用水的成效。三次清查结果的年涵养水源量占期间年均水资源总量的20%左右，且占比有明显增长；同时，年涵养水源量占期间年均用水量的份额稳定增加，保持在10%左右，并在第九次清查期间超过了年均用水总量。表现出森林生态系统的水源涵养功能对水资源流量的补充作用，以及缓解用水压力的作用。

（4）森林的保持水土功能　相关研究表明，土壤流失与森林植被覆盖度成反比。森林通过林下强大的网络式根系和土壤盘结在一起，林地内的枯枝落叶层吸收涵养水分，起到有效的固土作用。近年来我国水土流失不断减少，森林植被覆盖度越来越高，固土效益愈加显著。森林植被覆盖度高也有提高土壤肥力的作用。近三次森林清查结果显示年保肥量日益增长，增长率分别为18.13%、7.44%，处于不断增长的趋势，增长幅度逐渐变小。可以看出森林植被的存在起到保护水土、防止土壤流失作用的同时，土壤肥力也得到了改善，给森林保育带来了更多的营养物质。

（5）森林的保护物种多样性功能　森林是世界上最富有的生物区，孕育着多种多样的生物物种，保存着世界上珍稀特有的野生动植物。森林作为大量物种的保存地，成为人类的基因库资源，森林的破坏将使地球物种的多样性受到威胁。森林的锐减已使全球物种减少的速度增加，因此，保护森林也就为保护全球物种的多样性做出贡献。

5.3.1.2　我国森林资源利用概况

我国森林总面积1.75亿公顷。林木总蓄积量不足世界总量的3%。活立木总蓄积量124.9亿立方米。森林蓄积量为124.56亿立方米。森林覆盖率18.21%，仅相当于世界平均水平的61.52%，居世界第130位。我国森林资源的利用概况表现在以下两方面。

（1）森林资源不足，覆盖率低，人均占有量更低　世界森林覆盖率平均为31.2%，而我国只有12.98%，世界人均森林面积为0.8公顷，而我国只有0.11公顷；森林储量世界为人均65立方米，而我国只有9.37立方米。

（2）森林资源分布不均，可及率低　我国森林资源主要集中于较为偏远的东北和西南地区。东北的黑龙江和吉林两省及西南的四川、云南两省和西藏东部，土地总面积仅占全国总面积的1/5，森林面积却占将近全国的1/2，森林蓄积量占全国的3/4。而西北的甘肃、宁夏、青海、新疆和西藏的中西部、内蒙古的中西部地区占全国总面积的1/2以上，森林面积不足400万公顷，森林覆盖率在1%以下。由于森林分布的不均匀，加剧了因森林资源匮乏所造成的矛盾。此外，我国森林可及率（森林开发利用的难易程度）低，不到33%，而一般林业发达的国家森林可及率在80%以上，造成我国成熟林和过熟林枯损率高。

5.3.1.3　森林资源的利用与保护

（1）健全法制，依法保护森林资源　2019年12月28日，十三届全国人大常委会第十五次会议表决通过了新修订的《中华人民共和国森林法》，自2020年7月1日起施行。该法对于践行绿水青山就是金山银山的理念，保护、培育和合理利用森林资源，加快国土绿化，保障森林生态安全，建设生态文明，实现人与自然和谐共生将发挥重要作用。

（2）实施生态建设规划，坚持不懈地植树造林　《全国生态环境建设规划》提出了中期目标是2011 ～ 2030年，新增森林面积4600万公顷，全国森林覆盖率达到24%以上；远期目标是2031 ～ 2050年，宜林地全部绿化，林种、树种结构合理，全国森林覆盖率达到并稳定在26%以上。为达到上述奋斗目标需采取下列措施。

① 强化对森林的资源意识和生态意识　要充分发挥森林多种功能、多种效益，经营管理好现有森林资源；同时大力保护、更新、再生、增殖和积累森林资源。

② 大力培育森林资源，实施重点生态工程　建立五大防护林体系和四大林业基地，即三北防护林体系、长江中上游防护林体系、沿海防护林体系、太行山绿化工程、平原绿化工程和用材和防护林基地、南方速生丰产林基地、特种经济林基地、果树生产基地。

③ 制订各种造林和开发计划　提高公众绿化意识，提倡全民搞绿化；坚持适地造林，重视营造混交林，采取人工造林、飞播造林、封山育林和四旁植树等多种方式造林绿化。在农村地区，继续深化“四荒”承包改革，鼓励在无法农用的荒土、荒沟、荒丘、荒滩植树造林，稳定和完善有关鼓励政策。

④ 开展国际合作　吸收国外森林资源资产化管理经验，以及市场经济条件

下森林资源的监督管理模式；争取示范工程和培训基地的国外技术援助。

5.3.2 草原资源

草原是以旱生多年生草本植物为主的植物群落。草原是半干旱地区把太阳能转换为生物能的巨大绿色能源库，也是丰富宝贵的生物基因库。草原适应性强，覆盖面积大，更新速度快，具有调节气候、保持水土、涵养水源、防风固沙的功能，具有重要的生态学意义。草地是一种可再生、能增殖的自然资源，是畜牧业发展的基础，并伴有丰富的野生动植物、名贵药材、土特产品，具有重要的经济价值。

5.3.2.1 我国草原资源利用概况

草原是我国面积最大的陆地生态系统，主要分布在生态脆弱地区，是干旱、半干旱和高寒高海拔地区的主要植被，与森林共同构成了我国生态屏障的主体。草原是重要的水源涵养区、生物基因库和储碳库。我国草原涵养水源的能力是农田的40 ~ 100倍，是森林的0.5 ~ 3倍，拥有1.7万余种动植物，草地总碳储量约占全球草地碳储量的8%。草原也是重要的生产资料，我国268个牧区和半牧区县中，很多贫困县牧民90%的收入来自草原。新中国成立以来，特别是党的十八大以来，我国不断加强草原保护管理，草原事业取得了新成效。2018年，全国草原综合植被覆盖度达55.7%，比2011年增加6.7%，天然草原鲜草总产量达到11亿吨，已连续8年保持在10亿吨以上。

5.3.2.2 草原资源的利用与保护

我国草原资源的利用和保护具体措施如下。

（1）加强草原建设，治理退化草场　从世界各国畜牧业发展现状来看，建设人工草场是生产发展的必然趋势。近几十年来世界上许多畜牧业发达国家人工草场所占的比例都较高，例如荷兰为80%，新西兰为60%，英国为56%。我国牧区人工草地也有所发展，今后要进一步实行国家、集体和个人相结合，大力建设人工和半人工草场，发展围栏草场，推广草仓库，积极改良退化草场。

（2）加强畜牧业的科学管理，合理放牧，控制过牧　要合理控制牧畜头数，调整畜群结构，实行以草定畜，禁止草场超载过牧。建立两季或三季为主的季节营地。保护优良品种，如新疆细毛羊、伊犁马、滩羊、库车羔皮羊等，促其繁衍，要加速品种改良和推广新品种。

（3）开展草原资源的科学研究　实行“科技兴草”，发展草业科学，加强草业生态研究，引种驯化，筛选培育优良牧草，加强牧草病虫鼠害防治技术的研究，建立草原生态监测网，为草原建设和管理提供科学依据。

（4）开展草原资源可持续利用的工程建设　一是加强自然保护区建设，如新疆天山山地森林草原、内蒙古呼伦贝尔草甸草原、湖北神农架大九湖草甸草场、安徽黄山低中小灌木草丛草场等；二是开展草原退化治理工程建设，如新疆北部和南疆部分地区、河西走廊、青海环湖地区、山西太行山和吕梁山等地区；三是建设一批草地资源综合开发的示范工程，如华北、西北和西南草原地区的家畜温饱工程，北方草地的肉、毛、绒开发工程等。

5.3.3 物种资源

物种资源具有很高的应用价值，其直接价值是很明显的：为人类提供基本的食物，如世界上90%的食物来源于20个物种；为人类提供很多的药物，如中草药；提供多种多样的工业原料，如木材、纤维、油脂等。其间接价值是无法估量的，如固定能量、调节气候、维持生态系统的稳定性等。如不对其合理地利用和保护，会使这些生物资源消失，目前全世界已有110多种兽类和130多种鸟类灭绝，有25000多种植物和1000多种脊椎动物濒临灭绝。因此在利用生物资源时，应注意保护，使其能够增殖、繁衍，以保证持续利用。保护措施如下。

① 建立和完善物种资源保护的国家政策和法律，并加强物种保护重要性的宣传教育。

② 为保护好物种生存的栖息地，合理采伐森林，规划出物种自然保护区，这对于保护、恢复、发展和合理利用物种资源具有重要的意义。

③ 加强环境保护，控制环境污染。

④ 加强物种保护的科学研究。

⑤ 加强国际间的物种保护合作。

阅读材料

生物资源知多少

5.4 矿产资源

随着人类社会不断地向前发展，世界矿产资源消耗急剧增加，其中消耗最大的是能源矿物和金属矿物。由于矿产资源是不可再生的自然资源，其大量消耗必然会使人类面临资源逐渐减少甚至枯竭的威胁，同时也会带来一系列的环境污染问题，因此，必须倍加珍惜、合理配置及高效益地开发利用矿产资源。

5.4.1　矿产资源的种类

矿产资源是指由地质作用形成的具有利用价值的，呈固态、液态或气态的出露于地表和埋藏于地下的自然资源。矿产资源多属不可再生的耗竭性资源。矿产资源一般可分为能源、金属矿物和非金属矿物等三大类。其中非金属矿物包括的种类十分广泛，最大量的一类是岩石、砂砾石、石膏和黏土类矿物，多作为建筑材料，资源较丰富，非金属矿物还包括含有氮、磷、钾三种元素的肥料矿物，对发展农业生产极为重要；金属矿物包括黑色金属及有色金属、稀土金属等。目前，95%以上的能源、80%以上的工业原料、70%以上的农业生产资料等均来自矿产资源，因此可以说，矿产资源是人类生活资料与生产资料的主要来源，是人类生存和社会发展的重要物质基础，没有了矿产资源就没有了生产原料，也没有了生产动力。

现今世界上已知的矿物多达2500余种，可利用的仅150余种，有广泛利用价值的仅80余种，占世界人口30%的发达国家消耗掉的各种矿物约占世界总消耗量的90%。

5.4.2　矿产资源的利用与保护

5.4.2.1　我国矿产资源的利用概况

我国在已探明储量的矿产中，钨、锑、稀土、锌、萤石、重晶石、煤、锡、汞、钼、石棉、菱镁矿、石膏、石墨、铅等的储量在世界上居前列，占有重要地位。2020年，中国石油、天然气剩余探明技术可采储量已达36.19亿吨、62665.78亿立方米。非油气矿产勘查新发现矿产地96处，其中大型29处，中型36处，小型31处。新增资源量（推断）煤炭119.64亿吨、铁矿石0.99亿吨、锰矿石3172.15万吨、铜85.82万吨、铅锌138.87万吨、铝土矿3.74亿吨。我国矿产资源的利用有以下几个特点。

（1）矿产资源总量多，但人均占有量较少　我国已发现的矿产资源种类比较齐全，配套程度高，总量较丰富，居世界前列，但人均占有量不足世界平均水平的1/2，居世界第80位。我国矿产资源有丰有歉，储量充足多半用量不大，大宗急需矿产又多半储量不足。我国大宗贫矿多、富矿少，现虽发现不少富矿，但对经济建设有重要作用的铁、锰、铝和铜等矿产资源以贫矿居多。另外，我国矿产资源分布不均衡，一些重要矿产的分布具有明显的地区差异。

（2）矿产资源需求量大　我国今后还将处于矿产资源消耗量增长最快的时期，工业的发展、人口的增长对矿产资源的需求量大。我国目前每年矿石采掘量已达50亿吨，年人均约5吨，我国承受着严重的矿产资源的需求压力。

（3）矿产资源浪费严重　一些地区乱采乱挖，采富矿弃贫矿现象严重，不断流失大量矿产资源，使许多矿山的开采寿命急剧缩短。其次，矿产采掘回收率普遍低，最终利用率更低。我国铁矿采选业回收率为65% ~ 69%，铁矿资源总利用率仅为36.7%，有色金属矿产资源只有25%左右，非金属矿物约为20% ~ 60%，中国矿产资源总利用率比发达国家约低10% ~ 20%，大量资源在开采和使用过程中被白白浪费。最后，矿产资源综合利用率低，许多共生、伴生矿产资源白白流失无法回收。

（4）环境污染严重　由于庞大的人口对矿产资源的需求压力，使我国在收入水平还相当低的阶段就形成了规模巨大的采矿业和原材料加工业，这些工业部门都是产生废气、废水和固体废物的重要污染源，这些污染物排入环境，造成了严重的污染。

5.4.2.2　我国矿产资源利用与保护措施

我国矿产资源可持续利用的总体目标是在继续合理开发利用国内矿产资源的同时，适当利用国外资源，提高资源的优化配置和合理利用资源的水平，最大限度地保证国民经济建设对矿产资源的需要，努力减少矿产资源开发所造成的环境代价，全面提高资源效益、环境效益和社会效益。具体措施如下。

（1）加强矿产资源的管理　加强对矿产资源国家所有权的保护。我国尚无完整的矿产资源保护法规，必须在《中华人民共和国矿产资源法》的基础上健全相应的矿产资源保护的法规、条例，建立有关矿产资源的规章制度；组织制定矿产资源开发战略、资源政策和资源规划；建立集中统一领导、分级管理的矿山资源执法监督组织体系；建立健全矿产资源核算制度、有偿占有开采制度和资产化管理制度。

（2）建立和健全矿山资源开发中的环境保护措施　制定矿山环境保护法规、依法保护矿山环境，执行“谁开发谁保护、谁闭坑谁复垦、谁破坏谁治理”的原则；制定适合矿山特点的环境影响评价办法，进行矿山环境质量检测，实施矿山开发全过程的环境管理；对当前矿山环境的情况，进行认真的调查评价，制定保护恢复计划，采取经济手段、行政手段、法律手段鼓励和监督矿产企业对矿产资源的综合利用和“三废”的资源化活动，鼓励推广矿产资源开发废弃物最小量化和清洁生产技术。

（3）努力开展矿产综合利用的研究　开展对采矿、选矿、冶炼等方面的科学研究。对分层赋存多种矿产的地区，研究综合开发利用的新工艺；对多组分矿物要研究对矿物中少量有用组分进行富集的新技术，提高矿物各组分的回收率；适当引进新技术，有计划地更新矿山设备，以尽量减少尾矿，最大限度地利用矿产资源。积极进行新矿床、新矿种、矿产新用途的探索科研工作。

（4）加强国际合作和交流　引进推广煤炭、石油、多金属和稀有金属等矿产的综合勘探和开发技术；在推进矿山“三废”资源化和矿产开采对周围环境影响的无害化方面加强国际合作，以更好地利用资源。

5.5 海洋资源

海洋是地球上生命的摇篮，海洋总面积为3.61亿平方公里。占地球总面积的70.8%。海洋的总体积约为13.7亿立方公里，海水占地球总水量的97%。海洋中蕴藏着丰富的资源，在陆地资源日益匮乏的今天，合理开发利用海洋资源，对于人类今后的生存和持续发展具有极为重要的意义。

5.5.1 海洋资源的种类与作用

海洋中一切可被人类开发利用的物质和能量称为海洋资源。海洋资源中包括生物资源、非生物资源及空间资源三大类。海洋生物资源主要指海洋中具有经济价值的动物和植物，如海洋中的鱼类、药用植物、经济藻类等。海洋非生物资源包括水化学资源，如人类可从海水中提取各种化学元素和制取淡水；海底矿产资源，如石油、天然气和锰结核等；海洋动力资源，如潮汐能、波浪能等。海洋空间资源包括具有开发利用价值的海面上空和水下的广阔空间，如可建海地居所、仓库；利用海洋进行海运、开发海洋旅游等。

辽阔的海洋是人类最巨大的聚宝盆。地球上生物生产力每年约为1590亿吨，其中25%来自海洋，海洋每年向人们提供1亿吨鱼和贝类，具有为人类提供食物的作用。海洋中埋藏着丰富的矿产资源，地球上1/3的石油是埋藏于海洋下。遍布于深海底的锰结核，据估计仅太平洋底就有数千亿吨，其中所含的锰金属，按目前每年180万吨的消耗水平，足够供应14万年。此外，溶解于海水中的多种化学元素和它们的化合物约有4×10^{161}t，其中包含溴1.0×10^{14}t、碘9.3×10^{10}t，是一项巨大的化学资源。

5.5.2 海洋资源的利用与保护

我国海洋资源的开发与管理基本上是根据海洋自然资源属性形成开发产业，现已形成的海洋资源开发利用行业主要有海洋渔业、海洋水产养殖业、海洋交通运输业、海盐和盐化工业、海洋油气业、滨海旅游业、滨海砂矿以及海水直接利用等。

（1）健全环境法制，强化环境管理　1982年8月，我国颁布了《中华人民共和国海洋环境保护法》，使得海洋环境管理有法可依。但是我国海洋环境保护法规体系尚不完善，相关法规的匹配尚存在缺陷；沿海地区环保部门海洋管理机构不健全，其他海洋管理部门的管理队伍与法律赋予的职责不相称；此外，管理不力、有法不依、执法不严的问题也比较突出。因此，亟待健全海洋环境法制，强化海洋环境管理。

（2）强化海洋环境质量监控

① 加强海洋环境监督管理　海洋环境监督管理是环境保护部门的基本职能。其内容包括对经济活动、生活活动引起的海洋污染监督和对沿海地区及海上的开发建设等对海洋生态系统造成不良影响或破坏的监督两个方面。海洋环境监督管理的重点主要有沿海工业布局的监督、新污染源的控制与监督、控制老污染源的监督。监督污染源达标排放，并结合技术改造选择无废、少废工艺及设备，达到海洋环境功能区污染总量控制的要求；对危险废物及有毒化学品的处理、使用、运输进行严格监督；对海洋生物多样性保护进行监督；对海洋资源开发利用与保护进行监督。

② 进一步加强海洋环境监视及监测　这是进行海洋环境质量监控、防止污染事故的重要管理措施。

（3）加强海洋自然保护区管理　我国海域跨温带、亚热带和热带等三个温度带，沿岸有1500多条大、中河流入海，形成海岸滩涂生态系统、河口湾生态系统、海岸湿地生态系统、红树林生态系统、珊瑚礁生态系统、海岛生态系统等六大生态系统，且具有闻名于世的海洋珍稀动物。现有海洋自然保护区数量与面积不能适应保护生物多样性的要求，而自然保护区的管理更需加强。

阅读材料

生命的摇篮：人类与海洋

海洋孕育了种类繁多、数量庞大的生物资源，与陆地是同等重要的食物生产基地。整个地球生物生产力的88%来自海洋，海洋可提供的食物比陆地全部可耕地提供的食物多上千倍。据有关资料，海洋每年可向人类提供30亿吨水产品（如鱼类、贝类、藻类、虾蟹类），能满足300亿人的蛋白质需要。其中，鱼类居多，特别是鲱科鱼类（如鲱鱼、沙丁鱼等）尤为重要。

海洋在为我们提供丰富食物资源的同时，也提供了大量的就业机会。随着21世纪中国大规模开发海洋，海水养殖业、远洋渔业、海洋食品工业、海洋药物工业、海洋化工业、海水淡化工业、海洋能工业、海洋油气工业、海洋采矿业、海洋旅游业、海洋交通运输业、船舶和机械制造业、海洋建筑业，以及围绕海洋产业发展起来的产前、产中、产后服务业等几十个行业将得到迅猛发展。大批剩余的劳动力必将涌向海洋，汇聚成一支庞大的海洋产业大军，使21世纪的就业压力得到缓解。

20世纪50年代以来，随着各国社会生产力和科学技术的飞速发展，海洋受到了来自各方面不同程度的污染和破坏，日益严重的污染给海洋生物带来了深重的灾难，也给人类的生存和发展带来了极为不利的影响。

海洋的严重污染导致大量海洋生物面临灭绝的危险。曾有海洋专家发出警告：珊瑚礁濒临死亡、物种侵略危及生物多样性、有毒海藻滋生及鱼种大量减少等情况正在加速。而海洋物种的减少将使海洋逐渐丧失支持人类社会发展的能力，甚至破坏整个生态系统的平衡。

导致海洋环境恶化的因素，几乎都是由人类活动直接产生的，其中之一便是过度捕杀。过度捕杀使珍稀海洋生物的数量急剧减少。例如，鲨鱼作为一种古老的生物，距今已经存在四亿年，比恐龙的出现还早一亿年。目前鲨鱼有400多个种类，堪称生物演化的奇迹，然而这样的奇迹在人类的贪婪和屠刀下却显得十分脆弱。世界自然保护联盟评估有20%的鲨鱼物种被列为“濒危”“面临威胁”“易危”物种。全球每年约有7300万头鲨鱼被捕杀，这种杀戮行为正是在市场高昂的鱼翅价格的利益驱使下进行的。

鲸是海洋中非常聪明的动物，大部分的鲸性格温顺，不会轻易攻击人类，然而面对人类无情的杀戮它们却束手无策。目前，全球每年有大约2万头鲸被捕杀，其中大部分被用于商业用途。广阔无垠的海洋中生活着无数可爱的生命，对于它们来说，大海是它们几十亿年以来赖以生存的家园。然而由于人类活动的频繁，使得它们的生存环境遭受威胁。从现在起关注海洋环境、禁止过度捕杀，这些都是我们保护海洋环境不再遭受威胁应该做到的，我们要通过对海洋的合理利用来确保子孙后代的可持续发展。

海洋，这一全人类的共同财富，需要我们共同保护！

本章小结

本章学习了自然资源的定义、特点以及与人类之间的关系；对自然资源的现状进行了分析，认识到自然资源对人类生存的重要性；提出了土地资源、生物资源、矿产资源、海洋资源的合理利用与保护措施。

思考与实践

1. 什么叫自然资源？如何分类？
2. 自然资源有哪些属性？
3. 简述世界自然资源的现状及特点。
4. 简述我国自然资源的现状及特点。
5. 简述自然保护区的概念、作用及分类。
6. 什么是土地资源？其基本特性如何？
7. 简述我国的土地资源状况。
8. 如何加强土地资源的利用与保护工作？
9. 什么是生物资源？包括哪些资源？
10. 森林资源有哪些主要功能？如何加强森林资源的利用与保护？
11. 我国草原资源利用状况如何？如何加强草原资源的利用与保护？
12. 影响物种资源灭绝的因素有哪些？如何加强物种资源的保护工作？
13. 什么是矿产资源？包括哪几类？
14. 我国矿产资源有何特点？

15. 如何加强矿产资源的利用与保护？

16. 什么是海洋资源？如何加强对海洋资源的利用与保护？

对本地区土地变化状况调查分析

一、课题目的

随着经济的发展，各地区土地状况发生了较大的变化，请对本地区的情况进行调查分析，以便了解情况提出解决措施。

二、建议与要求

1. 可结合自己的实际，就某一方面进行分析，以小见大。
2. 写出调查分析报告，有理有据，能提出适宜措施或方案。
3. 报告不少于2000字。

6 水污染及防治

知识目标	能力目标	素质目标
1. 掌握水污染的基本概念； 2. 了解水污染的形成途径； 3. 了解水体的自净与污染物在水中的迁移转化； 4. 掌握水污染的控制技术	1. 能够阐述水污染、水污染源、水污染物等与水污染预防与控制有关的专业术语和基本概念； 2. 能够认知到我们国家治理水污染的大局观	1. 激发作为环保人要为国家生态文明建设贡献力量的使命意识和高度责任感； 2. 培养精益求精的工匠精神和创新意识

重点难点

重点：水污染的来源和危害；水污染判别标准。

难点：水污染的控制技术

6.1 水污染

6.1.1 水污染及其判别标准

6.1.1.1 水污染

水体因接受过多的污染物而导致水体的物理特征、化学特征和生物特征发生不良变化，破坏了水中固有的生态系统，破坏了水体的功能及其在经济发展和人民生活中的作用，这种状况称为水污染。

造成水污染的原因，有自然的和人为的两个方面。前者如由火山爆发产生的尘粒落入水体而引起的水体污染；后者如生活污水、工业废水未经处理而大量排入水体所造成的污染。通常所说的水污染，均专指人为的污染。

6.1.1.2 水污染的判别标准

判别水污染的标准主要是通过水质指标来鉴别，水质即水的品质。自然界中的水并不是纯粹的氢氧化合物，水中含有许多杂质。因此水与其中所含杂质共同表现出来的物理学、化学和生物学的综合特性就形成了水质。在环境保护中，常用“水质指标”来衡量水质的好坏，也就是表征水体受到污染的程度。反映水质的重要参数有物理性水质指标、化学性水质指标和生物学水质指标三大类。

（1）物理性指标

① 温度　温度过高，水体受到热污染，不仅使水中溶解氧减少，而且加速耗氧反应，最终导致水体缺氧或水质恶化。

② 色度　感官性指标。纯净天然水为无色透明。将有色废水用蒸馏水稀释，并与参比水样对照，一直稀释到两水样色差一样，此时废水的稀释倍数即为其色度。

③ 臭和味　感官性指标。天然水无臭无味。当水体受到污染后会产生异味。

④ 固体物质　水中所有残渣的总和称为总固体（TS），包括溶解性固体（DS）和悬浮固体（SS）。

（2）化学性指标

① 有机物指标　表示有机物的综合指标可分为两大类：以氧表示的指标和以碳表示的指标。由于测定水体中有机碳的设备比较昂贵，目前国内应用不普遍。下面介绍常用的以氧表示的指标。

a. 生化需氧量（BOD）　在水体中有氧的条件下，微生物氧化分解单位体积水中有机物所消耗的溶解氧称为生化需氧量（BOD），用单位体积废水中有机污染物经微生物分解所需的氧的量（mg/L）表示。BOD越高，表示水中耗氧有机污染物越多。由于在一定温度下有机物被氧化和合成的比值随微生物和有机物的种类而不同，因而用BOD来间接表示有机物的含量，仅可作为相对的比较。

有机物生化分解耗氧的过程很长（20℃温度下需要100天以上），通常分为两个阶段进行。第一阶段称为碳化阶段，废水中绝大多数有机物被转化为无机的CO_2、H_2O和NH_3；第二阶段称为硝化阶段，主要是氨依次被转化为亚硝酸盐和硝酸盐。测定第一阶段的生化需氧量需在20℃温控下历时20天，显然时间太长，难以操作。目前大多数国家都采用5天（20℃）作为测定的标准时间，所测结果称为5日生化需氧量，以BOD_5表示。

b. 化学需氧量（COD）　在一定严格的条件下，用化学氧化剂（如重铬酸钾$K_2Cr_2O_7$、高锰酸钾$KMnO_4$等）氧化水中有机污染物时所需的溶解氧量称为化学需氧量（COD）。同样，COD越高，表示水中有机污染物越多。

以重铬酸钾为氧化剂时，水中有机物几乎可以全部被氧化，这里所测得的耗氧量称为化学耗氧量COD，有时也记作COD_{Cr}，此法可以精确地测定有机物总量，但手续比较复杂。用高锰酸钾作氧化剂所测得的耗氧量常称为耗氧量（或高锰酸盐指数），以OC表示。此法比较快速，但不能代表全部有机物含量，对含氮有机物较难分解。

c. 总需氧量（TOD）　在COD的测定条件下，有机污染物中的吡啶、苯、氨、硫等物质不能被氧化，故对很多有机物来说，所测定的COD一般仅为理论值的95%左右。

近年来，发展了一种总需氧量的测定方法。总需氧量表示在高温下燃烧化合物所耗去的氧量，用TOD表示，单位为mg/L。总需氧量可用仪器在几分钟内完成测定，且可自动化、连续化。TOD能反映出几乎全部有机物燃烧生成CO_2、H_2O、NO、SO_2等所需的O_2量，它比BOD和COD更接近于理论需氧量。

d. 溶解氧（DO） DO指溶解于水中的分子氧（以mg/L为单位）。水体中DO含量的多少也可反映出水体受污染的程度。DO越少，表明水体受污染的程度越严重。清洁河水中的DO一般在5mg/L左右。当水中DO低至3 ~ 4mg/L时，许多鱼类呼吸发生困难，不易生存。

② 无机物指标

a. 植物营养元素 废水中的N、P为植物营养元素。过多的N、P进入天然水体易导致富营养化。就废水对水体富营养化作用来说，P的作用远大于N。

b. pH 反映水的酸碱性。天然水体的pH一般为6 ~ 9。测定和控制废水的pH，对维护废水处理设施的正常运行，防止废水处理和运输设备的腐蚀，保护水生生物的生长和水体自净功能都有重要的意义。

c. 有毒物质 有毒物质是指达到一定浓度后对人体健康、水生生物的生长造成危害的物质。有毒物质含量是废水排放、水体监测和废水处理中的重要水质指标。国际上公认的六大毒物是非金属的氰化物、砷化物和重金属中的汞、镉、铬、铅。

（3）生物学指标

① 细菌总数 反映水体受细菌污染的程度，但不能说明污染的来源，必须结合大肠菌群数来判断水体污染的来源和安全程度。

② 大肠菌群 水是传播肠道疾病的重要媒介，大肠菌群是最基本的粪便污染指示菌群。大肠菌群的值可表明水体被粪便污染的程度，间接表明有肠道病菌（伤寒、痢疾、霍乱等）存在的可能性。

阅读材料

废水和污水

在实际应用中，“废水”和“污水”两个术语的用法比较混乱。就科学概念而言，“废水”是指废弃外排的水，如工业废水，强调其“废弃”的一面；“污水”是指被脏物污染的水，如生活污水、农业污水，强调其“脏污”的一面。但是，有相当数量的生产排水并不是脏的（如冷却水），因而有人用“废水”一词统称所有的废水。在水质污染的情况下，两种术语可以通用。

6.1.1.3 水环境质量标准

水体是国家的宝贵资源，必须严格保护，使其免受污染。当污水需要排入水体时，应处理到允许排入水体的程度，以降低或消除其对水体水质的不利影响。我国有关部门为此制定了相关水质标准及污水的排放标准（参见附录），这里作简单介绍。

《地表水环境质量标准》（GB 3838—2002）是为贯彻执行《中华人民共和国环境保护法》和《中华人民共和国水污染防治法》，防治水污染，保护地表水水质，保障人体健康，维护生态平衡而制定的标准。

该标准适用于中华人民共和国领域内江河、湖泊、运河、渠道、水库等具有使用功能的地表水水域。依据地表水水域使用目的和保护目标将其划分为五类：

Ⅰ类主要适用于源头水、国家自然保护区；

Ⅱ类主要适用于集中式生活饮用水地表水源地一级保护区、珍稀水生生物栖息地、鱼虾类产卵场、仔稚幼鱼的索饵场等；

Ⅲ类主要适用集中式生活饮用水地表水源地二级保护区、鱼虾类越冬场、洄游通道、水产养殖区等渔业水域及游泳区；

Ⅳ类主要适用一般工业用水区及人体非直接接触的娱乐用水区；

Ⅴ类主要适用农业用水区及一般景观要求水域。

水域功能类别高的标准值严于水域功能类别低的标准值。同一水域兼有多类功能类别的，依最高类别功能划分。

另外，还制定了《污水综合排放标准》（GB 8978—1996）、《海水水质标准》（GB 3097—1997）、《农田灌溉水质标准》（GB 5084—2021）、《地下水质量标准》（GB/T 14848—2017）。

6.1.2 水污染物的来源

向水体排放或释放污染物的来源或场所，称为水污染源。按水污染的途径（图6-1）可将水污染源主要分为以下几个方面。

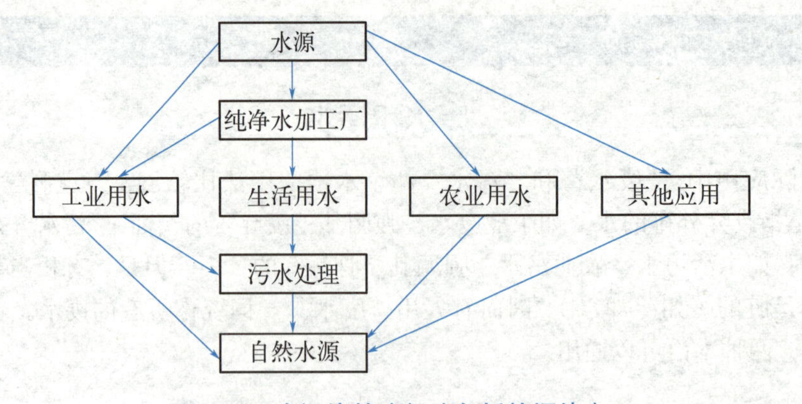

图6-1 水污染的途径（包括热污染）

6.1.2.1 生活污水

生活污水是人们日常生活中产生的各种污水的总称。其中包括厨房、洗涤室、浴室等排出的污水和厕所排出的含粪便污水等。其来源除家庭生活污水外，还有各种集体单位和公用事业等排出的污水。

我国生活污水水质现行指标为：沉淀后5日生化需氧量为20 ~ 30g/(人·d)；悬浮物为20 ~ 45g/（人·d）。典型生活污水水质见表6-1。

表6-1 典型的生活污水水质

序号	指标	浓度/（mg/L）		
		高	中	低
1	总固体	1200	720	350
2	溶解性总固体	850	500	250
3	悬浮物	350	220	200
4	BOD_5	400	200	100
5	可沉降物	20	10	5
6	TOC	290	160	80
7	COD	1000	400	250
8	总氮（N）	85	40	20
9	总磷（P）	15	8	4
10	氯化物（Cl^-）	200	200	60
11	碱度	200	100	50
12	油脂	150	100	50

阅读材料

纯净水是理想的饮用水吗

市场上出售的纯净水有蒸馏水、纯水、太空水等，总之，是将水中一切“杂质”都除掉，只剩下纯粹的水分子的水。它们与天然水有着明显的区别。人体构造中所需的许多微量元素，有相当种类都是由饮用天然水获得的。因此，如果人们长期靠饮用纯净水来解决水的补给，就会失去了同时补充各种微量元素的机会。更加不利的副作用是，水具有很强的溶解性，如果人体中补充的都是纯净水，那么，这种纯净水在人体中循环一周再排出体外时，也许同时还带走了一部分人体中原有微量元素，反而影响了身体健康。所以，纯净水其实不是理想的饮用水。

阅读材料

水污染——全球性重大课题

随着工业进步和社会发展，水污染亦日趋严重，成了世界性的头号环境治理难题。

早在18世纪，英国由于只注重工业发展，而忽视了水资源保护，大量的工业废水废渣倾入江河，造成泰晤士河污染，已基本丧失了利用价值，从而制约了经济的发展，同时也影响到了人们的健康、生存。之后经过百余年治理，投资5亿多英镑，直到20世纪70年代，泰晤士河水质才得到改善。

19世纪初，德国莱茵河也发生严重污染，德国政府为此运用严格的法律和投入大量资金致力于水资源保护，经过数十年不懈努力，在莱茵河流经的国家及欧盟共同合作治理下，才使莱茵河碧水长流，达到饮用水标准。

虽然人们已经认识到污染江河湖泊等天然水资源的恶果，并着手进行治理，但已经遭受了巨大的损失，并将继续为此付出沉重的代价。

6.1.2.2 工业废水

由于工业的迅速发展，工业废水的水量及水质污染量很大。工业废水的特点是量大，成分复杂，难处理，不易降解和净化，危害性较大。工业废水是水体污染的最根本来源，与生活污水显著不同。总的说来具有以下特点。

① 悬浮物含量高，可达100 ~ 3000mg/L。

② 生化需氧量（BOD）高，可达200 ~ 5000mg/L。

③ 酸碱度变化大，pH可变化于5 ~ 11，甚至低至2或高至13。

④ 温度高，可达40℃，造成热污染。

⑤ 易燃，因常含低沸点的挥发性液体，如汽油、苯、二氧化碳、丙酮、甲醇、酒精、石油等易燃污染物易着火酿成水面火灾。

⑥ 含有多种多样有毒有害成分，如酚、氰、油、农药、多环芳烃、染料、重金属、放射性物质等。

工业废水主要有采矿及选矿废水、金属冶炼废水、炼焦煤气废水、机械加工废水、石油工业废水、化工废水、造纸废水、纺织印染废水、皮毛加工及制革废水、食品加工废水等。

6.1.2.3 农业污水

农业生产用水量大，并且是非重复用水。农业污水包括农作物栽培、牲畜饲养、食品加工等过程排出的污水和液态废物等。

在农业生产方面，喷洒农药及施用化肥，一般只有少量附着或施用于农作物上，其余绝大部分残留在土壤和飘浮在大气中，通过降雨、沉降和径流的冲刷而进入地表水或地下水，造成污染。农药是农业污水的主要来源。农业污水具有以下两个显著特点。

① 含有机质、植物营养素及病原微生物高。如农村牛圈所排污水生化需氧量可高达4300mg/L，猪圈所排在1200mg/L以上，是生活污水的几十倍。

② 含氮量较高的化肥、农药在施用后附着于作物的很少，农药、化肥的80% ~ 90%经雨水径流带入水体。有机氯农药半衰期约为15年，所以参加了水循环会形成全球性污染，一般各类水体中均有其存在。

阅读材料

为什么用工业废水灌溉生产的食品不安全

多年以来，我国工业废水的处理程度很低，部分直接排入江河湖水之中，造成严重的污染问题。江河的污染，又会直接影响地下水的质量，进一步造成土壤的污染，严重危及农作物的生长。

印染、电镀等工业废水，由于其中含有铅、砷、汞、镉等有毒元素，会随水进入农作物的体内，并不断积累，使籽粒、果实等可食用部分中含有害物质的量大大超过正常标准。如果我们吃了用这些农作物加工的食品，不论是粮食、蔬菜，还是水果，都会发生慢性中毒。假如这些受污染的农作物没有用来制造人的食品，而是用来饲养畜禽，也同样存在污染的隐患，只不过是污染物质绕了一个弯，先在动物体内浓缩之后再转移到人体内罢了。所以食用由工业废水灌溉而生产的食品并不安全。

阅读材料

废水“零排放”的国内首座智能化生态电厂

2012年11月4日，由中国华电投资建设的我国首座智能化生态电厂在山东莱州投产发电。莱州百万千瓦超临界机组采用三维数字化设计运营，单机容量最大、设计煤耗全国领先、不占耕地资源和淡水资源、废水零排放。

一期工程厂区建设在海边滩涂盐碱地，利用废弃的露天金矿矿坑，单位容量占地指标为$0.17m^2/kW$，低于国家标准3%；电厂供水采用海水淡化技术和城市中水，工程耗水仅为$0.07m^3/kW$，远低于$0.12m^3/kW$的国家标准；设计发电煤耗仅为268.5g/kWh。电厂采用圆形封闭煤场，灰渣及脱硫石膏全部实现综合利用；厂内污水和废水经处理回用。最特别的是将机组循环水排水口改为水轮发电机房，依靠排水带动，每年可多发电700万千瓦时，相当于在火电厂里建起水电站。

6.1.3　水污染物的分类及其危害

造成水体水质恶化的各种物质或能量都可以叫水体污染物。从环境保护观点出发，可以认为任何物质若以不适当的种类（如人工合成）、数量（超过环境容量）、浓度（超过本底、生物忍耐限度）、形态（含有机汞、六价铬、三价砷）、途径（经过大气、地下水、地表水、土壤等）、速度（超过净化）进入水体环境，均可造成水污染。

影响水体污染的主要污染物大致可分为物理的、化学的、生物的或是几个方面综合作用的类型（表6-2）。

表6-2 水体中主要污染物的分类及危害特征

类型	类别	标志物（因子）	危害特征														
			浊度	色度	恶臭	传染病	耗氧	富营养	硬度	毒性	油污染	热污染	放射性	酸化	易积累	易富集	难治理
物理	致浊废物	尘、泥、沙、土、灰、渣、屑、漂浮物	#	*	*	*	*	*		*	*		*		#		
	致色废物	色素、染料		#						*							*
	致臭废物	胺、硫醇、硫化氢、氨			#		*	*		*							*
生物	病原微生物	病菌、病虫卵、病毒		*		#	*	*		*							#
化学	无机无毒	酸、碱、无机盐							#					*	*		#
	无机有毒	氰、氟、硫的化合物								#							
		汞、铬、铅等重金属		*						#					#	#	#
	有机有毒	酚、苯、醛、有机磷农药等易分解有毒物		*			#			#							
		有机氯农药、多氯联苯、多环芳烃、芳香烃等难分解有毒物					*			#					#	#	#
	需氧有机物	碳水化合物、蛋白质、油脂、氨基酸、木质素	*	#	#	*	#	*	#								
	植物营养素	硝酸盐、亚硝酸盐、铵盐、磷酸盐、有机氮、有机磷化物		*	#		*	#							#		#
	硫化合物	硫化氢												#			#
综合	热	热										#					
	油	石油	*	#		*			*	#		*					#
	放射物	铀、锶、铯								#			#		#	#	#

注：*表示存在危害，#表示严重危害。

6.2 水污染的形成

6.2.1 水污染的方式与途径

由水污染物和水污染源不难看出，水污染的类型十分复杂，这里仅介绍几种在世界范围内引起广泛注意和重视的典型水污染及其污染的方式和途径。

6.2.1.1 病原微生物污染

主要来自城市生活污水、医院污水、垃圾及地表径流等。病原微生物的水污染危害历史悠久，至今仍是威胁人类健康和生命的水污染类型之一。

病原微生物污染的特点如下。

① 数量大；分布广；存活时间较长；繁殖速度快；易产生抗药性，很难绝灭。

② 传统的二级生化污水处理及加氯消毒后，某些病原微生物仍能大量存活；传统的混凝、沉淀、过滤、消毒等水处理能够去除99%以上的病原微生物，当出水浊度大于0.5度时，仍会伴随病毒而穿透。因此，此类污染物实际上可通过多种途径进入人体，并在体内生存，一旦条件适合，就会引起人体疾病。

常见的致病菌是肠道传染病菌，可引起霍乱、伤寒、痢疾等。常见的寄生虫有阿米巴、麦地那丝虫、蛔虫、鞭虫、血吸虫、肝吸虫等。病毒种类很多，仅人类的尿液中就有一百多种，常见的是肠道病毒、传染性肝炎病毒等。欧洲19世纪一些大城市的水污染，曾造成多次霍乱暴发和蔓延。

6.2.1.2 需氧有机物污染

需氧有机物包括碳水化合物、蛋白质、油脂、氨基酸、脂肪酸等有机物质。含病原微生物的污水中，一般均含需氧有机物，因为它能提供病原微生物所需的营养。需氧有机物没有毒性，在生物化学作用下易于分解，分解时消耗水中的溶解氧，故称需氧有机物。水体中需氧有机物越多，耗氧越多，水质也越差，说明水体污染越严重。

需氧有机物会造成水体缺氧，对水生生物中鱼类危害最大。目前，水污染造成的死鱼事件，绝大多数是由这种类型污染导致。

6.2.1.3 富营养化污染

富营养化污染主要指水流缓慢、更新期长的地表水体，接纳大量氮、磷、有机碳等植物营养素引起的藻类等浮游生物急剧增殖的水污染。自然界湖泊存在着富营养化现象，由贫营养→富营养→沼泽→干地，但速度很慢；而人为污染所致的富营养化速度很快，特别是在海湾地区，在水温、盐度、日照、降雨、地形、地貌、地质等合适的条件下，细胞中含有红色色素的甲藻或者其他浮游生物大量繁殖，并在上升流的影响下聚积而出现，海洋学家称为“赤潮”；如在地下水中积累，则可称为“肥水”。

营养污染物质的来源是广泛而大量的，有生活污水（有机质、洗涤剂）、农业（化肥、农药）与工业废水、垃圾等。富营养化显著的危害是：促使湖泊老化；破坏水资源；危害水源，硝酸盐、亚硝酸盐对人畜都有害。

6.2.1.4 恶臭

恶臭是一种普遍的污染公害，日本及我国环保法均列为公害之一，也发生于污染水体之中。人能嗅到的恶臭物达4000多种，危害大的有几十种，它们主要来自金属冶炼、炼油、石油化工、塑料、橡胶、造纸、制药、农药、化肥、颜料、皮革、油脂、鱼肠兽骨等工业生产过程。恶臭的类型取决于发臭物质所具有的“发臭团”的分子结构。我国黄浦江就受到有机物的严重污染，1964年以来，每年夏天都出现恶臭，1978年达100多天。恶臭的危害表现如下。

① 使人憋气，妨碍正常呼吸功能；使人厌食、恶心甚至呕吐，使消化功能减退；使人精神烦躁，头晕脑涨，严重时，可损伤中枢神经、大脑皮质的兴奋和调解功能。

② 破坏了水流作为旅游、疗养、饮用、养鱼、游泳等的用途和价值。

③ 产生H_2S、甲醛等毒性公害。

6.2.1.5 酸、碱污染

酸或碱进入水体都能使水的pH发生变化。正常水的pH范围是6.5 ~ 8.5，pH过低或过高均会危害鱼类和其他水生生物，消灭或抑制微生物的生长，妨碍水体的自净作用。

碱污染主要来自造纸、化纤、制碱、制革和炼油等工业。酸污染则有多种来源：工业废水、矿山排水、酸性降水等。一般来说，酸性降雨对水体pH的影响过程是缓慢的，大约需要10 ~ 20年，但是，一旦水体酸化，则是不可逆过程，后果极其严重，且难于治理。

6.2.1.6 地下水硬度升高

地下水硬度升高明显的地区，一般均在城镇及其周围人类居住与活动地区，是地下水间接污染的结果，因为地下水中硬度一般很低。据北京地区的研究结果，硬度升高存在以下三种作用过程。

① 城市生活污水、垃圾及土壤中有机质等在生物降解过程中产生CO_2，打破了原来地下水中CO_2平衡压力，促使$CaCO_3$分解。

② 盐效应促进地下水硬度升高。

③ 盐污染产生的阳离子交换作用导致地下水永久硬度的持续增长。

高硬水，尤其是永久硬度高的水，其危害是多方面的：难喝，有“苦”“涩”味道；可引起消化功能紊乱、腹泻；对人们日用不便，耗肥皂多，耗能多；锅炉用水易结垢；许多工业需要软化水，成本提高。

6.2.1.7 毒污染

毒污染是水污染中特别重要的一大类，种类繁多。但其共同特点是对生物有机体的毒性危害。

① 非金属无机毒物中的氰化物，如氰化钾、氰化钠、氰化氢等都是剧毒物质。由于它们在工业上用途广泛，如可用于电镀、矿石浮选等，同时，也是多种化工产品的原料，因而很容易对水造成污染。

② 重金属及类金属在人类生活及工业上广泛应用。因而在其开采、冶炼、生产和使用过程中，向环境中释放，可造成这些元素在水中形成污染。

③ 易分解有机毒物类如酚，高浓度的酚则来自与酚有关的工矿业，如焦化厂、煤气站、化工厂、炼油厂、绝缘材料厂、树脂厂、玻璃纤维厂、制药厂等。长期饮用被酚污染的水源，可引起头昏、出疹、瘙痒、贫血及各种神经系统病症，甚至中毒。

④ 难分解的有机毒物，可分为两大类，一类是农药，另一类是多氯联苯（PCB）。农药的种类很多，用量很大，面积极广，从各种途径最终进入水体造成污染，是水环境污染中的一个突出问题。多氯联苯污染水体后，能在水生生物体内积聚，再通过水生生物进入人体，在人体脂肪内蓄积，造成中毒。

阅读材料

警惕水质“五毒”污染

水质污染为当前一大社会公害。污染源有点源与面源两种：点源是由城市工业三废（废水、废气与废渣）排放所造成；面源是由农药化肥施放所造成。水质污染尤以挥发酚、氰化物、汞、砷化物与六价铬等“五毒”污染最为有害人体健康。

挥发酚 能与水蒸气一起挥发的酚，其毒性很大。高浓度（超过0.05mg/L）时，即可使鱼死亡。生活饮用水要求挥发酚的含量不超过0.002mg/L，地表水要求不超过0.01mg/L。

氰化物 氰化物具有剧烈的毒性，人类中毒后会呼吸困难，造成全身细胞缺氧。0.3mg/L就会妨碍水体生物净化作用。生活饮用水要求氰的含量不超过0.01mg/L，地表水要求不超过0.05mg/L。

汞 天然水质中仅有汞的痕量存在。汞的化合物对人体与动物都有很强的毒性，能危害中枢及末梢神经，并可形成积累性的慢性中毒。因此，生活饮用水与地表水要求无机汞化合物含量不超过0.001mg/L。

砷化物 天然水质中有时会发现极微的砷。常见的有亚砷酸酐即俗名砒霜。饮用含微量砷的水质会引起慢性中毒，使食管发生故障，黏膜损伤，并会在人体中积蓄，有害健康。生活饮用水要求砷的含量不超过0.02mg/L，地表水要求不超过0.04mg/L。

六价铬 天然水质中的铬，来自地层含铬矿藏的溶蚀，或受上游工业废水的污染。六价铬的毒性比三价铬的毒性强100倍，如果水质中六价铬的含量超过0.1mg/L，就会对人体产生毒性作用。生活饮用水与地表水要求六价铬的含量不超过0.05mg/L。

6.2.1.8 油污染

油污染是水体污染的重要类型之一，特别是河口、近海水域更为突出。每年排入海洋的石油高达数百万吨至上千万吨，约占世界石油总产量的5%。油污染主要是工业排放、石油运输船只清洗油舱、机件及意外事件的流出、海上采油作业等造成的。

油污染的危害是多方面的：破坏优美的海边风景，严重危害水生生物，影响水的循环及水中鱼类生存，甚至引起河面水灾，危及桥梁、船舶等。

6.2.1.9 热污染

热污染是一种能量污染。水体热污染源主要来源于电力、冶金、化工、机械等工厂，特别是核发电站。水体热污染可导致水体发生一系列化学、物理和生物学的变化，主要有以下几个方面。

① 化学反应速率加快，水中有毒物质、重金属离子也因水温升高，而毒性增大。

② 溶解氧减少，影响水生生物的生存环境。

③ 水温升高使鱼类不能繁殖或引起鱼类死亡。

④ 促进藻类生长，加速水体原有的“富营养化”污染。

6.2.2 水体的自净与污染物在水中的迁移转化

6.2.2.1 水体的自净

（1）水体的自净　通过物理、化学和生物等方面的作用，使进入水体的污染物浓度逐渐降低，经过一段时间后，水体将恢复到受污染前的状态。这一现象称为水体的自净。

水体的自净能力是有限度的。影响水体自净能力的因素很多，主要有：水体的地形和水文条件；水中微生物的种类和数量；水温和水中溶解氧恢复状况；污染物的性质和浓度。

（2）水体自净的机制　水体自净的机制可分为以下三种。

① 物理过程　水体自净的物理过程是指由于稀释、扩散、沉淀和混合等作用而使污染物在水中的浓度降低的过程。其中稀释作用是一项重要的物理净化过程。污水排入水体后，逐渐与水相混合，于是污染物质的浓度逐步降低，这就是稀释作用。此作用只有在污水随同水流经过一段距离后才能完成。

② 化学和物理化学过程　该自净过程是指由于氧化、还原、分解、化合、凝聚、中和等反应而引起的水体中污染物质浓度降低的过程。

③ 生物化学过程　有机污染物进入水体后，在水中微生物的氧化分解作用下分解为无机物而使浓度降低的过程称为生物化学过程。生化自净过程需要消

耗氧。所消耗的氧若得不到及时补充，生化自净过程就要停止，水体水质就要恶化。因此，生化自净过程实际上包括了氧的消耗和氧的补充（复氧）两方面的作用。氧的消耗过程主要取决于排入水体的有机污染物的数量、氮氧的数量和污水中无机性还原物（如SO_3^{2-}）数量。复氧过程为：大气中的氧向水体扩散，使水中溶解氧增加；水生植物在阳光照射下进行光合作用放出氧气。

图6-2所示为河流中BOD_5和DO的变化曲线，表示有机物的生化降解过程。此图是以某条受到污染的小河为例。污水源位于4万人口的小城市的下水道，污水排入河流处定为起始点0。假定河流以30.5m/h的速度流动，污水一进入河中便立即与河水混合，水温为25℃。

先看BOD_5的变化。在上游未受污染区BOD_5很低（3mg/L），说明水中没有过多的有机物去消耗氧；在0点污水排入点，BOD_5突然增加到20mg/L；随着排放的有机物逐渐被氧化，BOD_5值逐渐降低，并慢慢恢复到污水注入前的水平。再看DO的变化。污水未注入前河中的DO水平很高；污水注入后因分解作用耗氧，DO开始向下逐渐减低，到流下2.5日时降至最低点，然后又回升，最后恢复至近于污水注入前的状态。这条曲线也称为“氧垂曲线”，它反映了污水排入河流后溶解氧的变化情况，表示出河流的自净过程以及最缺氧点距离受污点的位置和溶解氧的含量，因此可作为控制河流污染的基本数据和制订治污方案的依据。

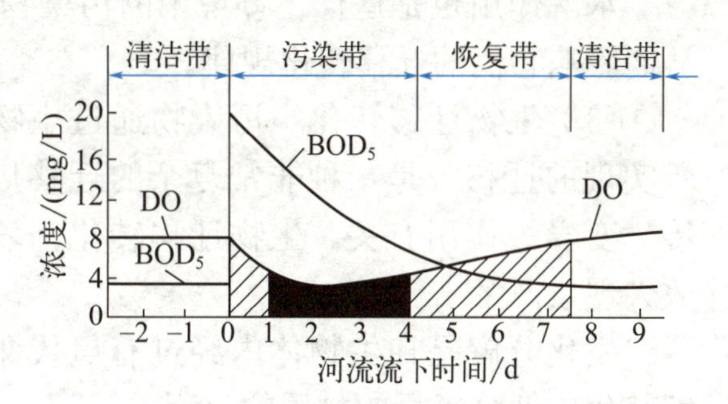

图6-2 河流中BOD_5和DO的变化曲线

6.2.2.2 污染物在水中的迁移转化

污染物的迁移是指污染物在环境中所发生的空间位置移动及其所引起的富集、分散和消失的过程。污染物的转化是指污染物在环境中通过物理的、化学的或生物的作用改变形态或转化成另一种物质的过程。虽然污染物的迁移和转化实质不同，但污染物的迁移和转换往往是伴随进行的。

污染物在水体中主要有三种迁移方式，每种迁移方式又伴随着一定的转化形式。

（1）机械迁移　水的机械迁移作用，即污染物在水体中的扩散作用。当发生这种迁移时，污染物不与水或水中物质发生反应，可在水中形成机械性的迁移，迁移效果较好。在机械性迁移中污染物不发生数量和性质的变化，基本上保持了原有的状态。

（2）物理-化学迁移转化　进入水体中的污染物与天然水体中的组分以简单的离子、配离子或可溶性分子的形式在水体中通过一系列物理化学作用，如溶解-沉淀作用、氧化-还原作用、水解作用、配位和螯合作用、吸附-解吸作用、化学分解、光化学分解等过程实现迁移转化。物理-化学迁移的结果决定了污染物在环境中的存在形式、富集状态和潜在危害程度。

氧化-还原反应对天然水和污水具有非常重要的意义。水中溶解氧的高低，决定了水对污染物的氧化能力。氧化-还原作用的结果会使水中污染物发生存在形式的变化或分解转化。对于重金属离子，在不同的氧化还原条件下，会出现价态的改变，其结果不仅是迁移能力发生变化，而且还会出现化学性质（如毒性）的变化。如三价铬和六价铬、三价砷和五价砷的转化。

$$Cr_2O_7^{2-}+14H^++6e^- \longrightarrow 2Cr^{3+}+7H_2O$$

$$AsO_4^{3-}+2H^++2e^- \longrightarrow AsO_3^{3-}+H_2O$$

水解作用也是这样，环境中的污染物质通过水解作用可使其形态发生变化，从而影响它们的迁移转化规律。

（3）生物迁移转化　污染物通过生物体的吸收、代谢、生长、死亡等过程所实现的迁移，是一种非常复杂的迁移形式，与各生物种属的生理、生化和遗传、变异等作用有关。生物迁移转化，表现为生物对污染物的生化分解和生物放大现象。

生化分解是在生物体内经过有氧代谢或无氧代谢，使有机态污染物发生降解转化成低分子量的物质的过程。

生物放大作用，是指某种元素或难分解化合物在生物体内的浓度随着营养级的提高而逐步增大的现象。由于生物放大作用，进入环境中的毒物，即使是微量的，也会随着食物链的逐级传递，使毒物的浓度成千上万倍地增高，会使生物尤其是处于高位营养级的生物受到严重的危害。

阅读材料

污染水质的重金属有哪些?

水作为人类的生命之源，与人类的生活息息相关，随着工农业和经济的快速发展，水质受到工业、化学、生活垃圾等各方面的污染，水质重金属污染已成为危害大的水污染问题之一，对自然生态和人体健康造成了严重的威胁。那么，污染水质的重金属有哪些呢?

重金属水污染是指相对密度在4.5以上的金属元素及其化合物在水中的浓度异常使水质下降或恶化。相对密度在4.5以上的重金属，有铜、铁、锰、锌、镍、铬、镉、锑、汞等。

6.3 水污染的控制

6.3.1 水污染的控制方法与措施

城市污水和工业废水是造成水污染的主要原因，因此防治水污染的重点是控制废水排放，除了控制城市污水和工业废水这些点污染源的排放，对因雨水冲刷将大气或土壤中的污染物带入水体这类面污染源也应积极设法治理。

6.3.1.1 控制水污染的方法

（1）改革或改进生产工艺，减少污染物质　改革或改进生产工艺，使生产中尽可能不用水或少用水；改变生产原料，尽量不产生或少产生污染物质。例如，在电镀工艺中，采用无氰电镀法，以使电镀废水中不含氰类物质。又如采用无水印染工艺以代替有水印染工艺，从而使印染生产中清除印染废水的排放。

（2）重复利用废水，使废水排放量减到最低水平　重复利用废水包括两种情况：一是循环利用，即将废水回收，继续在该工段中加以利用；二是将废水逐级多次利用。例如，可以根据工艺中不同工段对水质的不同要求，将一个工段中的废水输往另一个工段作为该工段的可用水，这样，水可被多次利用，从而减少废水的排放。

（3）回收废水中有用物质　回收废水中有用物质，使之变废为宝，化害为利，这样既可以减少生产成本、增加经济收益，又可以降低水污染物质的浓度，同时也可减轻废水处理的负担。例如，从含酚废水中回收酚、从碱法造纸的“黑液”中回收碱等。

（4）加强对水体及污染源的监测　制定和健全废水、污水排放的法规，加强排污管理，从制度和管理上控制随意排污和超标排污的现象。

（5）充分利用水体的净化能力　如前所述，水体具有自净作用。只要在自净能力的限定内，水体本身就是一个良好的天然污水处理厂。当然，自净能力也不是无限的，超过一定限度，水体就会被污染，造成近期或远期的不良影响。所以，应当认真研究和掌握这个“污水处理厂”的变化规律，充分利用水体的自净能力，既要做到达标排放，又要合理有度地利用水体的自净作用。

6.3.1.2 水污染的控制措施

控制、防治水污染，必须从源头抓起，有针对性地采取得力措施。

（1）坚持有法必依，尤其要做到“三同时”和限期治理　对于水污染控制，《中华人民共和国环境保护法》和《中华人民共和国水污染防治法》中都有明确的规定。一是坚持污染防治设施与生产企业的主体工程同时设计、同时施工、同时投入使用，也就是所说的“三同时”。只要真正坚持了“三同时”，许多污染物就会得到有效的控制，也就做到了预防为主。二是对原有污染进行治理，对于污染严重的，要依法进行限期治理，对限期治理不达标或拒不进行治理的企业，要依法责令其停产或关闭。

（2）推行清洁生产　清洁生产包括清洁的生产过程和清洁的产品两个方面。清洁生产（本书第10章有详细介绍）是国内外多年环境保护工作经验的总结，着眼于全过程的控制，具有环境和经济双重效益。推行清洁生产，是深化我国水污染防治工作、实现可持续发展的重要途径。如北京啤酒厂、青岛果品厂、天津油墨厂、天津合成洗涤剂厂等企业，都在清洁生产方面进行过尝试，取得了良好的效果。

（3）坚持分散治理和集中控制相结合　在现实生活中，有些污染源的污染物种类基本相同，如家庭污染源；有些污染源的污染物种类又有很大区别，如造纸废水和电镀废水就大不一样。对家庭这样的污染源就应该采取集中治理的方法解决污染问题；而对于那些有特殊污染物的污染源，则必须采取分散治理的办法。当然，有些污染源，如造纸废水，如果几家造纸厂相距不远，就可以几家联合投资建设一个污水处理厂，实施由分散治理到相对集中治理。

（4）提高废水处理技术水平　工业废水的处理，正向设备化、自动化的方向发展。传统的处理方法，包括用来进行沉淀和曝气的大型混凝池也在不断地更新。近年来广泛发展起来的气浮、高梯度电磁过滤、臭氧氧化、离子交换等技术，都为工业废水处理提供了新的方法。目前，废水处理装置自动化控制技术也得到了广泛应用和发展，在提高废水处理装置的稳定性和改善出水水质方面将起到重要作用。

另外，还应有效提高城市污水处理技术水平，目前，我国对城市污水所采用的处理方法，大多是二级处理就近排放。此法不仅基建投入大，而且占地多，运行费用高，很多城市难以负担。而国外发达国家，大都采用先进的污水排海工程技术来处置沿海城市污水。

（5）在生产和生活中大力提倡节约用水　首先是厂矿企业要不断提高节水意识，积极采用先进的节水工艺设备，提高水的重复利用率。其次是广大居民和社会各界都要增强节水观念，千方百计节约水资源。道理很简单，水的消耗减少了，废水、污水自然减少了，废水、污水问题处理也就相对容易一些。

6.3.2　水污染的控制技术

虽然水体本身对污水具有一定的自净能力，但工业生产中产生的大量废水仅靠水体的自净能力进行自然净化是不够的，因此，除了对生产和生活的污水进行综合防治外，还要对排放到水体中的污水进行技术上的治理，以达到排放的要求。

现代控制水污染的技术主要分为物理法、物理化学法、化学法和生物法四大类。

6.3.2.1 物理法

物理法是利用物理作用来分离或者回收废水中的不溶性固体杂质，包括截留、沉降、隔油、筛分、过滤和离心分离等。物理法的基本原理是利用物理作用使悬浮状态的污染物质与废水分离，在处理过程中污染物的性质不发生变化。

（1）筛滤截留　筛滤截留法是一种分离废水中悬浮颗粒的方法。该法的实质是让废水通过具有微细孔道的过滤介质，在此介质两侧压强差的作用下，废水由微细孔道通过而悬浮颗粒截留下来。该法适于对废水进行预处理和最终处理，出水可供循环使用。根据过滤介质孔道的不同该法有栅筛截留和过滤两种处理单元。栅筛截留的设备是格栅、筛网，而过滤的设备有粒状滤料及微孔滤机等。

格栅是去除废水中漂浮物和悬浮颗粒最简单而有效的办法。格栅是由一组平行的钢质栅条制成的框架。如图6-3所示，当含悬浮物的污水通过格栅时，悬浮物被格栅截留，从而除去悬浮物。格栅截留的效果主要取决于废水的水质、格栅空隙的大小。

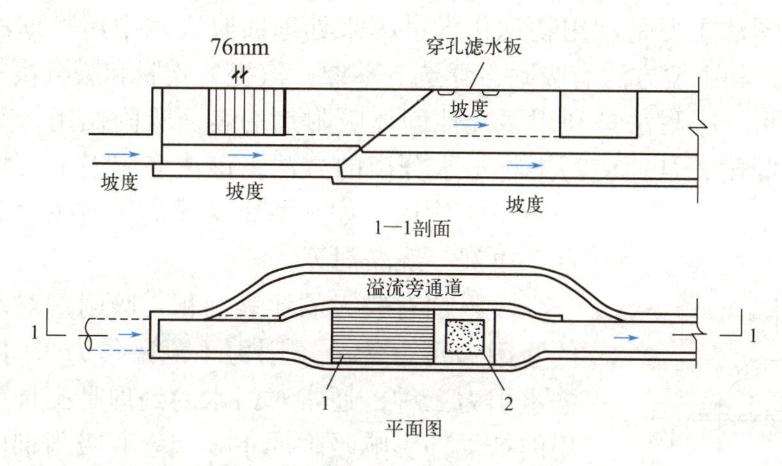

图6-3　固定式格栅及布设位置

1—格栅；2—操作平台

筛网用于去除水中颗粒较小的杂物，如水中的纤维、纸浆、藻类等。筛网装置有转鼓式、旋转式、转盘式和振动筛网等。

（2）过滤　过滤是利用过滤介质（滤料）层截留污水中细小悬浮物的方法。常用的过滤介质有石英砂、无烟煤和石榴石等。在过滤过程中滤料同时对悬浮物进行物理截留、沉降和吸附等。过滤的效果取决于滤料孔径的大小、滤料层的厚度、过滤速度及污水的性质等因素。

（3）沉淀　沉淀法是利用污水中悬浮物和水的相对密度不同的原理，借重力沉降的作用使悬浮物从水中分离出来。依据水中悬浮物质性质的不同，设有沉砂池和沉淀池两种设备。

沉砂池用于去除水中砂粒、煤渣等相对密度较大的无机颗粒物。沉砂池一般设在污水处理装置前，以防止处理污水的其他机械设备受到磨损。

沉淀池是利用重力的作用使悬浮性杂质与水分离，可分离直径为20 ~ 100μm的颗粒。根据沉淀池内水流方向，可将其分为平流式、竖流式和辐流式三种。

（4）隔油　隔油法是利用油和水的密度不同，在重力作用下使油和水分离。通常油在水中以浮油、乳化油和溶解油三种状态存在。其中浮油含量较大，如炼油厂污水浮油约占60% ~ 80%。隔油法主要是采用隔油池去除密度比水小的浮油。

（5）离心分离　离心分离是在离心力的作用下，由于悬浮颗粒与水所受的离心力不同，使悬浮物与水分离。在离心力场中，水中颗粒所受的离心力与颗粒的质量成正比，与转速的平方成正比。离心分离的设备有水力旋流器、离心分离机等。

6.3.2.2　物理化学法

物理化学法主要是利用物理化学过程来处理回收废水中用物理法所不能除净的污染物。其主要方法有吸附、浮选、萃取、汽提、吹脱和膜分离等。

（1）吸附　吸附法是利用多孔性固体吸附剂的表面吸附作用，对污水中的污染物进行吸附，从而使污染物与水分离的方法。该法多应用于去除污水中的微量有害物质，如某些重金属离子及生物难降解的一些杀虫剂、洗涤剂等。

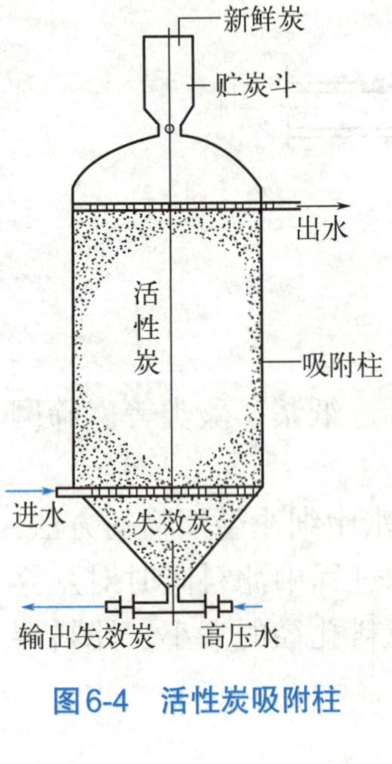

吸附剂有较大的比表面积，吸附剂对水中污染物的吸附力可分为分子引力（范德华力）、化学键力和静电引力三种，通常对污水的处理是三种引力共同作用的结果。影响吸附的主要因素有吸附剂的性质、被吸附污染物的性质以及吸附过程的条件等。

常用的吸附剂有活性炭、磺化煤、硅藻土、焦炭、木炭、白土、炉渣、木屑以及吸附树脂等。现以图6-4所示的活性炭吸附柱为例予以说明。污水从吸附柱底部进入，处理后的水由吸附柱上部排出。在操作过程中，定期将饱和的活性炭从柱底排出，送再生装置进行再生；同时将等量的新鲜活性炭从柱顶贮炭斗加至吸附柱内。吸附剂吸附饱和后必须经过再生，

图6-4　活性炭吸附柱

把吸附质从吸附剂的细孔中除去，恢复其吸附能力。再生的方法有加热再生法、蒸汽吹脱法、化学氧化再生法（湿式氧化、电解氧化和臭氧氧化）、溶剂再生法和生物再生法等。

（2）浮选　浮选法也称气浮，该法是利用高度分散的微小气泡作为载体去黏附污水中的悬浮物，使其随气泡浮升到水面，而从水中除去的方法。

该法主要用来处理污水中的乳化油或细小的固体悬浮物。由于乳化油的密度与水的密度相近，乳化油的液滴在水中既不上浮也不下沉，当将空气通入含乳化油的污水中时，气泡黏附到乳化油的液滴上，使乳化油与空气成为一个大颗粒，大颗粒的平均密度小于水的密度，这样乳化油就随着气泡上浮到水面，从而实现与水的分离。

影响气浮的主要因素有气泡的分散度、压力和温度、水的性质等。气泡的分散度越大，气泡与悬浮物接触的机会就越多，气浮的效果就越好；压力增大或水温降低，使气泡在水中的溶解度增大，有利于气浮，反之，则不利于气浮；当污水中含有表面活性物质时，会影响气泡的分散度，从而影响到气浮的效果。

（3）萃取　萃取法是向污水中加入一种与水互不相溶而密度小于水的有机溶剂，充分混合接触后使污染物重新分配，由水相转移到溶剂相中，从而使污水得到净化的方法。萃取是一种液-液相间的传质过程，是利用污染物（溶质）在水与有机溶剂两相中的溶解度不同进行分离的。

在选择萃取剂时，应注意萃取剂对被萃取物（污染物）的选择性，即溶解能力的大小，通常溶解能力越大，萃取效果越好；萃取剂与水的密度差越大，萃取后与水分离就越容易。常用的萃取剂有含氧萃取剂（如仲辛醇）、含磷萃取剂（如磷酸三丁酯）、含氮萃取剂（如三烷基胺）等。

（4）汽提　汽提法是向含有挥发性杂质的污水中通入水蒸气，使挥发性的物质从水中向水蒸气中分配，从而使污水得以净化。化工污水中的挥发性物质包括挥发酚（苯酚）、甲醛、苯胺、硫化氢和氨等。汽提实质是用水蒸气直接蒸馏污水的过程。汽提法常用的设备有填料塔、浮阀塔、穿流式泡沫筛板塔和文氏管等。

（5）吹脱　吹脱法是通过改变与污水相平衡的气相组成，使溶于污水中的挥发性污染物不断地转入气相，向大气中扩散，从而使污水得以净化。吹脱法常用的设备分为吹脱池和吹脱塔，而常用的吹脱塔有填料塔和筛板塔等。

（6）膜分离　只透过溶剂，或只透过溶剂和小分子溶质而截留大分子溶质，显示半透性的膜称半透膜。膜分离法是用一种特殊的半透膜将溶液隔开，使溶液中的某些溶质（杂质）或者溶剂（水）渗透出来，从而达到分离的目的。膜分离法有电渗析法、反渗透法和超过滤法。

① 电渗析法是以电能为动力的渗析过程，即溶液中的离子在直流电场的作用下，污水中的阴、阳离子分别朝相反的两极板方向迁移，当污水中的阴阳离

子通过离子交换膜所组成的电渗析时，两种离子就可得到分离。该法能有效地浓缩工业污水中的无机酸、碱、盐及其有机电解质等。

② 反渗透法是通过一种反渗透膜，在一定的外压下，使水分子透过反渗透膜进入到稀释相（水相），而溶质被膜所截留，从而使污水中的水与污染物（溶质）分离。

③ 超过滤法与反渗透法极其相似，只是该法在过滤时，所需的压力低，并且超滤膜的膜孔径大，因此对水的渗透性好，对溶质的阻滞能力低，只能阻滞大分子的污染物。

6.3.2.3 化学法

化学法主要是通过使用化学试剂或通过其他化学反应手段，将废水中的溶解物质或胶粒物质予以除去或转化为无害物质，包括混凝、中和、氧化还原、电解和离子交换等方法。

（1）混凝　混凝法是向污水中投加混凝剂，使细小悬浮物和胶体颗粒聚集成较大的颗粒而沉淀出来，与水分离，使污水得以净化的方法。混凝包括凝聚和絮凝两个过程，凝聚是指胶体与混凝剂作用，聚集为微絮粒的过程；絮凝则是指微絮粒通过吸附、卷带和桥连而成为更大絮体的过程。

常用的混凝剂有硫酸铝、聚合氯化铝等铝盐，硫酸亚铁、三氯化铁等铁盐，以及有机合成高分子絮凝剂等。影响混凝效果的因素有污水的pH、污水的水温、混凝剂的种类及用量、搅拌等。

（2）中和　中和法主要是处理酸性污水和碱性污水的。对于酸或碱的浓度大于3%的污水，首先应进行酸碱的回收。对于低浓度的酸碱污水，可采取中和法进行处理。

酸性污水的处理，通常采用投加石灰、氢氧化钠、碳酸钠或以石灰石、大理石作滤料来中和酸性污水。碱性污水的处理，通常采用投加硫酸、盐酸或利用二氧化碳气体中和碱性污水。另外，对于酸、碱性污水也可以用两者相互中和的办法来处理。中和流程如图6-5所示。

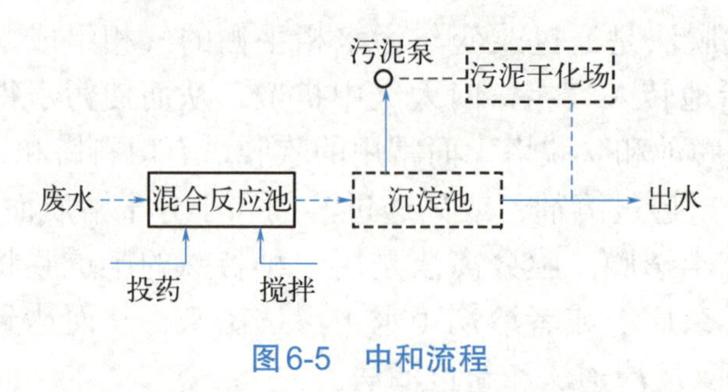

图6-5　中和流程

（3）氧化还原　氧化还原法是通过化学药剂与水中污染物之间的氧化还原反应，将废水中的有毒有害污染物转化为无毒或微毒物质的方法。这种方法主要用于对无机污染物的处理，如重金属和氰化物等。

常用的氧化剂有氧、臭氧、氯气、次氯酸等。如以氯气为氧化剂可处理含氰废水的反应为：

$$NaCN+2NaOH+Cl_2 = NaCNO+2NaCl+H_2O$$

$$2NaCNO+4NaOH+3Cl_2 = 2CO_2\uparrow +6NaCl+N_2\uparrow +2H_2O$$

常用的还原剂有硫酸亚铁、亚硫酸盐、铁屑、锌粉等。如以硫酸亚铁-石灰法处理含铬废水的反应为：

$$Cr_2O_7^{2-}+6Fe^{2+}+14H^+ = 2Cr^{3+}+6Fe^{3+}+7H_2O$$

$$Cr^{3+}+3OH^- = Cr(OH)_3\downarrow$$

通过施加还原剂，可将毒性较大的$Cr_2O_7^{2-}$转化为毒性较小的Cr^{3+}，在碱性环境中将Cr^{3+}转化为$Cr(OH)_3$沉淀，将沉淀分离后消除铬的污染。

（4）电解　电解是在直流电作用下，电解质溶解发生的电化学反应把电能转化为化学能的过程。电解法处理污水是把污染物作为电解质进行电解。在电解槽内设有阴、阳两极，分别与电源的负、正两极相连，在两极上分别发生氧化反应和还原反应。

根据处理原理和过程的不同，电解法处理污水可分为电氧化法、电还原法、电凝聚法、电浮法等。如对于含氰污水的电解处理就属于电氧化法，对于含六价铬污水的电解处理就属于电还原法。另外，利用电解法还可以处理含有非电解质性质的污染物，如对于含油污水及印染水的处理。

（5）离子交换　离子交换法是利用离子交换去除呈离子状态的污染物的化学方法。离子交换是一种特殊的吸附过程，通常是一种可逆的化学吸附。其反应为：

$$RH+M^+ = RM+H^+$$

式中，RH为离子交换剂；M^+为被交换的离子；RM为交换后的产物。

常用的离子交换剂有磺化煤和离子交换树脂。离子交换树脂大部分是由有机物聚合而成的。用于阳离子的称为阳离子型交换树脂，用于阴离子的称为阴离子型交换树脂。离子交换法既可去除水中的有害物质，又可回收污水的有用物质，如重金属汞、镉、铅、锌、铬等的去除与贵重金属的回收。

6.3.2.4　生物法

生物法是利用微生物的作用对污水中的胶体和溶解的有机物质进行净化处理，包括活性污泥法、生物膜法、氧化塘法等。

生物法主要是处理污水中的有机物，根据微生物的呼吸特性不同，可将生物法分为好氧生物处理法和厌氧生物处理法两大类。

好氧生物处理是在有氧条件下，利用好氧菌分解稳定有机物的生物处理方法。在好氧菌的作用下，有机物经过一系列的氧化分解，最终使有机碳化物转化为二氧化碳。常见有活性污泥法、生物膜法。

厌氧生物处理是在无氧条件下，利用兼性菌和厌氧菌分解稳定有机物的生物处理法，经厌氧菌处理，最终使有机碳转化为甲烷气体。

阅读材料

细菌治污有奇特功效

德国科学家发现一种能够独立分解有毒化学物质氯苯的细菌，为清除污水中的氯苯污染开辟了新的途径。新发现的这种名为“CBDBI”的细菌，氯苯是它新陈代谢过程中必不可少的重要物质，会大大促进细菌的繁殖，因而通过这种细菌可有效地清除环境中的氯苯污染。

英国利兹大学研究人员新发现一种爱吃工业染料的细菌。这种在工厂排水管中发现的腐败细菌，喜食染料，并能最终将染料完全分解。研究人员在实验中进行的测试显示，仅需少量的细菌即可在一天内净化25L含染料的废水。

美国研究人员发现了一种能清除水中放射性污染物的无害细菌。这一发现可能使人们找到对核电站废水进行生物过滤的新方法。这种能清除辐射的细菌并不是吃掉放射性污染物，而是从核废水中分离出放射性物质，并使之聚集在身上，经过滤后，杂质就留在沉淀物中。

（1）活性污泥法　活性污泥法是以活性污泥为主体的污水处理法。活性污泥是由大量繁殖的悬浮状微生物絮凝体组成的，具有吸附能力和氧化能力。活性污泥法处理污水的基本流程如图6-6。

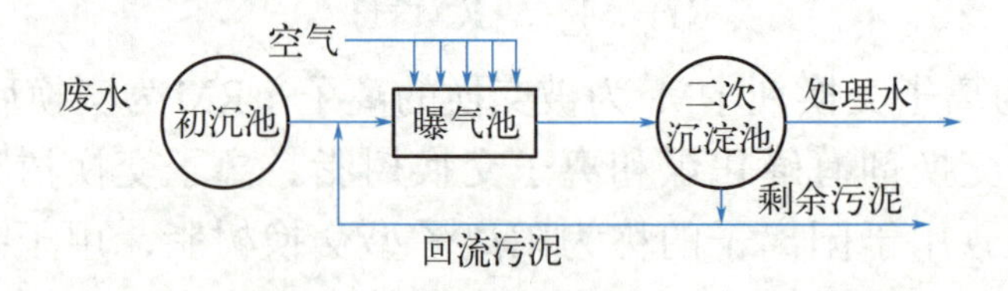

图6-6　活性污泥法处理污水的基本流程

当污水经过初次沉淀池，通入含有大量活性污泥的曝气池时，有机物被活性污泥所吸附，在污泥表面微生物对有机物进行氧化分解，同时微生物不断地生长繁殖，氧化后的污水进入二次沉淀池，活性污泥在重力的作用下沉降，从而使污染物与水分离。

（2）生物膜法　当污水通过滤料时，滤料的表面所形成的长着各种微生物的一层黏膜称为生物膜，利用生物膜处理污水的方法称为生物膜法。生物膜主要由大量的菌胶团、真菌、藻类和原生动物组成。

当污水通过生物膜的表面时，有机物被生物膜吸附，由于浓度差的作用，使有机物向膜内渗透，在生物膜内进行氧化分解，产生了无机物和二氧化碳，产物由于浓度差的作用由膜内向膜外扩散，返回水体使得污水得到净化。

常用的生物膜法有生物滤池、生物接触氧化池、生物转盘等。

（3）生物塘法　生物塘是一个自然的或人工修整的池塘。生物塘法是利用池塘中微生物藻类的共生关系，促进污水中有机物的分解，使污水得到净化的方法。根据生物塘内微生物的种类、溶解氧含量及来源不同分为好氧塘、兼性塘、曝气塘和厌氧塘四种。图6-7是兼性塘工作原理示意。

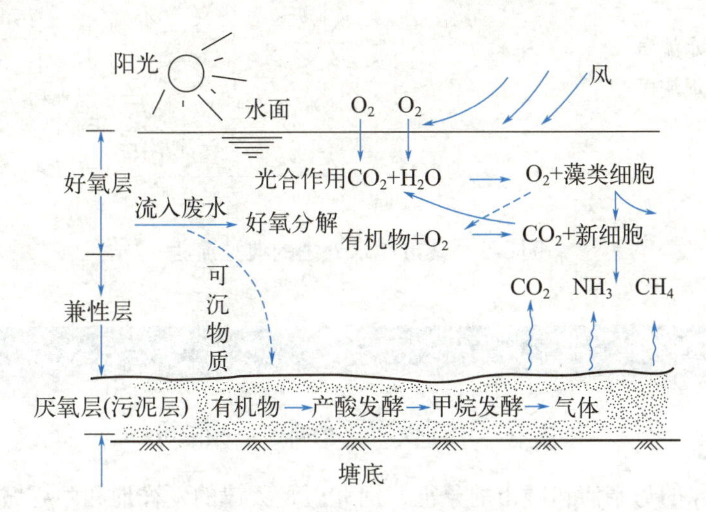

图6-7　兼性塘工作原理示意

6.3.2.5　典型污水处理流程

按污水处理程度不同，污水处理可分为一级处理、二级处理和三级处理。

一级处理主要是去除污水中呈悬浮状的固体污染物，一级处理的方法主要是物理法如截留、沉降、隔油等。二级处理的主要任务是去除污水中呈胶体和溶解状态的有机污染物质，二级处理常采用生物法如活性污泥法、生物膜法。三级处理又称深度处理，其目的是进一步去除污水中的悬浮物、无机盐类和其他污染物质，适于三级处理的方法主要是物理化学法和化学法，如吸附、离子交换、混凝沉淀、氧化等。

在污水处理过程中，具体选择哪种方法要考虑污水的性质、水量、处理后排放要求等因素，在调查、研究的基础上决定，既要科学合理，又要经济实用。

如图6-8所示，城市污水先经格栅、沉砂池、初沉池，去除大的悬浮物质和砂粒，然后进入生物处理设备（多采用活性污泥曝气池），再进入二次沉淀池进行泥水分离，沉降下来的污泥一部分回流，剩余污泥经浓缩、消化、脱水后进行综合利用；二次沉淀池流出的清水经检验合格后排放或进行三级处理。

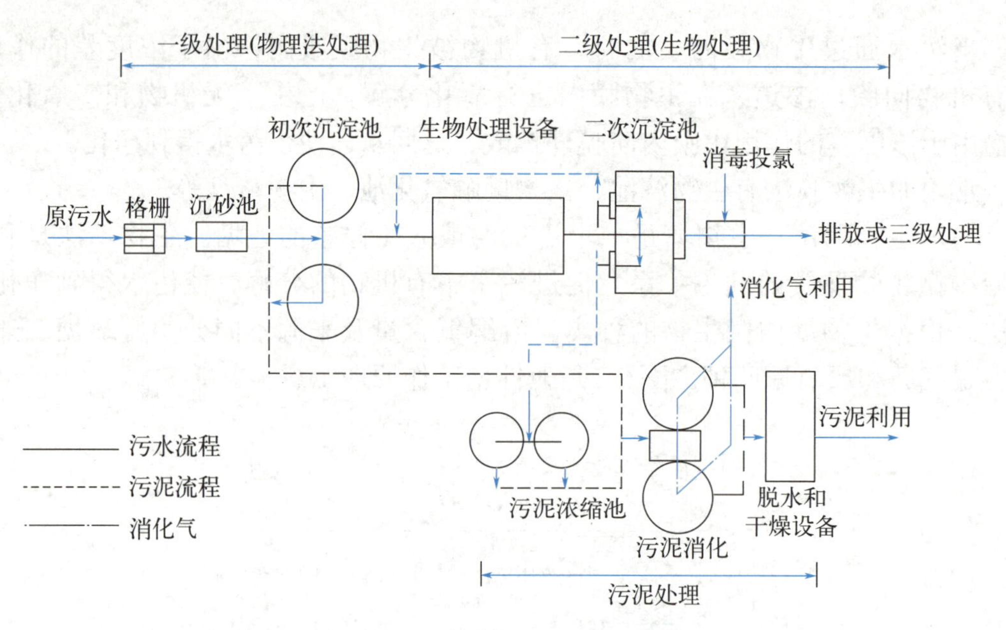

图6-8 城市污水处理的典型流程

阅读材料

美丽河湖优秀案例——海河

海河是天津的母亲河和城市的象征，河北区是天津的发祥地和中心城区之一，早在洋务运动时期河北区就逐步聚集了大量的近代工业企业，人口密集，商业发达。曾经的海河一度充满垃圾、杂物，沿河两岸经营摊位污水直排入河，加之海河中上游大规模的取水作业和流域内的城市污水排放，导致海河干流水资源短缺、水质恶化，每逢夏季极易暴发蓝藻，特别是2012年、2013年局部河段藻密度每升超过18亿个，水中的溶解氧极端情况下小于0.2mg/L，鱼类等其他水生生物因缺氧死亡，水质恶化问题凸显。

从根本上断绝河道污染源，改善海河生态环境质量是推进“人水和谐”的必由之路。一是狠抓产业结构调整关。河北区分批次实施了纺织、制药、化工、重金属产业迁出政策，大力发展商贸旅游、智能科技、金融服务等绿色产业，污染物排放总量大幅下降，2020年全区工业化学需氧量排放量较2015年下降超过90%。二是狠抓控污关。大力开展河北区污水处理提质增效工程，投资2.3亿元改造老旧小区错接混接点、合流制小区点位近1100个；实施初期雨水治理工程，投资3.68亿元建设4.5万立方米调蓄池，将初期雨水打入污水处理厂，减少面源污染。实施排污口“清零”工程，并投资0.96亿元开展绿化改善水生态环境。三是狠抓扩容关。完成提标改造建成亚洲最大的半地下式的东郊污水处理厂，提标后的出水达到Ⅳ类水体标准，每天60万吨出水补充到区域地表水，实现循环利用，同时加强水资源调度，实施水系连通工程，实现海河河北区段和全区所有河道全年“有河有水”。四是狠抓管理关。河北区“用监督促提升、向精细要效益”，先后编制完成海河“一河一策”综合整治方案、水体达标方案、河道巡查制度等政策文件，强化辖区属地考核，对各级河长实行周暗访、月考核、年考评工作机制，同时选聘“民间河长”开展监督。加强市区及流域联动，加强与市河道管理部门、上下游兄弟区紧密协作，投资200余万建设水质自动监测站，推进“河一口一源”的全链条监管。

通过减污增容综合治理，海河水质实现了由“十二五”期间劣Ⅴ类到2020年Ⅱ类的飞跃。同时，每到冬季，红嘴鸥、银鸥飞来越冬，形成了海河“夏有鱼跃，冬有鸟翔”的生态美景。海河不仅成为外地人来津的必游地，更是津城百姓休闲娱乐的好去处。

本章小结

水污染的来源有生活污水、工业废水、农业污水；水污染的方式与途径包括病原微生物污染，需氧有机物污染，富营养化污染，恶臭，酸、碱污染，地下水硬度升高，毒污染，油污染，热污染等。污染物在水中的迁移转化有物理过程、化学和物理过程、生物化学过程；形式包括机械迁移、物理－化学迁移转化、生物迁移转化。要加强对水污染的控制，在必要时，采取适当的治理措施。

思考与实践

1. 什么是水污染？如何判断水是否被污染？
2. 水域功能是怎样分类的？依据是什么？
3. 水中污染物质有哪些？
4. 水污染物的来源有哪些？是如何分类的？
5. 简要介绍主要水体污染物的危害。
6. 什么是水体自净作用？水体对污染物的自净有哪些过程？
7. 污染物在水中经过哪些物理－化学迁移过程实现转化？
8. 生物迁移对污染物的转化有什么影响？
9. 举例说明我国水体污染的状况及其危害。
10. 水污染的控制方法有哪些？
11. 采取哪些措施控制水污染？（简述）
12. 现代控制水污染的技术主要有哪几类？各举一种常见处理方法（简略介绍）。

城市污水处理系统调查

一、课题研究的目的和意义

1. 通过调查，了解污水治理的意义，增强节约用水、合理用水的意识。
2. 了解学校所在地区水体污染情况。
3. 了解城市污水处理的工艺技术和控制方法。

4. 了解废水处理的工艺流程、主要设备。

5. 明确建设城市污水处理厂的必要性。

二、研究方式和途径

1. 走访本地城市建设规划部门和环保部门。

2. 参观本地污水处理厂，与有关人员座谈。

3. 查询资料，了解国内外先进的污水处理系统。

三、研究成果

1. 完成调研报告，画出污水处理的流程图。

2. 通过比较国内外污水处理状况，对本地区污水处理提出建议和设想。

区域工业水污染源调查研究

一、目的和意义

对区域工业的水污染源进行调查，了解当地乡镇工业（或国有企业）水污染源、污染途径，并对水体造成危害的范围和程度做出判断。在此基础上提出控制污染、保护环境的对策和建议。

二、研究内容和方法

1. 根据工业污染物的来源不同，以乡镇工业中的煤矿、化工、采矿及选矿、造纸、纺织印染工业作为重点调查的对象。

2. 了解企业基本情况，特别是排污口的位置、形成、高度和大小，草绘工厂的布局图。

3. 了解该企业水源的类型、供水方式、水处理的措施、利用率的高低、回用水的类型和数量等。

4. 初步进行水污染调查，找出污染源和污染物，弄清楚其危害程度，了解控制污染物排放的措施。

5. 通过对当地乡镇工业情况的初步了解，先对产生水污染的企业排队，弄清楚哪类企业是水污染大户。分析水污染源的分布，提出控制建议。

三、成果形式

以调查报告、状况分析、设想建议、论文等形式完成本课题的研究。

说明：本课题可以分成若干个小型子课题分别进行研究。也可在教师的指导下，由各课题小组自行设计题目进行调查研究。

7 大气污染及防治

知识目标	能力目标	素质目标
1. 了解大气的组成及结构； 2. 了解大气污染的类型及危害； 3. 掌握大气污染的影响因素； 4. 了解全球性大气污染问题； 5. 掌握大气污染的控制技术	1. 能够阐述大气、大气污染源、大气污染物等与大气污染防治有关的专业术语和基本概念； 2. 能够认知到我们国家治理大气污染的大局观	1. 激发作为环保人要为国家生态文明建设贡献力量的使命意识和高度责任感； 2. 培养精益求精的工匠精神和创新意识

重点难点

重点：大气污染的基本概念；大气污染的影响因素；全球性大气污染问题

难点：大气污染控制技术

7.1 大气概述

7.1.1 大气的组成

大气是由多种气体组成的混合气体，其组分分为稳定的、可变的和不确定的三种类型。稳定的组分主要指大气中的氮、氧、氩（三者占大气总体积约99.96%）及微量的氦、氖、氪、氙等稀有气体。可变的组分主要指大气中的二氧化碳、二氧化硫、水蒸气等，这些气体受地区、人类生产活动、季节、气象等因素影响而有所变化。

大气中还有一些组分，主要来源于自然界的火山爆发、森林火灾、地震等以及人类社会的生活消费、交通、工业生产等产生的煤烟、尘埃、硫氧化物、氮氧化物等，它们是大气中的不确定组分，可造成一定空间范围在一段时期内暂时性的大气污染。

地球上的生物与大气之间保持着十分密切的物质和能量交换，它们从大气中摄取某些必需的成分，经过某些作用使大气的组分保持着精巧的平衡。但大气组分的这种平衡一旦遭到破坏，就会对许多生物甚至会对整个生物圈造成灾难性的生态后果。因此，提高人们的环境意识，是环境保护工作者的主要责任。

7.1.2 大气圈的结构

大气也是维持人类生命所必需的重要物质之一，是自然环境的重要组成部分，是地球本身经过长期的化学和生物化学过程演化的结果。大气圈是指包围着地球并受地球引力的影响随着地球旋转的大气层。由于受地心引力的作用，大气圈中的大气分布是不均匀的，海平面上的大气最稠密，近地层的大气密度随海拔增高而迅速变小。大气气温也随其与地面的垂直高度变化而改变。

1962年世界气象组织执行委员会正式通过国际大地测量和物理联合会所建议的分层系统，即根据大气温度随高度垂直变化的特征，将大气分为对流层、平流层、中间层、热成层和逸散层。根据大气圈在垂直高度上温度的变化、大气组成及其运动状态，可将大气圈的结构用图7-1来表示。

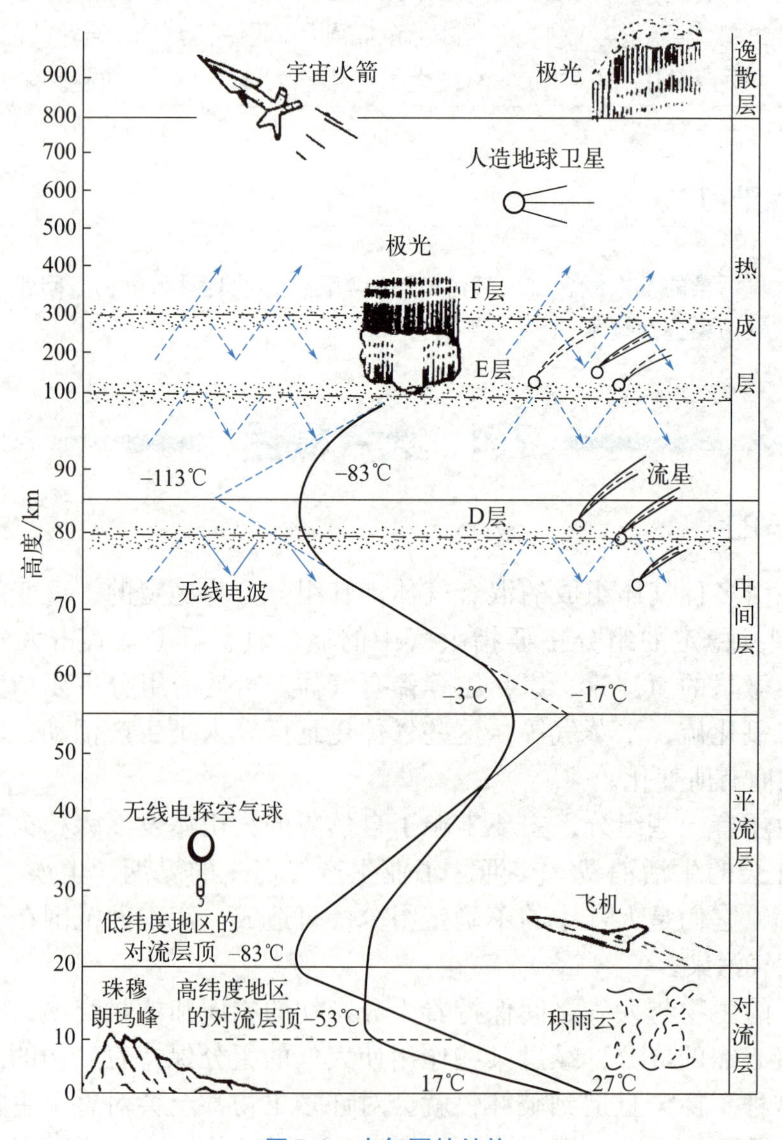

图7-1 大气圈的结构

7.1.2.1 对流层

对流层是大气圈最下面的一层，该层的厚度随地球纬度不同有所差别，其平均厚度约为12km，空气质量占大气层总质量的75%左右，是大气圈中最活跃的一层。对流层里水汽、尘埃较多，雨、雪、云、雾、雹、霜、雷等主要天气现象与过程都发生在这一层里，人类活动排放的污染物也大多聚集于对流层，尤其是靠近地面1 ~ 2km的近地层，由于受地形、生物等影响，局部空气更是复杂多变。因此对流层与人类的关系最为密切，通常所说的大气污染就主要发生在这一层。

7.1.2.2 平流层

从对流层顶开始向上到距地面大约50 ~ 55km的高度叫平流层。该层的特点是下部的气温几乎不随高度而变化，到30 ~ 35km温度均维持在5℃左右，故也叫等温层。再向上温度随高度增加而升高。这是由于在平流层上部存在一厚度约为10 ~ 15km的臭氧层，臭氧层能强烈地吸收太阳紫外线，致使平流层上部的大气温度明显地上升。在平流层中，没有对流层中那种云、雨、风暴等天气现象，大气透明度好，气流也稳定。同时，污染物在平流层中的扩散速度较慢，停留时间较长，有时可达数十年。

阅读材料

大气中的二氧化碳

以大气组分中的二氧化碳为例，尽管在大气圈中二氧化碳的含量只占0.03%，但对地球上的生物却很重要。在19世纪工业革命以前，生物圈每年由大气吸收的二氧化碳约为480×10^9t，而向大气排放的二氧化碳也差不多等于这一数值。19世纪工业革命以后，随着人口的增长和工业的发展，人类活动已经开始打破二氧化碳的自然平衡。由于植被的破坏和大量化石燃料的使用，生物圈向大气中排放的二氧化碳量超过了从大气中吸收的二氧化碳量，使大气中二氧化碳浓度逐年上升，目前已经达到0.035%左右。二氧化碳具有吸收长波辐射的特性，可使地球表面温度升高，并因此导致一系列连锁反应，其中对人类影响较大的是温度上升会使极地冰帽融化，海平面上升，世界上许多地区将被淹没在海水之下。但相反地，如果二氧化碳含量减少，则会引起气温下降，即使引起温度下降的幅度很小，也会带来很大的影响。因为温度下降会使作物生长期缩短，而导致产量减少等。

7.1.2.3 中间层

平流层顶以上距地面约80km的一层大气叫中间层。在这一层里有强烈的垂直对流运动，气温随高度增加而下降，在中间层顶温度可降到−113 ~ −83℃。

7.1.2.4 热成层

在中间层顶之上的大气层称热成层，也称作增温层或电离层。该层的下部主要由分子氮所组成，而上部是由原子氧组成。由于太阳和宇宙射线的作用，热成层中大气的温度随高度增加而急剧上升，同时热成层中的气体分子大都被电离，故热成层也称为电离层。热成层顶距地球表面大约有800km。

7.1.2.5 逸散层

该层是大气圈的最外层，在热成层之上，是从大气圈逐步过渡到星际空间的大气层。

7.1.3 大气与生命的关系

正像鱼离不开水一样，人类也离不开大气。一般成年人每天要呼吸约10 ~ 12m^3的空气，相当于一天食物质量的10倍、饮水质量的3倍。一个人可以几天不吃饭，但不可以断绝空气几分钟。

通过呼吸作用，空气中的氧气进入人体在肺细胞中通过细胞壁与血液中的血红蛋白结合，由血液输送氧至全身各部位，与身体中营养成分作用而释放出人体活动所必需的能量。若大气中含有比氧更易与血红蛋白结合的物质如一氧化碳，当其达到一定浓度时，则可夺取氧的地位而与血红蛋白结合，致使身体由于缺氧而生病、死亡。

对植物而言，则是从大气中吸收二氧化碳，放出氧气，但其正常的生理反应也是需要氧的，没有氧植物也要死亡。

空气中的氮也是重要的生命元素。氮在空气中含量虽大，却不能为多数生物直接利用。氮分子必须经过固氮微生物吸收，而后才能作为固定的氮进入土壤，被高等植物和动物吸收利用，形成生命所必需的基础物质——蛋白质。

7.2 大气污染概述

大气污染是指由于人类活动或自然过程，改变了大气圈中某些原有成分和增加了某些有毒有害物质，致使大气质量恶化，影响原来有利的生态平衡体系，严重威胁着人体健康和正常工农业生产，对建筑物和设备财产等造成损坏，这种现象称为大气污染。

7.2.1 大气污染的类型

按照大气污染的范围来分，大气污染可分为四类：①局限于小范围的大气污染，如某些烟囱排气的直接影响；②涉及一个地区的大气污染，如工业区及其附近地区或整个城市大气受到污染；③涉及比一个城市更广泛地区的广域污染；④必须从全球范围考虑的全球性污染，如大气中二氧化碳气体的不断增加，就成了全球性污染，受到世界各国的关注。

此分类方法中所涉及的范围是相对的，如大工业城市及其附近地区的污染是地区性污染，但同样的污染情况对某些小国家来说可能产生国与国之间的广域性污染。

7.2.2　大气污染源与污染物

7.2.2.1　大气污染源

大气污染源可分为两种类型：一种是自然污染源，另一种是人为污染源。前者是自然界发生火山爆发、地震、台风、森林火灾等自然灾害所造成的，多为暂时的、局部的；后者是人类活动所排放的有毒有害气体所造成的，多为经常性的、大范围的。在大气污染控制工程中主要研究人为污染源。

（1）按污染物产生方式分

① 生活污染源　人们由于烧饭、取暖、沐浴等生活上的需要，燃烧化石燃料向大气排放煤烟造成大气污染的污染源。在我国城市中，这类污染源具有分布广、排放量大、排放高度低等特点，是造成城市大气污染不可忽视的污染源。

② 工业污染源　由火力发电厂、钢铁厂、化工厂及水泥厂等工矿企业在燃烧燃料和生产过程中所排放的煤烟、粉尘及无机化合物等造成大气污染的污染源。这类污染源因生产的产品和工艺流程不同，所排放的污染物种类和数量有很大差别，但其共同点是排放源较集中，而且污染物浓度较高，对局部地区或工矿的大气质量影响较大。

③ 交通污染源　由汽车、飞机、火车和船舶等交通工具排放尾气造成大气污染的污染源。这类污染源是在移动过程中排放污染物的，又称移动污染源。

④ 农业污染源　在农业机械运行时排放的尾气或在施用化学农药、化肥、有机肥等物质时，逸散或从土壤中经再分解，将有毒有害及恶臭气态污染物排放于大气的劳作场所。

（2）按污染源位置的分布分

① 点源　集中于一点或可视为一点排放污染物的污染源，如工厂烟囱。

② 面源　在一定区域范围内，多个污染源所造成的污染，如电解车间电解槽排放烟雾，冬季居民区为取暖所使用的成百上千个民用炉即构成面污染源。

③ 线源　污染物排放口构成线状排放源，如移动的汽车排放尾气。

④ 体源　污染物呈一定体积向大气中排放的污染源，如楼房的通风排气。

此外还可按排放污染物的时间特性分为连续源、间隙源、瞬时源等。

（3）按能源性质和大气污染物的组成与反应分

① 煤炭型　煤炭型污染的一次污染物是烟气、粉尘和二氧化硫，二次污染物是硫酸及其盐类所构成的气溶胶。此污染类型多发生在以燃煤为主要能源的国家与地区，历史上早期的大气污染多属于此种类型。

② 石油型　石油型污染又称排气型或联合企业型污染，其一次污染物是烯烃、二氧化氮以及烷、醇、羰基化合物等，二次污染物主要是臭氧、氢氧基、过氧氢基等自由基及醛、酮和PAN（过氧乙酰硝酸酯）。此类污染多发生在油田及石油化工企业和汽车较多的大城市。近代的大气污染，尤其在发达国家和地区一般属于此种类型。

③ 混合型　混合型污染是指以煤炭为主，还包括以石油为燃料的污染源而排放出的污染物体系。此种污染类型主要发生于由煤炭型向石油型过渡的阶段，取决于一个国家的能源发展结构和经济发展速度。

④ 特殊型　特殊型污染是指某些工矿企业排放的特殊气体所造成的污染，如氯气、金属蒸气或硫化氢、氟化氢等气体。

此外根据大气污染物的化学性质及其存在的大气环境状况，还可将大气污染划分为还原型污染和氧化型污染。

7.2.2.2　大气污染物

大气污染物的种类很多，并且因污染源不同而有差异。根据污染物的性质，可将大气污染物分为一次污染物与二次污染物。一次污染物是从污染源直接排出的污染物，可分为反应性物质和非反应性物质。前者不稳定，还会与大气中的其他物质发生化学反应；后者比较稳定，在大气中不与其他物质发生反应或反应速度缓慢。二次污染物是指不稳定的一次污染物与大气中原有物质发生反应，或者污染物之间相互作用而生成新的污染物质，这种新的污染物与原来的物质在物理、化学性质上完全不同。无论是一次污染物还是二次污染物都能引起大气污染，对环境及人类产生不同程度的影响。

按大气污染物的物理状态，可分为固体、液体和气体等形式。根据大气污染物化学性质的不同，一般把大气污染物分为以下六类。

① 颗粒物　主要指粉尘、烟、雾等。

② 碳氧化物　主要指CO和CO_2。

③ 氮氧化物　主要指NO和NO_2，用NO_x表示。

④ 硫氧化物　主要指SO_2等，用SO_x表示。

⑤ 碳氢化合物　通常包括烷烃、烯烃、芳烃等有机物。

⑥ 卤化物　主要指氟化氢、氯化氢、氟利昂等。

7.2.3　大气污染的危害

大气污染是当前世界最主要的环境问题之一，其对人类健康、工农业生产、动植物生长、社会财产和全球环境等都有很大的危害，主要表现在以下几个方面。

7.2.3.1 大气污染对人体的危害

由于污染物的来源、性质、浓度和持续的时间不同，污染地区的气象条件、地理环境因素的差别等，大气污染对人体健康将产生不同的危害。大气污染物侵入人体的途径如图7-2所示。

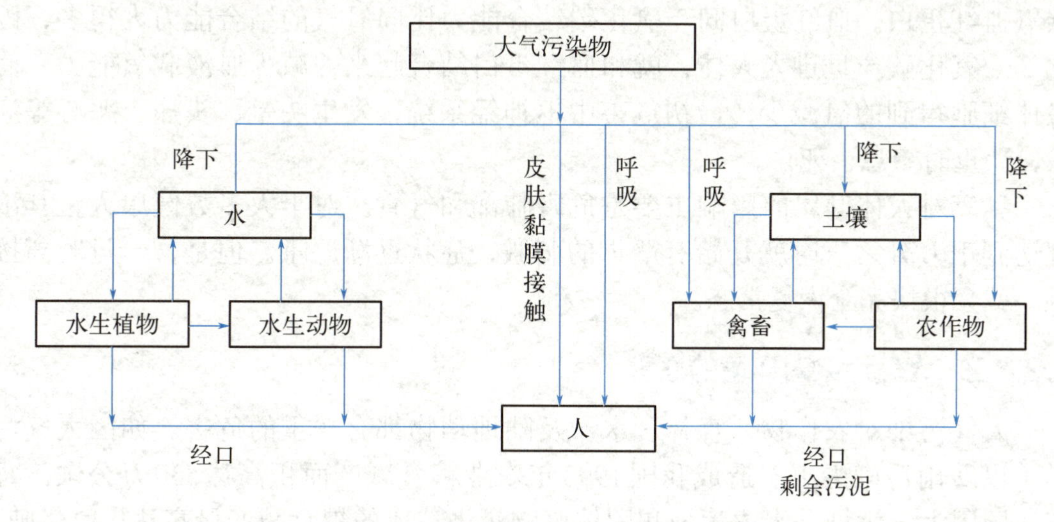

图7-2 大气污染物侵入人体的途径

大气中污染物种类很多，不同的污染物对人体健康所造成的危害程度、表现症状也各不相同。大气污染对人体健康的影响，一般可分为以下几种情况。

（1）急性危害　人在高浓度污染物的空气中暴露一段时间后，马上就会引起中毒或者其他一些症状，这就是急性危害。最典型的是1952年12月伦敦烟雾事件，其死亡原因是以慢性气管炎、支气管肺炎及心脏病为最多。

（2）慢性危害　慢性危害就是人在低浓度污染物中长期暴露，污染物危害的累积效应使人发生病状。由于慢性危害具有潜在性，往往不会立即引起人们的警觉，但一经发作，就会因影响面大、危害深而一发不可收。慢性危害一般可采取相应的防护措施减少其危害性。

粒径在10μm以下悬浮的颗粒物——飘尘，经过呼吸道，很容易沉积于肺泡上，其沉积量与人的呼吸量和呼吸次数紧密相关。沉积在肺部的污染物如被溶解，就会直接侵入血液，造成血液中毒；未被溶解的污染物有可能被细胞所吸收，造成细胞破坏，侵入肺组织或淋巴结可引起尘肺。尘肺的种类很多，因所积的粉尘种类不同而异。人如长期生活、工作在低浓度污染的空气中，就会导致慢性疾病率升高。如煤矿工人吸入煤灰形成煤肺，玻璃厂或石粉加工工人吸入硅酸盐粉尘形成肺沉着病，石棉厂工人多患有石棉肺等。

颗粒物对人体健康的危害，有两个最重要的因素：一是化学成分，二是粒度。粒度不同化学组成也不相同，而0.5 ~ 5μm的粒子可直接进入肺泡并在肺内沉积，其危害最大。

二氧化硫对人体健康的主要影响是造成呼吸道内径狭窄，从而使空气进入肺部受到阻碍。浓度高时会引起呼吸困难，造成支气管炎和哮喘病，严重者引起肺气肿，甚至死亡。

一氧化碳对人体的毒性作用，在于其同血液中血红蛋白的化合反应，产生碳氧血红蛋白。血红蛋白同一氧化碳结合能力比同氧气的结合能力大得多，因此，一氧化碳一旦进入人体，就和血红蛋白结合起来，减少血液载氧能力，使身体细胞得到的氧减少，最初危害中枢神经系统，发生头晕、头痛、恶心等症状，严重时窒息、死亡。

臭氧对人体健康的影响主要是危害肺部和气管。对于大多数健康人，其浓度达到千万分之三时就开始有严重的刺激，症状逐渐严重。但是，一旦脱离接触，就会很快完全恢复常态。

7.2.3.2 大气污染对环境的危害

大气污染对农作物、森林、水产及陆地动物都有严重的危害。如因大气污染（以酸雨污染为主）造成我国1993年农业粮食减产面积高达530万公顷。每年我国因大气污染、水体污染和固体废物污染造成的粮食减产量高达0.12亿吨。严重的酸雨会使森林衰亡和鱼类死亡。

大气污染对植物的危害可以分为急性危害、慢性危害和不可见危害三种。

急性危害是指在高浓度污染物影响下，短时间内产生的危害。如使植物叶子表面产生伤斑，或者直接使叶片枯萎脱落。

慢性危害是指在低浓度污染物长期影响下产生的危害。如使植物叶片褪绿，影响植物生长发育，有时还会出现与急性危害类似的症状。

不可见危害是指在低浓度污染物影响下，植物外表不出现受害症状，但植物生理已受影响，使植物品质变差，产量下降。

大气污染物除对植物的外观和生长发育产生上述直接影响外，还会产生间接影响，主要表现为由于植物生长发育减弱而降低对病虫害的抵抗能力。

此外，大气污染对物质材料的损坏突出表现在对建筑物和暴露在空气中的流体输送管道的腐蚀。如工厂金属建筑物被腐蚀成铁锈、楼房自来水管表面的腐蚀等。大气污染还会给一些历史文物、艺术珍品带来不可挽回的损失。大气污染对全球大气环境的影响目前已突显出来了：臭氧层消耗、酸雨、全球变暖等如不及时控制将对整个地球造成灾难性的危害。

7.3 大气污染的影响因素

大气污染可看作是由污染源所排放出的污染物、对污染物起着扩散稀释作用的大气以及承受污染的物体三者相互关联所产生的一种效应。一个地区的大气污染程度与该地区污染源所排出的污染物总量有关，但大气中污染物的浓度与其气象因素和地理因素有着直接的关系。

7.3.1 气象因素

大气对污染物的扩散能力受两个因素的影响，即气象的动力因子和热力因子。

7.3.1.1 气象动力因子

（1）风　风对大气污染物的影响包括风向和风速两个方面，风向影响污染物的扩散方向，而风速决定着污染物扩散和稀释的状况。一般地说，污染物在大气中的浓度与污染物的总排放量成正比，而与平均风速成反比，若风速增加一倍，则在下风向污染物的浓度将减少一半。

（2）大气湍流　大气湍流是指大气以不同的尺度做无规则运动的流体状态。风速有大小，具有阵发性，并在主导风向上也会出现上下左右无规则的阵发性搅动，这种无规则阵发性搅动的气流称为大气湍流。大气污染物的扩散主要是靠大气湍流作用。

湍流尺度的大小与污染物的扩散、稀释有很大关系。当湍流的尺度比烟团的尺度小时，烟团向下风向移动，并进行缓慢的扩散，如图7-3（a）。

图7-3（b）是烟团处于比它尺度大的大气湍流作用下的扩散状态。由于烟团被大尺度的大气湍流夹带，其本身截面尺度变化不大。当湍流的尺度和烟团相同时，烟团容易被湍流拉开、撕裂，使烟团很快扩散。当湍流的尺度有大有小时，因为烟团同时受到多种尺度的湍流作用，烟团能很快扩散，如图7-3（c）。

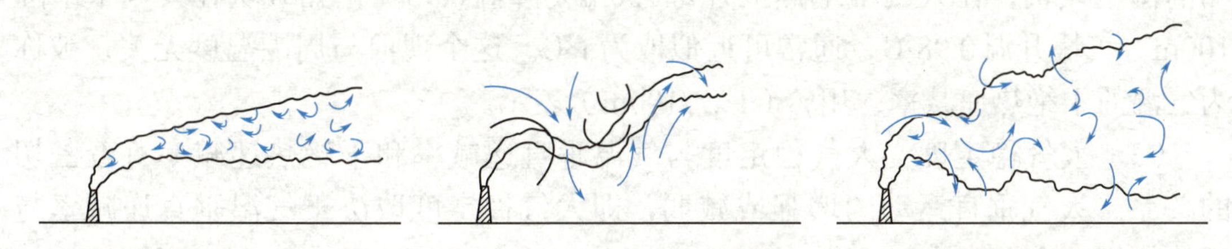

(a) 小尺度湍流作用下的烟云扩散　(b) 大尺度湍流作用下的烟云扩散　(c) 复合尺度湍流作用下的烟云扩散

图7-3　不同尺度湍流时烟云扩散状态

7.3.1.2　气象热力因子

（1）温度层结与逆温　温度层结是指在地球表面上方大气的温度随高度变化的情况，或者说是在垂直地球表面方向上的气温分布。气温的垂直分布决定着大气的稳定程度，而大气的稳定度又影响着湍流的强度，因而温度层结与大气污染有十分密切的联系。

在大气对流层内，气温垂直变化的规律是随高度的增加而逐渐降低的。因为大气直接吸收太阳辐射能造成的增温没有地面辐射造成的增温显著，地面是大气的主要增温热源，所以在正常的气象条件下，近地面的温度比上层高。此外，吸收地面辐射能较强的水蒸气和固体颗粒物，在大气中的分布随高度的增加而减少，这也是近地面层的温度比上层温度高的原因之一。

气温随高度的变化通常以气温垂直递减率（γ）表示，γ指在垂直于地球表面方向上，每升高100m气温的变化值。对标准大气压来说，在对流层下层的γ值为0.3 ～ 0.4℃ /100m；中层为0.5 ～ 0.6℃ /100m；上层为0.65 ～ 0.75℃ /100m。整个对流层的气温垂直递减率平均值为0.65℃ /100m。而实际上，近地面低层大气的气温垂直变化比标准大气状况要复杂得多。由于气象条件不同，气温垂直递减率可大于零、等于零或小于零。大于零表示气温随高度增加而降低；等于零表示气温不随高度而变化（或称等温层）；小于零表示气温随高度增加而增加。当气温垂直递减率小于零时，大气层的温度分布与标准大气情况下气温分布相反，称为温度逆增，简称逆温。出现逆温的大气层叫逆温层，逆温层至地面的距离下限称为逆温高度，上下限的温度差称为逆温强度。根据逆温发生的原因可分为辐射性逆温、湍流性逆温、沉降性逆温、锋面逆温和地形逆温五种。

（2）气温的干绝热递减率　在物理学上，若一系统在与周围物体没有热量交换而发生状态变化时，称为绝热变化。状态变化所经历的过程称为绝热过程。在绝热过程中，系统的状态变化及对外做功靠系统内能变化来达到。系统在某状态时的内能与绝对温度成正比，一定温度下的内能可由温度来度量。若取大气中一气块作垂直运动，气块因上升或下降而引起膨胀、压缩，由此引起的温度变化，比和外界交换热量所引起的温度变化大得多。对一个干燥或未饱和的湿空气块，在大气中绝热上升每100m要降温0.98℃，如气块在大气中下降100m，气块升温0.98℃，通常可近似取为1℃。这个现象与周围温度无关，被称为气温的干绝热递减率，用γ_d（1℃ /100m）表示。

（3）大气稳定度　大气稳定度与气温垂直递减率和干绝热递减率有着密切的关系。大气垂直运动的增强或减弱，即大气稳定度取决于气温垂直递减率与干绝热递减率之对比。

当$\gamma < \gamma_d$时，大气总是保持原来的状态，垂直方向上的运动很弱，所以认为此时的大气处于稳定状态。

当$\gamma > \gamma_d$时，大气处于不稳定状态。

当$\gamma = \gamma_d$时，大气处于中性状态。

当大气处于稳定状态时，湍流受到抑制，大气对污染物的扩散、稀释能力弱；当大气处于不稳定状态时，湍流得到充分的发展、扩散，稀释能力增强。

7.3.2 地理因素

污染物从污染源排出后，因地理环境不同，危害的程度也不同。如高层建筑、体形大的建筑物背风区风速下降，会在局部地区产生涡流，如图7-4所示，这样就阻碍了污染物的迅速排走，而停滞在某一地区内，从而加深污染。

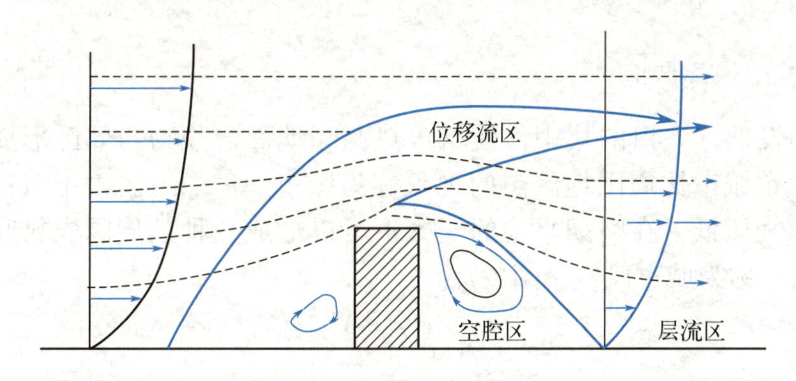

图7-4 建筑物对气流的影响

地形和地貌的差异，往往会形成局部空气环流，对当地的大气污染起显著作用，典型的局部空气环流有海陆风、山谷风和城市热岛效应等。

7.3.2.1 海陆风

海陆风是海洋或湖泊沿岸常见的现象。如图7-5，由于白天地表受太阳辐射后，陆地增温比海面快，陆地上的气温高于海面上的气温，出现了由陆地指向海面的水平温度梯度，因而形成热力环流，下层风由海面吹向陆地，称为海风，上层则有相反气流，由大海流向海洋。到了夜间，地表散热冷却，陆地冷却比海面快，使陆地上的气温低于海面，形成和白天相反的热力环流，下层风由陆地吹向海面，称为陆风。海陆风是以24h为周期的一种大气局部环流。

当海风吹到陆地上时，造成冷的海洋空气在下，暖的陆地空气在上面，形成逆温，则会导致沿海排放的污染物向下游冲去形成短时间的污染。而当海风和陆风转变时，原来被陆风带去的污染物会被海风带回原地形成重复污染。

7.3.2.2 山谷风

在系统性大气演变不剧烈的山区，由于热力的原因，白天山坡吸收太阳辐射比山谷快，风经常从谷地吹向山坡，叫谷风；晚上山坡比谷地冷却快，风经常从山顶吹向谷地，叫山风，见图7-6。在不受大气影响的情况下，山风和谷风在一定时间内进行转换，这样就在山谷构成闭合的环流，污染物往返积累，往往会达到很高的浓度。

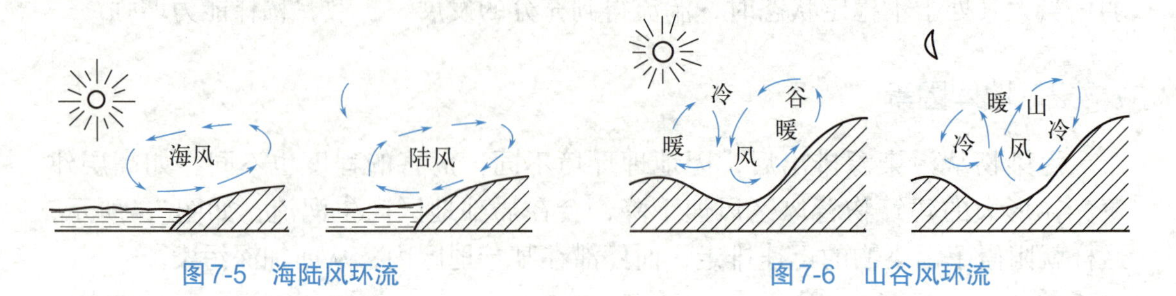

图7-5 海陆风环流　　图7-6 山谷风环流

7.3.2.3 城市热岛效应

工业的发展，人口的集中，使城市热源和地面覆盖物与郊区形成显著的差异，从而导致城市比周围地区热的现象称为城市热岛效应。由于城市温度经常比农村高，气压低，在晴朗平稳的天气下可以形成一种从周围农村吹向城市的特殊局部风，称为城市风，见图7-7。

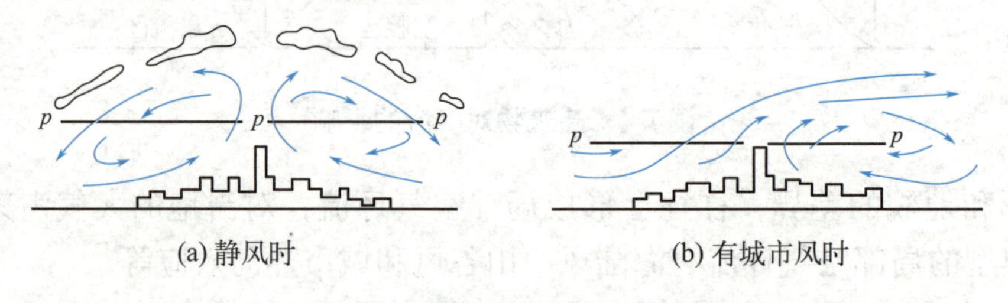

图7-7 热岛效应引起的城乡空气环流

阅读材料

空气污染指数API

空气污染指数（air pollution index，简称API）是一种反映和评价空气质量的方法，就是将常规监测的几种空气污染物的浓度简化成为单一的概念性数值形式，并分级表征空气质量状况与空气污染的程度，其结果简明直观，使用方便，适用于表示城市的短期空气质量状况和变化趋势。

空气污染指数的确定原则：空气质量的好坏取决于各种污染物中危害最大的污染物的污染程度。空气污染指数是根据环境空气质量标准和各项污染物对人体健康和生态环境的影响来确定污染指数的分级及相应的污染物浓度限值。目前我国所用的空气指数的分级标准是：①API为50点对应的污染物浓度为国家空气质量日均值一级标准；②API为100点对应的污染物浓度为国家空气质量日均值二级标准；③API为200点对应的污染物浓度为国家空气质量日均值三级标准；④API更高值段的分级对应于各种污染物对人体健康产生不同影响时的浓度限值，API为500点对应于对人体产生严重危害时各项污染物的浓度。

根据我国空气污染的特点和污染防治工作的重点，目前计入空气污染指数的污染物项目暂定为二氧化硫、氮氧化物和总悬浮颗粒物。随着环境保护工作的深入和监测技术水平的提高，再调整增加其他污染项目，以便更为客观地反映污染状况。

阅读材料

雾与霾的六大区别

雾是一种自然现象，是悬浮在贴近地面的大气中的大量微细水滴（或冰晶）的可见集合体。霾又称灰霾（烟霞），主要是人为因素造成的，是由空气中的灰尘、硫酸、硝酸、有机碳氢化合物等粒子使大气混浊，视野模糊并导致能见度恶化。

雾与霾的区别主要包括以下几点。

① 能见度范围不同。雾的水平能见度小于1km，霾的水平能见度小于10km。

② 相对湿度不同。雾的相对湿度大于90%，霾的相对湿度小于80%，相对湿度介于80% ~ 90%是霾和雾的混合物，但其主要成分是霾。

③ 厚度不同。雾的厚度只有几十米至200m左右，霾的厚度可达1 ~ 3km。

④ 边界特征不同。雾的边界很清晰，过了“雾区”可能就是晴空万里，但是霾与晴空区之间没有明显的边界。

⑤ 颜色不同。雾的颜色是乳白色、青白色，霾则是黄色、橙灰色。

⑥ 日变化不同。雾一般午夜至清晨最易出现；霾的日变化特征不明显，当气团没有大的变化，空气团较稳定时，持续出现时间较长。

雾霾常常相伴而生，大范围雾霾天气一旦形成，在有利的天气条件下可维持数日。利于雾霾维持的天气条件包括：一是风力小，不利于污染物在水平方向扩散；二是低空大气层结稳定，近地面易出现逆温层，不利于污染物垂直向上扩散，使得污染物在大气边界层积聚。

7.4 全球性大气污染问题与防治

全球性大气污染问题与传统的“公害问题”是不同的，它不仅对处在污染源附近的生物有害，而且污染物在环境中通过扩散稀释后，会经过并存在于一个很广阔的空间、时间范围内，给环境造成影响，以至改变全球的自然环境。

目前，全球大气污染的主要问题有由于二氧化碳浓度的增加，诱发全球气候变暖（温室效应）问题；氯氟烷烃引起的“破坏平流层的臭氧层问题”；大气中的酸性物质与水或水蒸气形成的酸雨或酸沉降问题。

7.4.1 全球气候变暖与防治

依据陆地和海洋监测数据，全球地面气温在过去100年内上升了0.3 ~ 0.6℃，全球海平面每10年上升1 ~ 2cm。1987年南极一座面积相当于美国罗德岛两倍的巨大冰山崩塌后溅入大海；1988年，非洲西部海域出现了有史以来西半球所遭遇的破坏力最大的“吉尔伯特”号飓风。

7.4.1.1 全球气候变暖（温室效应）的形成

地球大气系统与外层空间是保持着热量平衡的。太阳以短波辐射的形式向地球辐射能量，其最大能量集中在波长600nm处。而地面向外的辐射大约相当于温度为285K的黑体辐射，最大能量位于波长16000nm附近，相对于太阳辐射来说可称为长波辐射，具有温室中与玻璃相类似的保温作用，故通常称为“温室效应”。

但实际上大气并没有阻断“温室”内外空气对流热交换的作用。地球大气系统接收辐射和放出辐射的量值大小取决于系统内各组分的物理状态及化学性质。当某些组分的状态发生变化时（如CO_2浓度增高），系统与外层空间的热量平衡就可能受到干扰并导致气候变化。如果地球上不存在大气，则温室效应消失。近年来人类活动不断排放的具有温室作用的气体如CO_2、CFC_S、CH_4、O_3、N_2O等有增无减，使大气系统与外层空间的辐射能量平衡被打乱，并导致地表和低层大气温度的升高，造成全球气候变暖。

7.4.1.2 全球气候变暖的危害

（1）对海平面和水资源的影响　温室效应导致海平面上升，过去的20世纪全球海平面上升了10 ~ 15cm，如按现有人类活动的温室气体排放速率计，估计到21世纪中叶，海平面比现在要高1.5m。1987年在奥地利召开的会议上，科学家估计由于海平面上升，仅修筑防护堤防御措施，就可能耗资300亿 ~ 3000亿美元。

气候变暖导致的蒸发旺盛将使全球降水增加，局部分布不均，干旱和洪涝的频率及其季节变化难测。海平面上升的直接影响还有低地被淹、海岸被冲蚀、洪涝风暴的破坏增加、地表水和地下水盐分增加、地下水位升高等。

（2）全球气候变暖对动植物的影响　生物的多样性为人类提供食物、医药和动物栖息地。气候缓慢地变化，适者将生存，不适者被淘汰。近代人类活动对环境的破坏加速了生物物种的消亡。未来的气候变化将使一些地区的某些物种消失，有些物种则从气候变暖中得到益处。

（3）全球气候变暖对农业的影响　光合作用与CO_2浓度关系紧密，但不同的植物对CO_2的浓度要求又各有差别。CO_2浓度增长对农业的间接影响体现为气温升高，潜在蒸发增加，从而使干旱季节延长，减少四季温差，除此以外，高温、热带风暴等灾害也将加重。

（4）全球气候变暖对人体健康的影响　气候要素与人体健康有着密切的关系。研究表明传染病的各个环节病原——病毒、原虫、细菌和寄生虫等，传染媒介——蚊、蝇、虱等带菌宿主中，传染媒介对气候最为敏感。温度和降水的微小变化，对于媒介的生存时间、生命周期和地理分布都会发生明显影响。

7.4.1.3　全球气候变暖的防治

调整能源战略，发展替代技术，减少温室气体的排放，是减缓温室效应的主要控制对策。温室气体虽有多种，但最主要的是CO_2，CO_2引起气候变暖的防治措施有：控制化石燃料等的消耗以抑制CO_2的排放；减少已生成的CO_2向大气中排放；降低已排放到大气中的CO_2影响。

7.4.2　臭氧层破坏与防治

7.4.2.1　臭氧层破坏

大气中90%的臭氧（O_3）都存在于平流层中。如果在地球表面的压力和温度下把臭氧聚集起来，大约只有3mm厚，虽然在大气中的平均浓度只有0.4×10^{-6}，但在正常状况下，均匀分布在平流层中的臭氧能吸收太阳紫外辐射中的UVC射线的全部，以及大约90%的UVB射线（波长280 ~ 315nm），这些都是对生物有害的部分，从而有效地保护了地球上的万物生灵。

随着社会经济发展，高层大气中的臭氧层浓度不断地急剧下降。2000年，南极上空的臭氧空洞面积达创纪录的2800万平方公里，相当于澳大利亚国土面积的4倍。现在人们已基本弄清破坏平流层臭氧层臭氧的物质，主要有氟利昂11（CCl_3F）、氟利昂12（CF_2Cl_2），以及三氯乙烯、四氯化碳等人工合成的有机氯化物以及CH_4和NO_x等“温室”物质。

7.4.2.2　臭氧层破坏的危害

适量的紫外辐射是维持人体健康所必不可少的条件，能增强免疫反应，促进磷钙代谢，增强对环境污染物的抵抗力。但过量的紫外辐射将给地球上的生命系统带来难以估量的损害，会增强大气温室效应，严重破坏生态环境，从而造成一系列灾难性的后果。如使人体免疫系统功能发生变化并引起多种病变；破坏动植物的个体细胞，即损害细胞中的DNA，使传递遗传和累积变异性状发生并引起变态反应；损害海洋食物链，对人类生活造成巨大的不利影响。臭氧层破坏致使紫外辐射增强，还能使许多聚合物材料迅速老化，造成巨大的经济损失。

7.4.2.3　防治臭氧层破坏的措施

如前所述，对臭氧层破坏最严重的物质主要是氟利昂和人工合成的有机氯化物，因此防治臭氧层耗竭的主要对策是减少这些物质的自然排放量，可致力于回收、循环使用；研究替代氟利昂的代用品。

7.4.3 酸沉降的形成与防治

地球是太阳系中唯一具有降水现象的行星。地球上海洋水和南北极冰水占99%，大气降水仅占0.001%，但是在地球环境中所起的作用很大。降水发生酸化主要是由于工农业生产所产生的物质引起的，如二氧化硫、氮氧化物等。酸雨（acid rain）或酸沉降（acid deposition）表示pH低于5.6的酸性降水。

酸沉降物能增加土壤中铝的含量，使植物的须根死亡，影响植物吸收营养的能力，破坏植物的生长；酸沉降也可能影响水生生态系统，对建筑物、铁轨、桥梁等也可构成损害。

酸沉降的主要物质是人为和天然排放的SO_2、SO_3和NO、NO_2等硫、氮的氧化物。而全球范围释放到大气中的SO_2大部分是人为排放的，其排放源主要是燃烧化石燃料、矿石冶炼、石油精炼。氮氧化物主要来自发电厂、机动车等。

因此酸沉降的防治措施主要有：从源头治理，如开发清洁能源以减少矿物燃料的利用；严格控制机动车尾气的排放标准；研究开发工业生产中尾气回收技术。

阅读材料

什么是“碳达峰”和“碳中和”？

中国在第七十五届联合国大会一般性辩论上郑重宣布：“中国将提高国家自主贡献力度，采取更加有力的政策和措施，二氧化碳排放力争于2030年前达到峰值，努力争取2060年前实现碳中和。”这是中国应对全球气候问题作出的庄严承诺。

碳达峰：是指二氧化碳的排放达到峰值不再增长。意味着中国要在2030年前，使二氧化碳的排放总量达到峰值之后，不再增长，并逐渐下降。

碳中和：某个地区在一定时间内，人类活动直接和间接排放的碳总量，与通过植树造林、工业固碳等方式吸收的碳总量相互抵消，实现碳“净零排放”。

阅读材料

《2030年前碳达峰行动方案》
“碳达峰十大行动”

7.5 大气污染的防治

大气污染防治的根本是控制污染源，因此防治大气污染的重点应该放在控制污染源上，从源头抓起。

7.5.1 控制大气污染源的途径

（1）合理规划　大气稀释污染物的能力是有限的，污染物浓度在一定范围内时，由于大气的稀释作用可能不会对生物构成大的危害，但由于大气污染的危害性与气象因素、地理环境等有相当紧密的联系，因此，合理规划、因地制宜地布局工业则显得十分重要，特别是城市规划要以国家颁布的流域和区域环境保护规划为依据，防止布局出现失误。

① 根据工厂产品的结构、产物的特性、排放污染物的化学性质等，合理布局，充分考虑环境承载能力，将污染物排放量控制在大气允许排放标准浓度之内，防止造成局部地区污染物浓度过大，从而对环境产生危害。

② 工厂选址应考虑地理条件、气象因素，生产区与生活区之间要有缓冲区。如要考虑工厂区排出的污染物有足够的稀释空间、生活区应处于主导风向的上风区域等。

（2）改进生产工艺，进行技术创新　改进生产工艺以减少生产过程中的有害气体的排放量，或将有害气体转化成无害物质，变害为宝。大力推进技术创新，从原材料选用、反应条件、工艺流程、尾气再利用等环节提高技术含量，推进建设绿色工厂工程。

（3）改变燃料结构　传统的燃料——煤，目前在工业生产、交通运输、人民生活中仍然起着举足轻重的作用，但开发和利用清洁能源、改善燃料结构仍是大气污染综合防治的一项重要措施。

清洁能源的含义包含两方面内容：一是指可再生能源，消耗后可以得到恢复补充，不产生或很少产生污染物，如太阳能、风能、水能、潮汐能等；二是指非再生能源在生产产品及其消费过程中尽可能减少对生态环境的污染，如使用低污染的化石能源（如天然气）和利用洁净能源技术处理过的化石能源（如洁净煤和洁净油），尽可能地降低能源生产与使用对生态环境的危害，加强能源基础建设，降低成本，推广使用电能等。

（4）集中供暖供热　集中供暖供热可以降低燃料的消耗量，提高设备的利用率和热效率，也便于采取相应的污染防治措施，如控制烟尘的排放量、防止出现区域性污染物浓度过高等情况。

（5）绿化造林　绿地被称为城市的肺，是城市大气净化的呼吸系。植树造林不仅可以调节气候、防止水土流失和土地沙漠化，而且还能减少噪声等污染。因此合理地规划居住人口密度、绿化造林，是改善大气环境、防治大气污染的一个重要举措。

7.5.2 气态污染物的治理

7.5.2.1 气态污染物治理方法简介

气态污染物化学性质各异，对它们的治理要视具体情况采用不同的方法。目前用于气态污染物治理的主要方法有吸收法、吸附法、催化法、燃烧法、冷凝法等。

（1）吸收法 不同成分的气体在液体中的溶解度是不同的，当含有多种成分的混合气体与液体接触时，气体中溶解度大的成分就源源不断地溶解于液体中，相应地这些成分在气体中的浓度就显著降低，这样溶解组分就和原混合气体分离开来。这种液体称为吸收剂，溶解组分为吸收质，溶解了吸收质的液体为吸收液。根据这个原理，对于某种含有有害成分的气体，如果选择适当的吸收剂，让气体与吸收剂接触，则气体中有害成分就会被吸收在吸收剂中而分离出来，气体就达到了净化的目的。

吸收法净化有害气体具有设备简单、净化效率高、投资小、应用范围广等特点，但须防止二次污染问题。

（2）吸附法 固体表面的分子处于不平衡状态，对其邻近的气体分子有吸引力（即吸附作用），这种引力可以是范德华力也可能是化学键力（低温时常表现为范德华力，高温时常表现为化学键力）。表现为化学键力时的吸引力具有强烈的选择性，也就是说，不同材料的固体表面吸附的气体分子种类不同。这里称这种固体为吸附剂，被吸附的成分为吸附质。根据这个原理，对于已确定的含有有害成分的气体，如果选用适当的吸附剂和气体接触，有害成分就会吸附在吸附剂上，气体就得以净化。

吸附法处理低浓度的有害废气时非常有效。

（3）催化法 催化法净化气态污染物是利用催化剂的催化作用，将废气中有害成分经化学反应转化为无害成分或易于除去的成分。如汽车尾气中的碳化合物和一氧化碳，在铂、钯等催化剂作用下，可迅速被氧化成二氧化碳和水。

（4）燃烧法 燃烧法是通过热氧化作用将废气中的可燃有害成分转化为无害物质的方法。

（5）冷凝法 冷凝法净化气态污染物是利用物质在不同温度下有不同的饱和蒸气压这一性质，采用降低系统温度或提高系统的压力（或两者都使用），使处于蒸气状态的污染物冷凝至液态而从废气中分离出来。冷凝法净化废气特别实用。

7.5.2.2 典型污染物的治理技术

（1）二氧化硫的治理技术

① 燃煤脱硫技术　燃煤的脱硫技术一般可分为燃烧前脱硫、燃烧中脱硫和烟气脱硫，如表7-1所示。

表7-1　燃煤的主要脱硫技术

项目		技术名称	脱硫效率/%
燃烧前		煤炭洗选技术	40 ~ 60
		煤气化技术	85以上
		水煤浆技术	50
燃烧中		型煤加工技术	50
		流化床燃烧技术	70
烟气脱硫	湿法	石灰石（石灰）-石膏法	95以上
		简易石灰石（石灰）-石膏法	70 ~ 80
		海水脱硫工艺	60 ~ 70
		烟气磷铵复肥法	50 ~ 80
		碳酸钠、碳酸镁和氨为吸收剂工艺	60 ~ 80
	半干法	喷雾干燥法	70 ~ 95
	干法	吸收剂喷射法	50 ~ 70
	电子法	电子束辐照技术	50 ~ 70
	其他	脱硫除尘一体化技术	40 ~ 70

② 燃烧前脱硫　常用物理法洗选技术，该法技术成熟，日本、英国、加拿大等国为控制二氧化硫污染，动力用煤全部进行洗选。我国煤炭的入选量占全国原煤产量的1/5，约2.8万吨。城镇居民用煤基本上是采用型煤。

③ 烟气脱硫　烟气脱硫技术是大型燃煤燃油设备广泛使用的脱硫方式，据初步统计目前已有80多种。用于工业装置上的排烟脱硫应注意以下几个原则：排烟脱硫的工艺原理及过程应简单，易于操作和管理；脱硫装置应具有较高的脱硫效率，能长期连续运转，经济效果好，节省人力，占地面积小；脱硫过程中不造成二次污染；脱硫用的吸收剂价格便宜而又容易获得；在工艺方法上尽可能回收有用的硫资源。

对高浓度二氧化硫的处理方法是把SO_2经催化生成硫酸回收利用，而对低浓度的二氧化硫烟气可采用多种方法，如石灰-石膏法、氨法、钠法、镁法等。下面重点介绍目前使用最广泛烟气脱硫技术——石灰-石膏法。

该法是以氢氧化钙（石灰）浆液来吸收SO_2尾气脱硫，并产生副产品——石膏，其化学反应过程如下：

$$2Ca(OH)_2+2SO_2 \longrightarrow 2CaSO_3 \cdot 1/2H_2O+H_2O$$

$$CaSO_3 \cdot 1/2H_2O + SO_2 + H_2O \longrightarrow Ca(HSO_3)_2 + 1/2H_2O$$

$$Ca(HSO_3)_2 + 1/2O_2 + 2H_2O \longrightarrow CaSO_4 \cdot 2H_2O + H_2SO_3$$

吸收过程中生成的亚硫酸钙（$CaSO_3$）经空气氧化后可得到石膏。此法所用的吸收剂低廉易得，回收的大量石膏可作建筑材料，因此此法目前使用最广泛。

④ 燃烧中脱硫　燃烧中脱硫是采用流化床燃烧技术进行的。此法是向炉内喷射石灰或白云石作流动介质，与煤粒混合在炉内进行多级燃烧，二氧化硫以硫酸钙的形式被除去。此法不仅可脱除二氧化硫，而且因燃烧温度较低，也可减少氮氧化物，具有较好的应用前景。

（2）氮氧化物的治理技术　氮氧化物的治理技术主要是控制工业生产过程中排出的一氧化氮和二氧化氮，常见的方法有改进燃料燃烧法、吸收法、催化还原法和固体吸附法。

① 吸收法　吸收法又分为水吸收法、酸吸收法、碱性吸收法、还原吸收法等。

碱吸收法的原理是利用碱性物质中和硝酸和亚硝酸，生成相应的硝酸盐。常用的吸收剂有氢氧化钠、碳酸钠和氢氧化钙等。

用氢氧化钠溶液作吸收剂，其反应如下：

$$2NaOH + 2NO_2 \longrightarrow NaNO_3 + NaNO_2 + H_2O$$

$$2NaOH + NO_2 + NO \longrightarrow 2NaNO_2 + H_2O$$

当烟气中$NO/NO_2=1$时（摩尔比），碱液的吸收速度比只有1%NO时的吸收速度大约快10倍，所使用的碱液浓度为30%左右。

用纯碱溶液作吸收剂，其反应如下：

$$Na_2CO_3 + 2NO_2 \longrightarrow NaNO_3 + NaNO_2 + CO_2 \uparrow$$

$$Na_2CO_3 + NO_2 + NO \longrightarrow 2NaNO_2 + CO_2 \uparrow$$

由于纯碱价格比烧碱便宜，故有逐渐取代烧碱的趋势，但纯碱法的吸收效果比烧碱差。

② 催化还原法　催化还原法是指在催化剂存在下，用还原剂将氮氧化物还原为氮气的方法，又可以分为选择性催化还原法和非选择性催化还原法两种。

选择性催化还原法是以贵金属铂或铜、铬、铁、钒、钼、钴、镍等的氧化物为催化剂，以氨、硫化氢、一氧化碳等为还原剂，选择出最适宜的温度范围进行脱氮的反应。其最适宜的温度范围随着所选用的催化剂、还原剂，以及烟气流速的不同而不同，如用氨作还原剂，选用铂为催化剂，反应温度控制在423 ~ 523K，其主要反应为：

$$4NH_3 + 6NO \longrightarrow 5N_2 + 6H_2O$$

$$6NO_2 + 8NH_3 \longrightarrow 7N_2 + 12H_2O$$

非选择性催化还原法是应用铂作为催化剂，以氢或甲烷等还原性气体作还原剂，将烟气中的NO_x还原成N_2。如甲烷与氮氧化物发生以下反应：

$$CH_4+4NO_2 \longrightarrow 4NO+CO_2+2H_2O$$

$$CH_4+2O_2 \longrightarrow CO_2+2H_2O$$

$$CH_4+4NO \longrightarrow 2N_2+CO_2+2H_2O$$

此法选取的温度范围大约为673 ~ 773K。

（3）碳氢化合物的治理技术　碳氢化合物是大气的重要污染物之一。人为污染主要来自石油、化工等行业的生产过程，现代交通工具如汽车、飞机、轮船等也是产生碳氢化合物的重要污染来源。

碳氢化合物的治理技术主要有吸收法、吸附法、燃烧法和冷凝法等。

（4）汽车废气净化技术　造成光化学烟雾污染事故的罪魁祸首之一是汽车排放的废气。人类在经历了多次光化学污染事故以后，才开始重视汽车废气控制技术的研究。

① 机外净化技术　目前我国的汽车废气控制技术主要是机外净化。

机外净化技术主要有两种：尾气净化技术和节油器技术。

尾气净化是在排气消声处，加入载有可与尾气污染物进行反应的物质填料，使尾气得到净化。这种装置大多采用催化反应机理，但净化效果不是很稳定，如果安装和使用不当，容易带来汽车动力性能下降、油耗增高的问题。

节油器技术是在发动机气化器处，安装一个控制阀片，根据汽车工况的不同，对气化器的燃油与空气的供给进行补充调整，使燃油能够在燃烧室充分燃烧。向燃油中加添加剂，作用机理也是使燃油充分燃烧，达到节油和净化的目的。节油器技术的节油效果为2% ~ 10%，净化效果不是很突出。

② 机内净化技术　机内净化技术是在发动机的工艺结构设计上入手，保证燃料能够在机内尽可能地燃烧完全。这种技术的研究，主要集中在改变燃料的供给方式，采用燃油喷射系统和点火系统的电子化设计。

燃油喷射电子点火系统的应用，使发动机的性能前进了一大步，也使尾气的排放状态有了明显改善。工业发达国家生产的汽车发动机大多采用了这种技术。

③ 能源替代技术　这主要是改变汽车所使用的能源，采用污染小或清洁的能源来替代燃油。如用煤气或天然气替代燃油的汽车、电动汽车、太阳能汽车等。

由于受到动力、技术保障、能源来源以及经济发展等方面的影响，这类技术大多处于研制或试用阶段。从发展前景看，在21世纪，这类技术会得到广泛的推广使用。

从上述讨论可知，要从根本上解决大气污染的问题，必须考虑综合防治的措施，即加强综合规划，提高能源和原材料的利用率，推进技术创新，倡导清洁生产，开发清洁能源等。

阅读材料

蓝天保卫战圆满收官

2013年，中国发布《大气污染防治行动计划》即“大气十条”。在此基础之上2018年6月27日，国务院发布《打赢蓝天保卫战三年行动计划》。行动计划指出，要以新时代中国特色社会主义思想为指导，认真落实党中央、国务院决策部署和全国生态环境保护大会要求，坚持新发展理念，坚持全民共治、源头防治、标本兼治，以京津冀及周边地区、长三角地区、汾渭平原等区域为重点，持续开展大气污染防治行动，综合运用经济、法律、技术和必要的行政手段，统筹兼顾、系统谋划、精准施策，坚决打赢蓝天保卫战，实现环境效益、经济效益和社会效益多赢。

行动计划提出六方面任务措施，并明确量化指标和完成时限。一是调整优化产业结构，推进产业绿色发展。优化产业布局，严控“两高”行业产能，强化“散乱污”企业综合整治，深化工业污染治理，大力培育绿色环保产业。二是加快调整能源结构，构建清洁低碳高效能源体系。有效推进北方地区清洁取暖，重点区域继续实施煤炭消费总量控制，开展燃煤锅炉综合整治，提高能源利用效率，加快发展清洁能源和新能源。三是积极调整运输结构，发展绿色交通体系。大幅提升铁路货运比例，加快车船结构升级，加快油品质量升级，强化移动源污染防治。四是优化调整用地结构，推进面源污染治理。实施防风固沙绿化工程，推进露天矿山综合整治，加强扬尘综合治理，加强秸秆综合利用和氨排放控制。五是实施重大专项行动，大幅降低污染物排放。开展重点区域秋冬季攻坚行动，打好柴油货车污染治理攻坚战，开展工业炉窑治理专项行动，实施挥发性有机物专项整治方案。六是强化区域联防联控，有效应对重污染天气。建立完善区域大气污染防治协作机制，加强重污染天气应急联动，夯实应急减排措施。

阅读材料

中华人民共和国大气污染防治法

7.5.3 颗粒污染物的净化方法——除尘技术

从气体中去除或捕集颗粒物的技术称为除尘技术，用以实现除尘过程的设备称为除尘装置。本节仅对常见的除尘方法及其装置作简单介绍。

7.5.3.1　重力除尘装置

重力除尘装置是使含尘气体中的尘粒借助重力作用使之沉降，并将其分离捕集的装置，分单层沉降室和多层沉降室。当含尘气体进入除尘装置的沉降室后，粉尘借助自身的重力向底部自然沉降，只要气流通过沉降室的时间大于或等于尘粒由沉降室顶沉降到底部的时间，则尘粒就会被除去，如图7-8所示。

一般重力除尘装置可捕集50μm以上的粒子。重力除尘装置的特点是构造简单，施工方便，投资少，收效快，但体积庞大，占地多，效率低，不适合除去细小尘粒。

7.5.3.2　惯性力除尘装置

惯性力除尘装置是使含尘气流冲击挡板或使气流急剧地改变流动方向，然后借助粒子的惯性力将尘粒从气流中分离的装置，如图7-9所示。

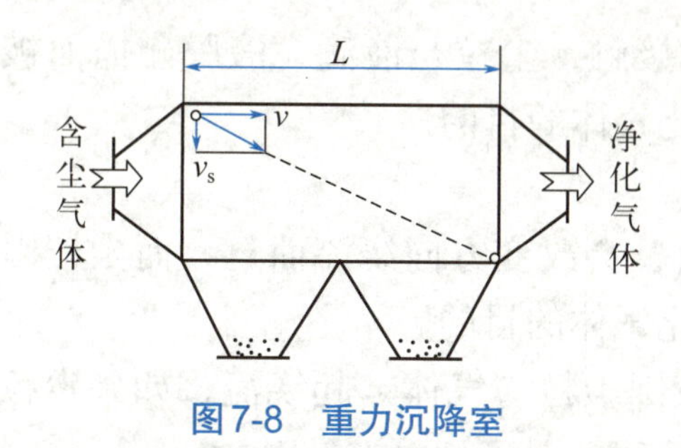

图7-8　重力沉降室

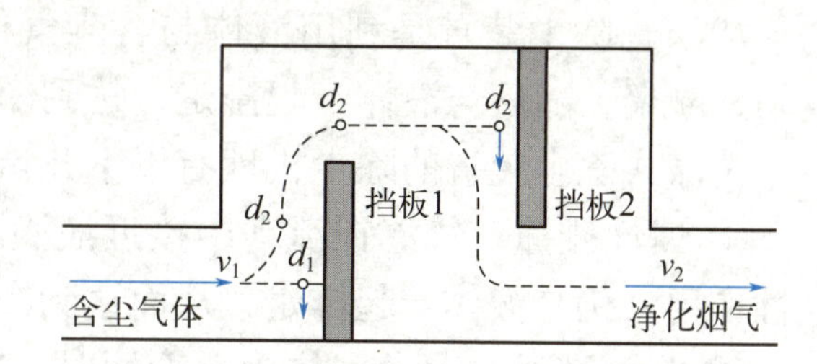

图7-9　惯性力除尘的机理

当高速运动的含尘气流在遇到挡板1时，气流改变方向绕挡板而过，而尘粒因惯性大，冲击到挡板1上被捕集。被气流带走的尘粒遇到挡板2时，借助惯性力也被捕集。气流速度越高，气流方向转变角度越大，转变次数越多，粉尘去除效率就越高。

惯性力除尘装置根据其性能不同，可以分离或收集几微米、10μm、20 ~ 30μm的微粒，气流速度及其压力损失随除尘设备形式的不同而不同。

7.5.3.3　离心力除尘装置

离心力除尘装置也称旋风除尘器，是使含尘气体进入装置后，由于离心力的作用，将尘粒从气体中分离出来的装置，如图7-10所示。

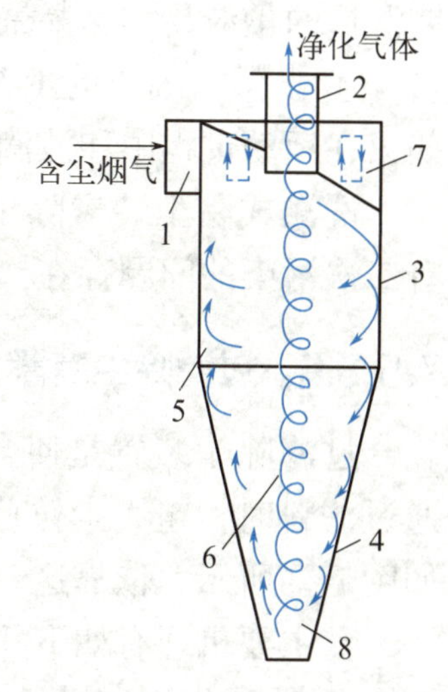

图7-10　离心力除尘机理

1—气流进口；2—气流出口；3—筒体；4—锥体；5—外旋流；6—内旋流；7—上旋流；8—回流区

当含尘气流进入离心力除尘装置时，气流做旋转运动，尘粒在离心力的作用下逐渐向器壁移动，到达器壁后，在旋流推力和尘粒自身重力作用下，沿器壁面落到灰斗中，除尘后的气体则从排气管排出。

离心力除尘装置结构简单，设备费用低，维护方便，但除尘效率不是很高，一般用于高浓度含尘气体的预处理。可作一级除尘装置或与其他除尘装置串联使用。

7.5.3.4 电除尘装置

电除尘装置是利用静电力实现粒子与气流分离的一种除尘器装置。它具有以下几方面的特点：除尘效率高，可达99.9%以上，能捕集0.1μm或更小的烟雾；阻力损失小；维护简单，处理烟气量大，操作费用节省；适用于处理不同性质的烟雾，适用温度可达773K，湿度可达100%，且可以处理易爆气体。电除尘器可分为平板型电除尘器和圆筒形电除尘器。

7.5.3.5 洗涤式除尘装置

洗涤式除尘装置是利用液体与含尘气体接触，尘粒与液滴、液膜碰撞而被吸附、凝聚，随后与液体一起排走，达到净化气体的目的。

洗涤式除尘装置的除尘机理有以下几点。

① 惯性碰撞　气流在流动中接近液滴时，会改变方向绕流而过，而尘粒因惯性作用，仍与液体一起排走，从而达到净化气体的目的。

② 接触黏附　含尘气体接近液滴时，较细尘粒与气体一起绕流，如果尘粒半径大于它的中心到液滴边缘的距离时，尘粒就会因接触而被黏附。

③ 凝聚　含尘气体与液体混合时，水分易以尘粒为凝结核凝结在其表面，增湿后的尘粒易相互凝聚成粗大粒子而被液滴捕集。

④ 扩散　细小的尘粒，被气体分子碰撞，也会像气体分子一样作布朗运动。如果在运动过程中和液滴接触，即被捕集。

洗涤式除尘装置除尘效率也较高，同时还能除去气体中的有害气体，但它有二次污染的问题存在。

7.5.3.6 过滤除尘装置

过滤除尘装置是使含尘气流通过滤料将尘粒分离下来的装置。当含尘气流通过滤料时，粗大尘粒首先被阻留，滤料表面很快便会形成一层所谓粉尘初层，如图7-11所示。依靠这一粉尘初层，尘粒将被不断阻留下来。

其主要机理有如下几点。

① 筛滤作用　当粉尘粒径大于滤料纤维间的孔隙或沉积在滤料上的尘粒间孔隙时，粉尘即被阻留。

② 惯性碰撞　当含尘气流接近滤料纤维或沉积在纤维上的尘粒时，气流将绕过纤维或尘粒，而粒径大于1μm的尘粒由于惯性作用，仍保持原来的运动方

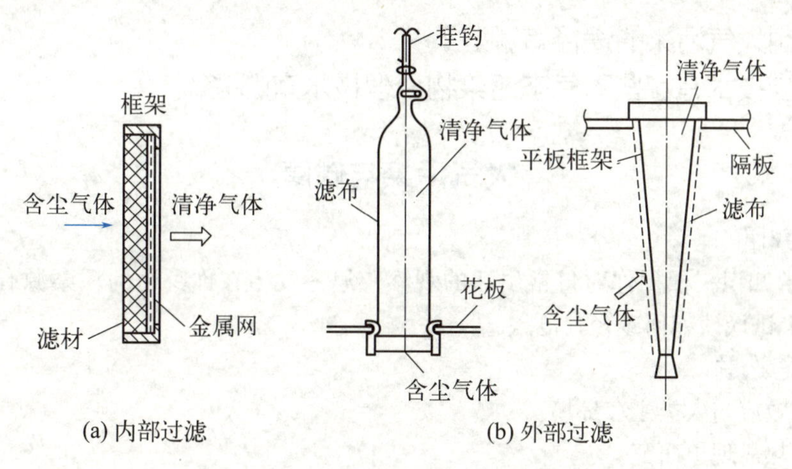

图7-11 过滤除尘装置的过滤方式

向，撞击到纤维或沉积尘粒上而被捕集。

③ 拦截作用　当含尘气流接近滤料纤维或沉积在纤维上的尘粒时，较细尘粒随气流一起绕流，若尘粒半径大于尘粒中心到纤维边缘的距离时，尘粒即因接触而被拦截。

④ 扩散作用　小于1μm的尘粒，特别是小于0.2μm的亚微粒子，在气体分子的撞击下脱离流线，像气体分子一样作布朗运动，如果在运动过程中和纤维或沉积尘粒接触，即可被捕集。

⑤ 静电作用　粉尘与滤料所带电荷相反时粉尘易被吸附在滤料上；反之，不易被吸附。

本章小结

本章从大气的组成与结构入手，介绍了大气与生命的关系，对大气中的污染源和污染物做了分析，详细介绍了影响大气污染的因素，要求同学们掌握全球性的大气污染问题，了解控制大气污染源的途径和污染物的治理方法。

思考与实践

1. 大气主要组成成分有哪些？简述大气圈的结构。
2. 什么叫大气污染？
3. 大气污染对人类有哪些危害？
4. 什么是雾霾？雾霾对人体健康有哪些危害？
5. 简述大气污染与气象和地理因素的关系。
6. 简述全球大气污染的主要问题以及全世界共同采取的防治措施或对策。

7. 控制大气污染的途径有哪些？

8. 除尘技术有哪些？气态污染物治理技术有哪些？

大气污染与健康

一、研究目的

利用所学知识，根据你对日常生活的观察，思考发生在你身边的污染源有哪些，产生了哪些危害，试谈谈如何减轻其危害。

二、参考选题

1. 温室效应与人类生存环境。
2. 城市热岛现象研究。
3. 汽车尾气与大气污染。
4. 酸雨的危害。
5. 绿化对空气质量的影响。
6. 城市大气与绿化。
7. 太阳能的利用。

三、要求

同学可以选取其他研究课题，针对大气质量与健康进行分析和研究。可采取调查、参观、上网、问卷等手段。成果可以调查报告、论文、建议等多种形式展示。

阅读材料

警惕身边的环境污染

8 其他环境污染及防治

知识目标	能力目标	素质目标
1. 掌握固体废物的种类、特点及污染途径； 2. 了解固体废物的处理和处置方法； 3. 掌握土壤污染的来源、分类及特点； 4. 了解土壤污染的防治方法； 5. 掌握噪声污染、放射性污染的来源和特征； 6. 了解噪声污染、放射性污染的防治对策	1. 能够阐述固体废物污染、噪声污染、放射性污染的专业术语和基本概念； 2. 能够认知到我国固体废物污染、噪声污染、放射性污染治理的大局观； 3. 能够进行垃圾分类	1. 激发作为环保人要为国家生态文明建设贡献力量的使命意识和高度责任感； 2. 培养精益求精的工匠精神和创新意识

重点难点

重点：固体废物污染、噪声污染、放射性污染的来源、种类和特点

难点：垃圾分类知识；固体废物污染、噪声污染、放射性污染的防治对策

8.1 固体废物污染及防治

固体废物（solid waste）是指人类在生产过程和社会生活中丢弃的固体或半固体物质。“废弃物”只是相对而言的概念，在某种条件下为废物的，在另一种条件下却可能成为宝贵的原材料或另一种产品。因此，固体废弃物的资源化，正为许多国家所重视。

8.1.1 固体废物的种类、特点及污染途径

8.1.1.1 固体废物的分类

固体废物几乎涉及所有行业，其分类方法很多。按其组成、性质可分为有机废物和无机废物；按其形状可分为块状、粒状、粉状和半固体——泥状、浆

状、糊状等废物；按其危害程度可分为一般性废物和危险性物；按其来源分为工业废物、城市垃圾、农业废物和放射性废物四类。

（1）工业废物　工业废物是指工矿企业在生产活动中排放出来的固体废物。主要包括以下几种。

① 冶金废渣　指在各种金属冶炼过程中或冶炼后排出的所有残渣废物。如高炉矿渣、钢渣、各种有色金属渣、铁合金渣、化铁炉渣以及各种粉尘、污泥等。

② 采矿废渣　在各种矿石、煤的开采过程中，产生的矿渣数量极其庞大，包括的范围很广，有矿山的剥离废石、掘进废石、煤矸石、选矿废石、选洗废渣、各种尾矿等。

③ 燃料废渣　燃料燃烧后所产生的废物，主要有煤渣、烟道灰、煤粉渣、页岩灰等。

④ 化工废渣　化学工业生产中排出的工业废渣，主要包括硫酸矿烧渣、电石渣、碱渣、煤气炉渣、磷渣、汞渣、铬渣、盐泥、污泥、硼渣、废塑料以及橡胶碎屑等。

在工业固体废物中，还包括玻璃废渣、陶瓷废渣、造纸废渣和建筑废材等。

（2）城市垃圾　主要指城市居民的生活垃圾、商业垃圾、市政维护和管理中产生的垃圾，包括废纸、废塑料、废家具、废玻璃制品、废瓷器、厨房垃圾等。

（3）农业废物　主要指农、林、牧、渔各业生产、科研及农民日常生活过程中产生的各种废物。如农作物秸秆、人和牲畜的粪便等。

（4）放射性废物　在核燃料开采、制备以及辐照后燃料的回收过程中，都有固体放射性废渣或浓缩的残渣排出。例如，一座反应堆一年可以生产10 ~ $100m^3$不同强度的放射性废渣。表8-1列出了固体废物的分类、来源和主要组成物。

表8-1　固体废物的分类、来源和主要组成物

分类	来　源	主　要　组　成　物
工业废物	矿山、选冶	废矿石、尾矿、金属、废木、砖瓦灰石等
	冶金、交通、机械、金属结构等	金属、矿渣、砂石、模型、芯、陶瓷、边角料、涂料、管道、绝热和绝缘材料、黏结剂、废木、塑料、橡胶、烟尘等
	煤炭	矿石、木料、金属
	食品加工	肉类、谷物、果类、蔬菜、烟草
	橡胶、皮革、塑料等	橡胶、皮革、塑料、布、纤维、染料、金属等
	造纸、木材、印刷等	刨花、锯木、碎木、化学药剂、金属填料、塑料、木质素
	石油、化工	化学药剂、金属、塑料、陶瓷、沥青、油毡、石棉、涂料
	电器、仪器、仪表等	金属、玻璃、木材、橡胶、塑料、化学药剂、研磨料、陶瓷、绝缘材料
	纺织服装业	布头、纤维、橡胶、塑料、金属
	建筑材料	金属、水泥、黏土、陶瓷、石膏、石棉、砂石、纸、纤维、玻璃
	电力	炉渣、粉煤灰、烟尘

续表

分类	来 源	主 要 组 成 物
城市垃圾	居民生活	食物垃圾、纸屑、布料、木料、庭院植物修剪垃圾、金属、玻璃、塑料、陶瓷、燃料灰渣、碎砖瓦、废器具、粪便、杂品
	商业、机关	管道、碎砌体、沥青及其他建筑材料、废汽车、废电器、废器具，含有易燃、易爆、腐蚀性、放射性的废物以及类似居民生活栏内的各种废物
	市政维护、管理部门	碎砖瓦、树叶、死禽畜、金属、锅炉灰渣、污泥、脏土、下水道、淤积物
农业废物	农林	稻草、秸秆、蔬菜、水果、果树枝条、糠秕、落叶、废塑料、人畜粪便、腥臭死禽畜、禽类、农药
	水产	腐烂鱼、虾、贝壳、水产加工污水、污泥
放射性废物	核工业、核电站、放射性医疗单位、科研单位	金属，含放射性废渣、粉尘、污泥、器具、劳保用具、建筑材料

8.1.1.2　固体废物的特点

固体废物主要有以下三种特点。

（1）资源性　固体废物品种繁多、成分复杂，尤其是工业废物，不仅数量大，还具备某些天然原料、能源所具有的物理、化学特性，易于收集、运输、加工和再利用。城市垃圾含有多种可再利用的物质，世界上已有许多国家实行城市垃圾分类包装，作“再生资源”或“二次资源”。

（2）污染的“特殊性”　固体废物不仅占用土地和空间，还可通过水、气和土壤对环境造成污染，并由此产生新的“污染源头”，如不进行彻底治理，便往复循环，这就是固体废物污染的特殊性。

（3）严重的危害性　固体废物堆积，占用大片土地造成环境污染，严重影响着生态环境。生活垃圾能滋生、繁殖和传播多种疾病，危害人畜健康；而危险废物的危害性更为严重。

8.1.1.3　固体废物的污染途径

由固体废物污染的特殊性可见，对固体废物不进行彻底的治理，会形成多级污染源头，造成循环污染。其污染途径如图8-1所示。

8.1.2　固体废物的环境问题

固体废物堆积量大、成分复杂，性质也多种多样。特别是在废水、废气治理过程中所排出的固体废物，浓集了许多有害成分，因此，固体废物对环境的危害极大，污染也是多方面的。

（1）侵占土地，破坏地貌和植被　固体废物如不加以利用处置，只能占地

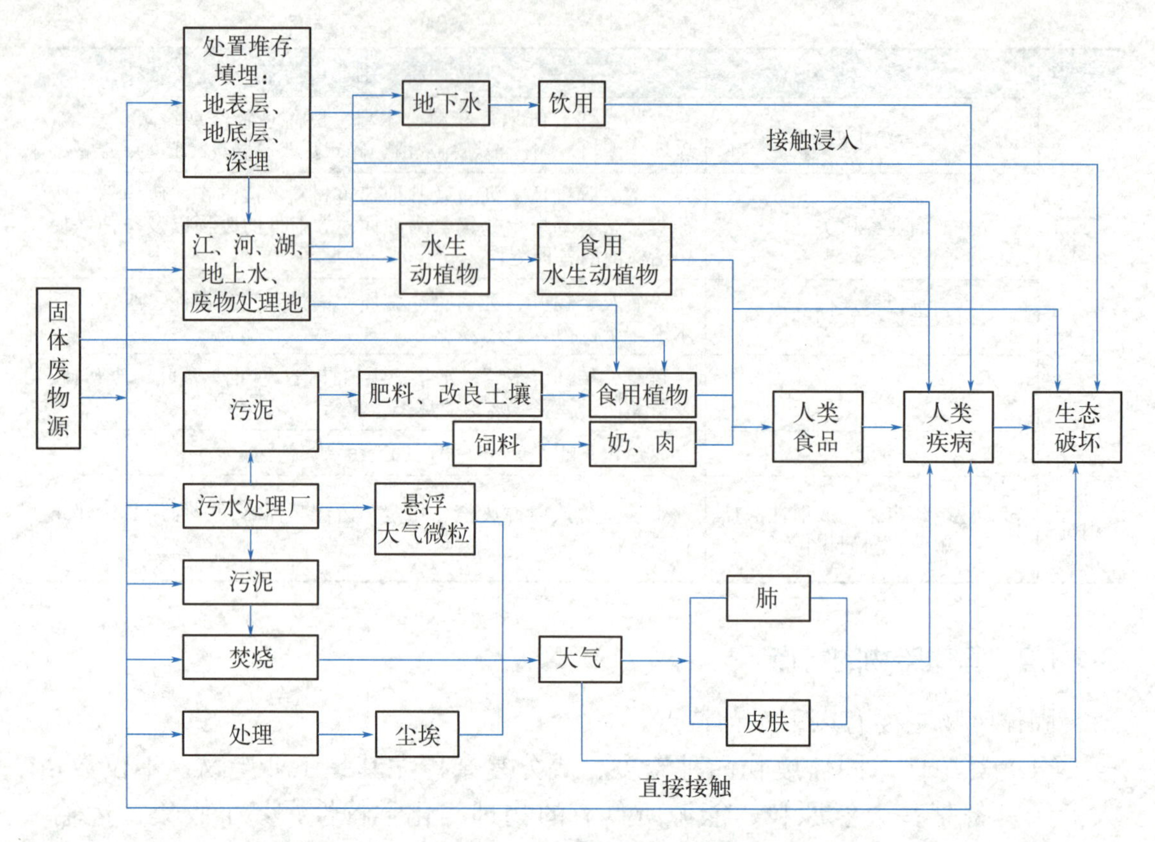

图8-1 固体废物的污染途径

堆放。据估算平均每堆积1万吨废渣和尾矿，占地670m^{2}以上。近年来，我国每年固体废物产生量均在6×10^8t左右，2000年产生量为8.2×10^8t，危险废物产生量为8.3×10^6t。全国工业固体废物综合利用率为45.9%。

土地是宝贵的自然资源，我国虽然幅员辽阔，但耕地面积却十分紧缺，人均耕地面积只占世界人均耕地的1/3。固体废物的堆积侵占了大量土地，造成了极大的经济损失，并且严重地破坏了地貌、植被和自然景观。

（2）污染土壤和地下水　固体废物长期露天堆放，其中部分有害组分很易随渗沥液浸出，并渗入地下向周围扩散，使土壤和地下水受到污染。工业固体废物还会破坏土壤的生态平衡，使微生物和动植物不能正常地繁殖和生长。

（3）污染水体　堆积的固体废物可随天然降水和地表径流流入河流湖泊，或将固体废物直接向邻近江、河、湖、海等水域排放，均会造成地表水受到严重污染。不仅破坏了天然水体的生态平衡，妨碍了水生生物的生存和水资源的利用，而且使水域面积减少，严重时还会阻塞航道。据统计，全国水域面积和新中国成立初期相比，已减少了1.33×10^7m^2。

（4）污染大气　固体废物中所含的粉尘及其他颗粒物在堆放时会随风飞扬；在运输过程中也会产生有害气体和粉尘；这些粉尘或颗粒物不少都含有对人体

有害的成分，有的还是病原微生物的载体，会对人体健康造成危害。有些固体废物在堆放或处理过程中还会向大气散发出有害气体和臭味，危害则更大。例如，煤矸石的自燃在我国时有发生，散发出煤烟和大量的SO_2、CO_2、NH_3等气体，造成严重的大气污染。由固体废物进入大气的放射尘，一旦浸入人体，还会由于形成内辐射而引起多种疾病。

（5）造成巨大的直接经济损失和资源能源的浪费　我国的资源能源利用率很低，大量的资源、能源会随固体废物的排放流失。矿物资源一般只能利用50%左右，能源利用只有30%。同时，废物排放和处置也要增加许多额外的经济负担。目前我国每输送和堆存1t废物，平均能耗为10元，这就造成了巨大的经济损失。

此外，某些有害固体废物还可能造成燃烧、爆炸、中毒、严重腐蚀等意外事故和特殊损害。

8.1.3　固体废物的处理、处置与综合利用

固体废物的处理、处置与综合利用，对维护国家的可持续发展具有重要意义。其基本原则有：①最小化原则，即尽可能减少工业固体废物的产生量，推行清洁生产，在生产过程中不产生或少产生废物；②资源化原则，即综合利用固体废物，既可收到良好的经济效益，也可产生良好的环境效益；③无害化原则，尽可能对固体废物进行无害化处理，避免其成为“二次污染源”。

8.1.3.1　固体废物的处理

固体废物的处理是指通过物理、化学、生物等方法将固体废物转变为适于运输、利用、贮存或最终处置的物料过程。常见的处理方法有以下几种。

（1）焚烧法　焚烧法是将可燃固体废物置于高温炉内，使其中可燃成分充分氧化的一种处理方法。焚烧法的优点是可以回收利用固体废物内潜在的能量，减少废物的体积（一般可减少80% ~ 90%），破坏有毒废物的组成结构，使其最终转化为化学性质稳定的无害化灰渣，同时还可彻底杀灭病原菌、消除腐化源。所以，用焚烧法处理可燃固体废物能同时实现减量、无害和资源化的目的，是一种重要的处理处置方法。

焚烧法的缺点是只能处理含可燃物成分高的固体废物（一般要求其热值大于3347.2kJ/kg），否则必须添加助燃剂，从而增加运行费用。另外该法投资比较大，处理过程中不可避免地会产生可造成二次污染的有害物质。影响焚烧的因素主要有四个方面，即温度、时间、湍流程度和供氧量。为了尽可能焚毁废物，并减少二次污染的产生，焚烧的最佳操作条件是：①足够的高温；②足够的停留时间；③良好的湍流；④充足的氧气。

适合焚烧的废物主要是那些不可再循环利用或安全填埋的有害废物，如难

以生物降解的、易挥发和扩散的、含有重金属及其他有害成分的有机物、生物、医学废物（医院和医学实验室所产生的需特别处理的废物）等。

（2）化学法　化学处理是通过化学反应使固体废物变成另外的安全和稳定的物质，使废物的危害性降到尽可能低的水平。此法往往用于有毒、有害的废渣处理，属于一种无害化处理技术。化学处理不是固体废物的最终处置，往往与浓缩、脱水、干燥等后续操作联用，从而达到最终处置的目的。其中包括以下几种方法。

① 中和法　呈强酸性或强碱性的固体废物，除本身造成土壤酸、碱化外，往往还会与其他废弃物反应产生有害物质，造成进一步污染。因此在处理前，pH宜事先中和到应用范围内。

有许多化学药物可用于中和反应。中和酸性废渣可采用氢氧化钠、熟石灰、生石灰等。中和碱性废渣通常采用硫酸。

中和法主要用于金属表面处理等工业中产生的酸、碱性泥渣。中和反应设备可以采用罐式机械搅拌或池式人工搅拌两种，前者多用于大规模中和处理，后者则多用于间歇的小规模处理。

② 氧化还原法　通过氧化或还原反应，将固体废物中可以发生价态变化的某些有毒、有害成分转化成为无毒或低毒，且具有化学稳定性的成分，以便无害化处置或进行资源回收。例如对铬渣的无害化处理，由于铬渣中的主要有害物质是四水铬酸钠（$Na_2CrO_4 \cdot 4H_2O$）和铬酸钙（$CaCrO_4$）中的六价铬，因而需要在铬渣中加入适当的还原剂，在一定条件下使六价铬还原成三价铬。经过无害化处理的铬渣，可用于建材工业、冶金工业等部门。

③ 化学浸出法　该法是选择合适的化学溶剂（浸出剂，如酸、碱、盐水溶液等）与固体废物发生作用，使其中有用组分发生选择性溶解后进一步回收的处理方法。该法可用于含重金属的固体废物的处理，特别是在石化工业中废催化剂的处理上得到广泛应用。

（3）分选法　分选方法很多，其中手工拣选是在各国最早采用的方法，适用于废物产源地、收集站、处理中心、转运站或处置场。机械分选方式则大多需在废物分选前进行预处理，一般至少需经过破碎处理。机械设备的选择视分选废物的种类和性质而定。分选处理技术主要有风力分选、浮选、磁选、筛分等。

（4）固化法　固化法是指通过物理或化学法，将废弃物固定或包含在坚固的固体中，以降低或消除有害成分的溶出特性的一种固体废物处理技术。目前，根据废弃物的性质、形态和处理目的可供选择的固化技术有五种：水泥基固化法、石灰基固化法、热塑性材料固化法、高分子有机物聚合稳定法、玻璃基与陶瓷基固化法。

阅读材料

电子垃圾

电子垃圾包括淘汰的电脑、电视机、电冰箱、洗衣机、传真机、打印机及墨盒、移动电话、微波炉、吹风机等。

据有关资料统计，我国目前旧电脑的淘汰量估计在500万台以上，每年大约有300万～400万台电冰箱、电视机、洗衣机被淘汰。

一台电脑需要约700种原料，有一半原料中含有对人体有害的物质。一台电脑或电视机显示器中的阴极线管均含铅，铅会破坏人的神经、血液系统及心脏，铅进入土壤随雨水渗到地下污染水源。把废弃的电脑燃烧处理，会产生大量有毒气体，对空气造成污染，最终形成酸雨。电子产品中还有镉、汞、铬、聚氯乙烯塑料和溴化阻燃剂，废弃物会透过皮肤、细胞渗透，少量便可造成严重过敏，引起哮喘。

有关专家针对国外近几年来的电子垃圾进行了广泛的研究，并借鉴了国外的经验教训，提出了我国废旧家电回收再利用的应对措施：①要明令禁止废旧家电的走私；②要实行“生产者负责”制度，即谁生产销售，谁负责回收利用；③对旧货市场进行规范，制定废旧家电销售的质量规范及相应标准；④禁止肆意倾倒、掩埋、丢弃废旧电器；⑤废旧家电要进行分类、无害化处理。

8.1.3.2　固体废物的处置

不论处理技术多么先进，总不可避免地会产生一些无法利用和处理的固体废物。这些固体废物是多种污染物质存在的终态，处于终态的固体废物要长期存在于环境之中。为了防止其对环境的污染，必须进行最终处置，使固体废物在环境中最大限度地与生物圈隔离，避免或减少其中的污染组分对环境的污染与危害。常用的处置方法有以下几种。

（1）海洋处置　海洋处置的方法有两种，一种是传统的海洋倾倒，另一种是远洋焚烧。对于这两种方法，存在着不同的看法。一种认为海洋具有无限的容量，是处置多种固体废物的理想场所，处置场越深，处置越有效。另一种认为，这种状态持续下去会造成污染，破坏海洋生态。

（2）填埋法处置　填埋法即土地填埋法。目前，采用较多的土地填埋方法是卫生土地填埋、安全土地填埋和浅地层处置法。

① 卫生土地填埋　是处置垃圾而不会对公众健康及环境造成危害的一种方法。通常是每天把运到土地填埋场的废物在限定的区域内铺散成40～75cm薄层，然后压实减少废物的体积，并在每天操作之后用一层厚15～30cm的土壤覆盖、压实，废物层和土壤覆盖层共同构成一个单元，即构筑单元。具有同样高度的一系列相互衔接的填筑单元构成一个升层。完成的卫生土地填埋场地是

由一个或多个升层组成的。当土地填埋场达到最终的设计高度之后，再在该填埋层之上覆盖一层90 ~ 120cm厚的土壤，压实后就达到一个完整的卫生土地填埋场。

② 安全土地填埋　是在卫生土地填埋技术基础上发展起来的、一种改进了的卫生土地填埋。只是安全土地填埋场的结构和安全措施比卫生土地填埋场更为严格而已。

安全土地填埋选址要远离城市和居民较稠密的地带，土地填埋场必须有严密的人造或天然的衬里，下层土壤或土壤同衬里相接合部渗透率小于10^{-8}cm/s；填埋场最底层应位于地下水位之上；要采取适当的措施控制和引出地表水；要配备严格的浸出液收集、处理及监测系统；设置完善的气体排放和监测系统；要记录所处置废物的来源、性质及数量，把不相容的废物分开处置。若此类废物在处置前进行稳态化预处理，填埋后更为安全，如进行脱水、固化等预处理。

③ 浅地层处置法　是使用表层土壤处置工业固体废物的方法，它是把废物当作肥料或土壤改良剂，直接施用在土地上或混入土壤表层。根据处置废物的种类及施用方式，土地耕作还可称作土地铺散、土地应用、污泥造田、土壤耕种和土地处置等。

8.1.3.3　固体废物的综合利用

将固体废物作为原料和能源资源加以开发利用是20世纪70年代以来得到迅速发展的、最有效的处理和利用固体废物的方法。现在，世界各国正广泛地开展固体废物的综合利用研究。

固体废物主要在以下几方面得到应用：①作建筑材料，如煤矸石、高炉渣等具有建筑材料所需的成分和性质，可以制作建筑材料；②用于能源开发，来源于煤炭、石油、动植物的固体废物大多含有一定量的煤炭和生物质等，固体废物的能源开发技术特别是回收城市垃圾开发能源的技术，目前已经得到了迅速的发展；③用于农业生产，固体废物中常含有丰富的有机质和作物养分，可用来改良土壤，为作物提供营养元素等。此外固体废物中含有多种成分，也可作为某些工业生产的原料。

8.1.4　垃圾分类　人人有责

8.1.4.1　生活垃圾分类标识及四色垃圾桶

随着经济的发展和人民生活的改善，城市垃圾逐渐堆积成山。垃圾处理已成为城市环境综合整治中的紧迫问题。

生活垃圾品种不同，在自然界中分解所需的时间也不一样。有的分解很快，有的却能长期存在于自然界中。如果处理不当，会对环境造成一定的危害。生活垃圾的成分多种多样，分类生活垃圾，既能节约资源，又能防止污染，然而，生活垃圾的分类标准目前尚未统一，比如：

① 德国（按外观）一般分为纸、金属、玻璃、塑料等；

② 日本（按燃烧难易）一般分为可燃垃圾、不可燃垃圾等；

③ 澳大利亚（按化学成分）一般分为可回收垃圾、不可回收垃圾、堆肥垃圾等。

因此，针对各类垃圾不同的特点可以将其分为多种类别，我国一般将其分为四类：可回收物、厨余垃圾、有害垃圾和其他垃圾。垃圾分类标识如图8-2，四色垃圾桶如图8-3所示。

图8-2 垃圾分类标识

图8-3 垃圾分类四色垃圾桶

常见生活垃圾分类：

① 有害垃圾。主要包括废电池、废荧光灯管、废胶片及废相纸等。

② 厨余垃圾。主要包括食堂、办公楼等区域产生的餐厨垃圾、瓜果垃圾、花卉垃圾等。

③ 可回收垃圾。主要包括未经患者血液、体液、排泄物等污染的输液瓶（袋），塑料包装袋、包装盒、包装箱，纸张，纸质外包装物，废弃电器电子产品，经过擦拭或熏蒸方式消毒处理后废弃的病床、轮椅、输液架等。

④ 其他垃圾。主要包括受污染与无法再生的纸张，受污染或其他不可回收的玻璃、塑料袋与其他受污染的塑料制品、废旧衣物与其他纺织品破旧陶瓷品、一次性餐具、烟头等。

8.1.4.2 实行生活垃圾分类的方法

（1）树立垃圾分类的观念 广泛开展垃圾分类的宣传、教育和倡导工作，使消费者树立垃圾分类的环保意识，阐明垃圾对社会生活造成的严重危害，宣传垃圾分类的重要意义，呼吁消费者积极参与垃圾分类。同时教会消费者垃圾分类的知识，使消费者进行垃圾分类逐渐成为自觉和习惯性行为。

（2）改造或增设垃圾分类回收的设施　可将一个垃圾桶分割成几个隔段或建立几个独立的分类垃圾桶。垃圾分类应逐步细化。垃圾分类搞得越细越精，越有利于回收利用。可以用不同颜色的垃圾桶分别回收玻璃、纸、塑料和金属类包装垃圾、植物垃圾、生活垃圾、电池灯泡等特殊的垃圾。垃圾桶上必须注明回收的类别和简要使用说明，指导消费者使用。垃圾桶也可以成为企业广告的载体，企业可以承担制作费用。

（3）改善垃圾储运形式　对一些体积大的垃圾，应该压缩后进行储运。尤其应注意的是，要对环卫局的垃圾回收车进行分隔式的改造，分类装载垃圾。充分发挥原有垃圾回收渠道的作用，将可再生利用的垃圾转卖到企业。另外，建立垃圾下游产业的专门回收队伍，由厂家直接回收，实现多渠道回收，引入价格和服务的竞争机制，以此提高他们的服务质量和垃圾的回收率。

（4）实行家庭短期收集，定期分时段分类回收　可以将垃圾分类一星期内暂时由家庭保管，环卫每天早晨收集容易腐烂的菜叶等餐厨垃圾，每天中午收集可以回收利用的垃圾，下午收集建筑垃圾，晚上收集其他垃圾。

8.2　土壤污染及防治

土壤是地球上大多数动物和植物生长、发育的基础，也为人类的发展提供了必要的条件。人类不仅将土壤作为食物的主要来源，还利用土壤的净化作用，处理及处置了各种废弃物。

8.2.1　土壤污染的来源、分类及特点

土壤污染是指人类活动产生的污染物，通过不同的途径输入土壤环境中，其数量和速度超过了土壤的净化能力，从而使土壤污染物的累积过程逐渐占据优势，土壤的生态平衡受破坏，正常功能失调，导致土壤环境质量下降，影响作物的正常生长育，作物产品的产量和质量随之下降，并产生一定的环境效应（水体或大气发生次生污染），最终将危及人体健康、人类生存和发展。

土壤污染的主要来源是工业和城市的废水及固体废物、农药和化肥的大量使用，生物残体、大气中二氧化硫等通过降水而降到地面的沉降物。由于土壤的辽阔，实际上其污染源是来自多方面的。

土壤污染根据其污染源和污染途径，可分为以下几种。

（1）水质污染型　主要是工业废水、城市生活污水和受污染的地表水，经由污灌而造成的土壤污染。此类污染约占土壤污染面积的80%。其特点是污染物

集中于土壤表层，但随着污灌时间的延长，某些可溶性污染物可由表层逐渐渗透到地下潜水层。污染土壤一般沿河流、灌溉干、支渠呈树枝状或片状分布。

（2）大气污染型　主要是由大气污染物通过干、湿沉降过程污染土壤。污染面积和扩散距离取决于污染物的性质、排放量和排放形式。大气型土壤污染物主要集中于土壤表层。

（3）固体废物污染型　主要是指由工矿业废物、城市生活垃圾、污泥等引起的土壤污染。固体废物的堆积、掩埋、处理不仅直接占用大量耕地，而且通过大气扩散、沉降或水淋溶、地表径流等污染周围地区的土壤。

（4）农业污染型　主要是指因长期使用化肥、农药、垃圾堆肥、污泥而造成的土壤污染，污染物主要集中于耕作表层。

（5）综合污染型　指由多污染源和污染途径同时造成的土壤污染。如可能受大气、农药、水体、化肥等的综合影响。

此外，还可按土壤污染物的属性分为化学污染型、放射性型污染、生物污染型等。

8.2.2　土壤污染的防治

土壤污染的防治主要采取以下几种措施。

（1）控制和消除土壤污染源　控制和消除土壤污染源，是防止污染的根本措施。即控制进入土壤中的污染物数量和速度，使其小于或等于土壤自然净化能力和速度。主要通过控制和消除工业“三废”的排放、合理使用农药和化肥、加强灌区灌溉水质的监测等措施。

（2）生物防治　即通过生物降解或吸收而净化土壤，这是提高土壤净化能力的重要措施之一。目前生物降解各种污染物的处理技术正在进一步深化。

（3）增施有机肥，改良砂性土壤　增加土壤有机质，能促进土壤对有毒物质的吸附作用，从而增加土壤容量，提高土壤自净能力。

（4）改变耕作制、换土、深翻　改变耕作制即采取水旱轮作，是减轻或消除农药污染的有效措施。换土、深翻可根据受污染土壤的面积选择相应的措施，但对换出的受污染土要妥善处理，防止形成二次污染。深翻的掩埋深度以不致污染作物为原则。

8.3　噪声污染与防治

声音是人类传递信息的载体之一。但随着人群生活和生产活动的频繁和多样化，出现了一些过响的、妨碍休息与思考的、令人们感到不愉快的声音，这些不需要的声音称为环境噪声。噪声对周围环境造成的不良影响叫噪声污染。

8.3.1 噪声污染的来源及特征

8.3.1.1 噪声的来源

声音是由物体振动而产生的，所以把产生振动的固体、液体和气体通常称为声源。声音能通过固体、液体和气体介质向外界传播并且被感受目标所接收。人耳则是人体的声音感受器官。在声学中把声源、介质和接收器称为声的三要素。产生噪声的声源很多，按其污染源种类来分，有交通运输噪声、工业噪声和社会生活噪声。

（1）交通运输噪声　交通运输噪声是由各种交通运输工具在行驶中产生的。许多国家的调查结果表明，城市噪声源有70%来自交通噪声。载重汽车、公共汽车、拖拉机等重型车辆的行进噪声约89 ~ 92dB，电喇叭大约为90 ~ 100dB，汽喇叭大约为105 ~ 110dB，（距行驶车辆5m处）。市区内这些噪声平均值都超过了人的最大允许值85dB（A），严重干扰了人们的正常生活、工作和学习。

（2）工业噪声　工业噪声是指工厂在生产过程中由于机械振动、摩擦、撞击及气流扰动而引起的噪声。我国工业企业噪声调查结果表明，一般电子工业和轻工业的噪声在90dB以下，纺织厂噪声约为90 ~ 106dB，机械工业噪声为80 ~ 120dB，凿岩机、大型球磨机为120dB，风铲、风镐、大型鼓风机在120dB以上。这些声音传到居民区常常超过90dB，严重影响居民的正常生活。

（3）社会生活噪声　社会生活和家庭生活的噪声也是普遍存在的，如宣传用的高音喇叭、家庭用收录机、电视机、缝纫机发出的声音都会对邻居产生影响。随着人们生活水平的提高，家庭常用的设备如洗衣机、电冰箱、除尘器、抽水马桶等产生的噪声已引起了人们的广泛重视。这些噪声虽然对人体没有直接危害，但能干扰人们的正常的谈话、工作、学习和休息，使人心烦意乱。

8.3.1.2 噪声的主要特征

噪声对环境的污染与工业“三废”一样，也是危害人类环境的公害。噪声的主要特征是与受害者的生理、心理因素有直接关系，对某些人喜欢的声音，对另一些人则可能是噪声。其次，噪声具有时间和空间上的局限性和分散性。所谓局限性和分散性是指环境噪声影响范围的局限性和环境噪声源分布的分散性。声音在空气中传播时衰减较快，往往其影响的范围较小。噪声源虽然往往不是单一的，具有分散性。一旦噪声源停止发声后，噪声污染也立即停止。

8.3.2 噪声污染的危害及控制标准

8.3.2.1 噪声的危害

（1）对听力的影响　长期在噪声环境下工作，人的听力将会受到影响，甚至损伤，在不同噪声环境下工作40年后噪声性耳聋发病率见表8-2。

表8-2　工作40年后噪声性耳聋发病率

噪声/dB	国际统计（ISO）/%	美国统计/%
80	0	0
85	10	8
90	21	18
95	29	28
100	41	40

由表可见，80dB以下工作不致耳聋，80dB以上，每增加5dB噪声性发病率增加10%左右。

（2）对心理的影响　噪声对人的心理影响主要表现为：吵闹的噪声使人讨厌、烦恼，精神不集中，影响工作效率，妨碍休息和睡眠等。在强的噪声下，还容易掩盖交谈和危险信号，分散人的注意力，发生工伤事故。据世界卫生组织估计，美国每年由于噪声的影响而带来的工伤事故、不上工及低效率所造成的损失将近40亿美元。

（3）对生理的影响　如果人们暴露在140～160dB的高强度噪声下，就会使听觉器官发生急性外伤，引起鼓膜破裂流血，螺旋体从基底急性剥离，双耳完全失聪。长期在强噪声下工作的工人，除了耳聋外，还有头昏、头疼、神经衰弱、消化不良等症状，往往导致高血压和心血管病。噪声还会使少年儿童的智力发展缓慢，对胎儿也会造成危害。

（4）噪声对睡眠的影响　噪声影响睡眠的质量和数量。连续噪声可以加快熟睡到轻睡的回转，使人熟睡的时间缩短；突然的噪声可使人惊醒。一般40dB的连续噪声可使10%的人受到影响，70dB时可使50%的人受影响；突然噪声达40dB时，使10%的人惊醒，60dB时，使70%的人惊醒。

（5）对交谈、工作思考的影响　噪声能掩蔽讲话的声音而影响正常交谈、通信，也能掩蔽警报信号，影响安全。噪声对交谈的干扰实验结果见表8-3所示。

表8-3　噪声对交谈的影响

噪声/dB	主观反应	保证正常讲话距离/m	通信质量
45	安静	10	很好
55	稍吵	3.5	好
65	吵	1.2	较困难
75	很吵	0.3	困难
85	太吵	0.1	不可能

8.3.2.2 噪声控制法律法规及标准

《中华人民共和国噪声污染防治法》（以下简称“新噪声法”）由中华人民共和国第十三届全国人民代表大会常务委员会第三十二次会议于2021年12月24日通过，自2022年6月5日起施行。《中华人民共和国环境噪声污染防治法》同时废止。

新噪声法将“环境”二字去掉，既是与水、大气、土壤等污染防治法律名称中突出要素管理的表述保持体例上的一致，也更加明确法律规范对象仅限于人为噪声，因为噪声产生的原因有很多，将“环境”去除，主要是为了规避产生噪声原因的不可抗力性，例如雷声、雨声、风声，一切人为难以产生甚至难以解决的环境噪声不被作为规范对象。

《声环境质量标准》（GB 3096—2008）是从受体保护（睡眠、交谈思考、听力损伤、主观烦恼度）的角度，分五类功能区（居住区、商业区、工业区、交通干线两侧区域等）或保护目标，规定了噪声标准限值要求，并遵循敏感点控制的原则。机场周围区域受飞机通过（起飞、降落、低空飞越）噪声的影响，不适用于本标准。

本标准是对《城市区域环境噪声标准》（GB 3096—93）和《城市区域环境噪声测量方法》（GB/T 14623—93）的修订。修订后，乡村和城镇亦纳入GB 3096—2008。标准中规定了0、1、2、3、4类声环境功能区环境噪声限值。同时规定，各类声环境功能区夜间突发噪声，其最大声级超过环境噪声限值的幅度不得高于15dB（A）。

不同功能区的标准限值见表8-4至表8-6。

表8-4 城市区域环境振动标准 单位：dB

适用地带	容许强度	
	昼间	夜间
特殊住宅区	65	65
居民、文教区	70	67
混合区、商业中心区	75	72
工业集中区	75	72
交通干线道路两侧	75	72
铁路干线两侧	80	80

表8-5 工业企业厂界噪声标准 单位：dB

厂界外声环境功能类别	昼间	夜间
0类	50	40
1类	55	45
2类	60	50
3类	65	55
4类	70	55

表8-6　建筑施工场界噪声排放标准　　单位：dB

昼间	夜间
70	55

8.3.3　噪声的声学特性及度量

噪声具有通常所说声音的一切声学特性。度量声音强弱和衡量噪声强弱的物理量有以下几种。

8.3.3.1　频率

一个物体每秒钟振动的次数，即该物体振动的频率，由此而产生声波的频率与其相等，单位为Hz。频率高，声音尖锐；频率低，声调低沉。人耳能听到的声波的频率范围是20 ~ 20000Hz。20Hz以下的称为次声，20000Hz以上的称为超声。

8.3.3.2　声压

在声音传播的过程中，空气压力相对于大气压的变化称为声压，其单位为牛顿每平方米（N/m^2），符号为P。

8.3.3.3　声强

声强就是声音的强度，表示1s内通过与声音前进方向成垂直的、$1m^2$面积上的能量称为声强（W/m^2），符号为I。

8.3.3.4　声功率

在单位时间内声源发射出来的总声能，称为声功率，单位为瓦特（W），符号为W。

此外还有相对应的声压降、声强级、声功率级等物理量。

8.3.3.5　噪声级

声音级只反映人们对声音强度的感觉，不能反映人们对频率的感觉，而且人耳对高频声音比对低频声音较为敏感。因此表示噪声的强弱必须同时考虑声压级和频率对人的作用，这种共同作用的强弱称为噪声级。噪声级可借噪声计测量。

8.3.4　噪声控制基本原理及技术

噪声的传播一般有三个因素：噪声源、传播途径和接受者。传播途径包括反射、衍射等各种形式的声波行进过程。只有当声源、声的传播途径和接受者三个因素同时存在时，噪声才能对人造成干扰和危害。因此，控制噪声必须考虑这三个因素。

8.3.4.1 声源控制技术

控制噪声的根本途径是对声源进行控制。控制声源的有效方法是降低辐射声源功率。在工矿企业中，经常可以遇到各种类型的噪声源，它们产生噪声的机理各不相同，所采用的噪声控制技术也不相同。

8.3.4.2 传播途径控制技术

通常由于某种技术和经济上的原因，从声源上控制噪声难以实现，这时就要从传播途径上考虑降噪措施。具体采取的方法有以下几种。

（1）吸声降噪　当声波入射到物体表面时，部分入射声波能被物体表面吸收而转化成其他能量，这种现象叫吸声。吸声降噪是一种在传播途径上控制噪声强度的方法。物体的吸声作用是普遍存在的，吸声的效果不仅与吸声材料有关，还与所选的吸声结构有关。这种技术主要用于室内空间。

（2）消声降噪　消声器是一种既能使气流通过又能有效地降低噪声的设备。通常可用消声器降低各种空气动力设备的进出口或沿管道传递的噪声。例如在内燃机、通风机、鼓风机、压缩机、燃气轮机以及各种高压、高气流排放的噪声控制中广泛使用消声器。不同消声器的降噪原理不同。常用的消声技术有阻性消声、抗性消声、损耗型消声、扩散消声等。

（3）隔声降噪　把产生噪声的机器设备封闭在一个小的空间，使它与周围环境隔开，以减少噪声对环境的影响，这种做法叫隔声。隔声屏障和隔声罩是主要的两种设计，其他隔声设备还有隔声室、隔声墙、隔声幕、隔声门等，这些隔声设备只是结构不同，其隔声降噪原理基本相同。

8.3.5 城市噪声的综合防治对策

城市噪声控制的综合防治可采取以下一些对策。

8.3.5.1 控制城市人口

严格控制城市人口密度的增长对减少城市噪声效果能起到明显的作用。为此，可采取在大城市远郊建立卫星城的办法。

8.3.5.2 合理使用土地

合理使用土地是城市建设规划中减少噪声对人的干扰的有效方法，根据不同使用目的和建筑物的噪声标准，选择建筑场所和位置，从而决定学校、住宅区和工厂区的合适地址，统筹考虑，合理规划。

8.3.5.3 噪声功能区域划分

为便于城市噪声环境质量的管理，对照《声环境质量标准》(GB 3096—2008)规定的类别，适用区域的类别，对城市已建成区的噪声功能进行划分。

阅读材料

如何防治建筑施工噪声污染

建筑施工噪声污染的防治，涉及以下几个方面。

第一，在城市市区范围内向周围生活环境排放建筑施工噪声的，应当符合国家规定的建筑施工场界环境噪声排放标准。

第二，在城市市区范围内，建筑施工过程中使用机械设备，可能产生环境噪声污染的，施工单位必须在工程开工十五日以前向工程所在地县级以上地方人民政府环境保护行政主管部门申报该工程的项目名称、施工场所和期限、可能产生的环境噪声值以及所采取的环境噪声污染防治措施的情况。如果拒报或者谎报的，由县级以上地方人民政府环境保护行政主管部门根据情节给予警告或者处以罚款。

第三，在城市市区噪声敏感建筑物集中区域即医疗区、文教科研区和以机关或者居民住宅为主的区域范围内，禁止夜间进行产生环境噪声污染的建筑施工作业，但抢修、抢险作业和因生产工艺上要求或者特殊需要必须连续作业的除外。所谓“夜间”，是指晚二十二点至晨六点期间。如果确实因为特殊需要必须连续作业的，必须有县级以上人民政府或者其有关主管部门的证明，而且必须公告附近居民。施工单位如果违反规定在夜间进行建筑施工作业的，由工程所在地县级以上地方人民政府环境保护行政主管部门责令改正，可以并处罚款。

阅读材料

噪声污染防治法2022年6月5日起施行

8.4 放射性污染及防治

在自然资源中存在着一些能自发地放射出某些特殊射线的物质，这些射线具有很强的穿透性，如^{235}U、^{232}Th、^{40}K等，都是具有这种性质的物质。这种能自发放出射线的性质称为放射性。放射性物质进入环境后，会对环境及人体造成危害，形成放射性污染。放射性污染所造成的危害，在有些情况下并不立即显示出来，而是经过一段潜伏期后才显现出来。因此，对放射性污染物的治理也就不同于其他污染物的治理。

8.4.1 放射性污染来源、分类及危害

8.4.1.1 放射性污染源

（1）天然辐射源　人类从诞生起一直就生活在天然的辐射之中，并已适应了这种辐射。天然辐射源主要来自于地球上的天然放射源，其中最主要的铀（^{235}U）、钍（^{232}Th）核素以及钾（^{40}K）、碳（^{14}C）和氚（^{3}H）等。

（2）人工辐射源　20世纪40年代核军事工业逐渐建立和发展起来，50年代后核能逐渐被广泛地应用于各行各业和人们的日常生活中，核工业各类部门排放的废水、废气、废渣是造成环境放射性污染的主要原因，从而也构成了放射性污染的人工污染源。

其他方面的污染源，如某些用于控制、分析、测试的设备使用了放射性物质，对职业操作人员会产生辐射危害。某些生活消费品中使用了放射性物质，如彩色电视机等；某些建筑材料如含铀、镭量高的花岗岩和钢渣砖等，它们的使用也会增加室内的辐射强度。

8.4.1.2 放射性污染的分类

1977年国际原子能机构推荐一种新的放射性分类标准，如表8-7所示。

表8-7　国际原子能机构建议的放射性污染分类标准

相态	类别	放射性强度A /（3.7×10^{10}Bq/m^3）	废物表面辐射剂量D /[2.58×10^{-4}C/（kg·h）]	备注
液体	1	$A\leqslant10^{-6}$	—	一般可不处理
	2	$10^{-6}<A\leqslant10^{-2}$		处理时不用屏蔽
	3	$10^{-3}<A\leqslant10^{-1}$		处理时可能需要屏蔽
	4	$10^{-1}<A\leqslant10^{4}$		处理时必须屏蔽
	5	$10^{4}<A$		必须先冷却
气体	1	$A\leqslant10^{-10}$	—	一般不处理
	2	$10^{-10}<A\leqslant10^{-6}$		一般用过滤法处理
	3	$10^{-6}<A$		用其他严格方法处理
固体	1		$D\leqslant0.2$	β、γ辐射体占优势 含α辐射体微量
	2		$0.2<D\leqslant2.0$	
	3		$2.0<D$	
	4		α放射性用Bq/m^{3}表示	从危害观点确定α辐射占优势，β、γ辐射微量

8.4.1.3 放射性污染的危害

放射性污染造成的危害主要是通过放射性污染物发出射线的照射来危害人体和其他生物体，造成危害的射线主要有α射线、β射线和γ射线。α射线穿透力较小，在空气中易被吸收，外照射对人的伤害不大，但其电离能力强，进入人体后会因内照射造成较大的伤害；β射线是带负电的电子流，穿透能力较强；γ射线是波长很短的电磁波，穿透能力极强，对人的危害最大。

放射性核素进入人体后，其放射性会对机体产生持续照射，直到放射性核素衰变成稳定性核素或全部排出体外为止。

就目前所知，人体内受某些微量的放射性核素污染并不影响健康，只有当照射达到一定剂量时，才能对人体产生危害。当内照射剂量大时，可能出现近期效应，主要表现为头痛、头晕、食欲下降、睡眠障碍等神经系统和消化系统的症状，继而出现白细胞和血小板减少等。超剂量放射性物质在体内长期残留，可产生远期效应，主要症状为出现肿瘤、白血病和遗传障碍等。如1945年原子弹在日本广岛、长崎爆炸后，居民由于长期受到放射性物质的辐射，肿瘤、白血病的发病率明显增高。

8.4.2 放射性污染的防治

目前，除了进行核反应之外，采用任何化学、物理或生物的方法，都无法有效地破坏这些核素、改变其放射性的特性。因此，为了减少放射性污染的危害，一方面要采取适当的措施加以防护；另一方面必须严格处理与处置核工业生产过程中排出的放射性废物。

辐射防护主要从下面两方面考虑。

（1）外照射防护　辐射防护的目的主要是为了减少射线对人体的照射，人体接受的照射剂量除与源强有关外，还与受照射的时间及距辐射源的距离有关。为了尽量减少射线对人体的照射，应使人体远离辐射源，并减少受照时间。在采用这些方法受到限制时，常用屏蔽的办法，即在放射源与人之间放置一种合适的屏蔽材料，利用屏蔽材料对射线的吸收降低外照射的剂量。

① α射线的防护　α射线射程短，穿透力弱，因此用几张纸或薄的铝膜，即可将其吸收。

② β射线的防护　β射线穿透物质的能力强于α射线，因此对屏蔽β射线的材料可采用有机玻璃、烯基塑料、普通玻璃及铅板等。

③ γ射线的防护　γ射线穿透能力很强，危害也最大，常用具有足够厚度的铅、铁、钢、混凝土等屏蔽材料屏蔽γ射线。

（2）内照射防护　内照射防护基本原则是阻断放射性物质通过口腔、呼吸器官、皮肤、伤口等进入人体的途径或减少其进入量。

阅读材料

什么是放射性衰变？

8.5 电磁污染、振动污染、热污染

8.5.1 电磁污染

电磁波是电场和磁场周期性变化产生波动并通过空间传播的一种能量，也称为电磁辐射。随着科学技术的进步，电气与电子设备在工业生产、科学研究与医疗卫生等各个领域中得到了广泛的应用。各种视听设备、微波加热设备等也广泛地进入人们的生活之中，应用范围不断扩大，设备功率不断提高。所有这些都导致了地面上的电磁辐射大幅度增加，已直接威胁到人类的健康。因此电磁辐射所造成的环境污染必须予以重视并加强防护技术的研究与应用。

采用适当的方式和强度，电磁辐射可以造福人类，如用其照射人体一定部位，可以帮助医生对病人进行诊断或对某些疾病进行治疗。但辐射过强，则会引起器官的损伤。另外，还可以利用电磁辐射发射各类有用的信号来丰富人们的生活，如广播、电视及无线通信。但如果作业和生活环境中的电磁辐射超过一定强度，人体受到长时间辐照，就会产生不同程度的伤害，这就称为电磁污染。

8.5.1.1 电磁污染的来源

影响人类生活的电磁污染源可分为天然污染源与人为污染源两种。

（1）天然污染源　天然的电磁污染源是由某些自然现象引起的。最常见的是雷电，它除了可以对电气设备、飞机、建筑物等直接造成危害外，还可在广大地区从几千赫到几百兆赫的极宽频率范围内产生严重的电磁干扰。此外，太阳和宇宙的电磁场源自然辐射，以及火山喷发、地震和太阳黑子活动引起的磁暴等也都会产生电磁干扰。天然的电磁污染对短波通信的干扰特别严重。一些环境专家把电磁污染称为第五大公害，虽然它不像废气、废水、废渣一样，能使天变浑、水变黑，但它是一种能量流污染，看不见、摸不着，但却实实在在存在着。它不仅直接危害着人类的健康，还在不断地“滋生”电磁辐射干扰，进而威胁着人类生命。

（2）人为污染源　人为的电磁污染源主要有：脉冲放电，例如切断大电流电路时产生火花放电，其瞬时电流变化率很大，会产生很强的电磁干扰；工频交变电磁场，例如在大功率电机、变压器以及输电线等附近的电磁场，它并不以电磁波形式向外辐射，但在近场区会产生严重电磁干扰；射频电磁辐射，例如无线电广播、电视、微波通信等各种射频设备的辐射，频率范围宽广，影响区域也较大，能危害近场区的工作人员。

8.5.1.2　电磁污染的危害

（1）危害人体健康　生物机体在射频电磁场的作用下，可以吸收一定的辐射能量，并因此产生生物效应。这种效应主要表现为热效应，因为在生物体中一般均含有极性分子与非极性分子，在电磁场的作用下，极性分子重新排列的方向与极化的方向变化速度也很快。变化方向的分子与其周围分子发生剧烈的碰撞而产生大量的热能。当射频电磁场的辐射强度被控制在一定范围时，可对人体产生良好的作用，如用理疗机治病；当超过一定范围时，会破坏人体的热平衡，对人体产生危害。电磁辐射能诱发各种疾病，使发病率增高。

（2）干扰通信系统　如果对电磁辐射管理不善的话，大功率的电磁波在室中会互相产生严重的干扰，导致通信系统受损，造成严重事故的发生。特别是信号的干扰与破坏，可直接影响电子设备、仪器仪表的正常工作，使信息失误，控制失灵，对通信联络造成意外。

8.5.1.3　电磁污染的防护

控制电磁污染也同控制其他类型的污染一样，必须采取综合防治的办法，才能取得更好的效果。为了从根本上防治电磁辐射污染，首先要从国家标准出发，对产生电磁波的各种工业和家用电器设备和产品，提出较严格的设计指标，尽量减少电磁能量的泄漏，从而为防护电磁辐射提供良好的前提；其次通过合理的工业布局，使电磁污染源远离居民稠密区，以加强损害防护；应制定设备的辐射标准并进行严格控制；对已经进入到环境中的电磁辐射，要采取一定的技术防护手段，以减少对人及环境的危害。下面介绍几种常用的防护电磁辐射的方法。

（1）屏蔽防护　使用某种能抑制电磁辐射扩散的材料，将电磁场源与其环境隔离开来，使辐射能限制在某一范围内，达到防止电磁污染的目的，这种技术手段称为屏蔽防护。从防护技术角度来说，这是目前应用最多的一种手段。电磁屏蔽分为主动屏蔽和被动屏蔽两类。主动屏蔽是将电磁场的作用限定在某一范围内，使其不对此范围以外的生物机体或仪器设备产生影响。具体做法是用屏蔽壳体将电磁污染源包围起来，并对壳体进行良好的接地，这种方法可以屏蔽电磁辐射强度很大的辐射源。被动屏蔽是将场源放置于屏蔽体外，使场源对限定范围内的生物机体及仪器设备不产生影响。具体做法是用屏蔽壳体将需保护的区域包围起来，屏蔽体可以不接地。

（2）吸收防护　采用对某种辐射能量具有强烈吸收作用的材料，敷设于场源外围，以防止大范围的污染。吸收防护是减少微波辐射危害的一项积极有效的措施，可在场源附近将辐射能大幅度降低，多用于近场区的防护上。

（3）个人防护　个人防护的对象是个体的微波作业人员，当因工作需要操作人员必须进入微波辐射源的近场区作业时，或因某些原因不能对辐射源采取有效的屏蔽、吸收等措施时，必须采取个人防护措施，以保护作业人员的安全。个人防护措施主要有穿防护服、戴防护头盔和防护眼镜等。

8.5.2 振动污染

振动是一种普通的运动形式，当一个物体处于周期性往复运动的状态时，就可以说物体在振动。强烈的振动对房屋、桥梁等会带来严重的损坏，而振动本身也会形成噪声源，因此，振动也是一种危害人体健康的感觉公害。

8.5.2.1 振动污染的来源

振动污染主要来源于自然振动和人为振动。自然振动主要由地震、火山爆发等自然现象引起。人为振动主要来源于工厂、施工作业、交通运输等场所。如锻压、破碎、矿山爆破、建筑工地打桩等。

8.5.2.2 振动的危害

振动对人体、设备、建筑等都会产生直接的危害。如损伤人的机体，引起各种病症（如头晕等）；损坏设备，使建筑物开裂、倒塌，有时会产生共振使桥梁断裂等。振动有时会产生噪声，因此，振动源往往又是噪声源。

8.5.2.3 振动污染的防治

振动污染可以优化产品设计，减少物体的振动；采用隔振、吸振、阻尼等技术，如安装减振装置，把振动局限于振源上；采用通过摩擦作用把振动能量转换成热能而耗散的措施；此外，还可以采取个人防护措施（如戴手套等），以免在强烈振动的环境中受振动危害。

8.5.3 热污染

由于人类的某些活动，使局部环境或全球环境发生增温，并可能对人类和生态系统产生直接或间接、即时或潜在危害的现象称为热污染。热污染包括以下内容：①燃料燃烧和工业生产过程中产生的废热直接向环境排放；②温室气体的排放，通过大气温室效应的增强，引起大气增温；③由于消耗臭氧层物质的排放，破坏了大气臭氧层，导致太阳辐射的增强；④地表状态的变化，使反射率发生变化，影响了地表和大气间的换热等。

8.5.3.1　热污染的来源

热污染主要来自消耗能源排放出的热量，也包括人口增加导致居民生活和交通工具等消耗增多而排放出的废热。以火力发电的热量为例，在燃料燃烧的能量中，40%转化为电能，12%随烟气排放，48%随冷却水进入到水体中。在核电站，能耗的33%转化为电能，其余的67%均变为废热转入水中。

8.5.3.2　热污染的危害

热污染除影响全球或区域性的自然环境热平衡外，还会对大气和水体造成危害。由于废热气体在废热排放总量中所占比例较小，因此，它对大气环境的影响表现不太明显，还不能构成直接的危害。而温热水的排放量大，排入水体后会在局部范围内引起水温的升高，使水质恶化，对水生物圈和人的生产、生活活动造成危害。水温升高时，藻类种群将发生改变，在具有正常混合藻类种的河流中，20℃时硅藻占优势；30℃时绿藻占优势；在35 ~ 40℃时蓝藻占优势。蓝藻占优势时，则发生水污染，水有不好的味道，不宜供水，并可使人、畜中毒。

8.5.3.3　热污染的防治

（1）改进热能利用技术，提高热能利用率　通过提高热能利用率，既节约了能源又可以减少废热的排放。如美国的火力发电厂，20世纪60年代时平均热效率为33%，现已提高到40%，使废热的排放量降低很多。

（2）利用温排水冷却技术减少温排水　电力等工业系统的温排水，主要来自工艺系统中的冷却水，对排放后容易造成热污染的这种冷却水，可通过冷却塔或冷却池冷却的方法使其降温，降温后的冷水可以回到工业冷却系统中重新使用。比较常用的为冷却塔冷却。在塔内，喷淋的温水与空气对流流动。通过散热和部分蒸发达到冷却的目的。应用冷却水回用的方法，节约了水资源，又可向水体不排或少排温热水，减少热污染的危害。

8.5.3.4　废热的综合利用

对于工业装置排放的高温废气，可通过如下途径加以利用：①利用排放的高温废气预热冷原料气；②利用废热锅炉将冷水或冷空气加热成热水和热气，用于取暖、淋浴、空调加热等。对于温热的冷却水，可通过如下途径加以利用：①利用电站温热水进行水产养殖，如国内外均已试验成功用电站温排水养殖非洲鲫鱼；②冬季用温热水灌溉农田，可延长适于作物的种植时间；③利用温热水调节港口水域的水温，防止港口冻结等。

通过上述方法，可对热污染起到一定的防治作用。但由于对热污染研究得还不充分，防治方法还存在许多问题，因此有待进一步探索提高。

本章小结

本章主要介绍了固体废物的来源、分类以及对环境和人类的影响，要求熟悉固体废物的防治技术；对土壤污染、噪声污染、放射性污染、振动污染和热污染的来源及危害要清楚，并了解对应的防治办法。

思考与实践

1．固体废物的来源有哪些？如何分类？有哪些危害？

2．简述固体废物的防治措施。

3．做一次调查，分析你周围生活环境中经常产生哪些固体废物以及这些废物是如何处置的？查阅有关资料，研究国外发达国家是如何处置的，思考有无可借鉴之处。

4．简述土壤污染的来源及危害。

5．噪声污染的控制技术有哪些？你生活的环境中有哪些噪声污染，如何防治？

6．放射性污染的危害有哪些？其防治措施有哪些？

7．电磁辐射污染的防护措施有哪些？

8．热污染、振动污染各包括哪些方面？其危害有哪些？应怎样防治？

城市垃圾排放和处理

一、课题目的和意义

1．了解本地区垃圾排放情况和污染状况。

2．了解本地区城市垃圾处理方法。

二、研究的成果形式

1．完成一份城市垃圾排放及处理调查报告。

2．结合本地实际，设计一项城市垃圾处理技术包括基本原理、主要指标、条件、投资情况、主体设备寿命、环境效益分析等，并画出简单处理流程图。

3．结合本地实际情况提出“无害化”“减量化”“资源化”的城市垃圾分类收集、处理建议。

工业固体废物综合利用考察

一、研究目的

1. 了解所在地区工矿企业工业固体废物污染情况及产生的原因。
2. 了解工业固体废物的污染控制技术（包括方法、工艺流程、主要设备等）。

二、要求

就工业固体废物的利用状况写出一篇考察报告。

阅读材料

未来世界无废物

“25只软饮料瓶可以做成一件运动衫”，说这话的人既不是滑稽演员，也不是新奇的时装设计师，而是一位严肃的研究人员。她所在的公司专门从事废品再利用的研究和开发，这已经成为一种潮流。在一次博览会上，制造商展出了用塑料袋做成的化纤睡衣、由废旧电话线做成的项链。从垃圾中发掘财富，形成了工业中一个兴旺发达的分支，并对文明社会生产与消费的平衡起着越来越重要的作用。

受到垃圾利用前景的鼓舞，有关的工厂和企业在各地纷纷建立起来。以美国为例，街头回收组织从20世纪90年代初的600个增加到现在的6600个。就废旧纸张的重新利用程序来看，英国达到了35%，美国达到了40%，德国和日本达到了50%。在所有的再利用规划中，德国最为积极大胆。根据一项立法，德国企业必须对其产品的循环利用负责。企业界组建了一个非营利性的联盟，由它来雇佣垃圾开发利用公司处理废弃的产品。随着废物利用市场的不断开发，力求做到无废物。

9 环境监测与评价

知识目标	能力目标	素质目标
1. 了解环境监测的作用、目的和任务； 2. 掌握环境监测的分类和原则； 3. 了解环境质量评价的基本概念； 4. 了解环境影响评价的基本概念	能根据常用法规、标准和产业政策对典型建设项目进行分析，提出建议	1. 践行社会主义核心价值观，培养深厚的爱国情感和中华民族自豪感； 2. 培养科学分工合作、优势互补的团队合作能力和互助精神

重点难点

重点：环境监测的分类和原则；环境质量评价的基本概念

难点：环境监测的目的和任务

9.1 环境监测

环境监测这一概念最初是随着核工业的发展而产生的。放射性物质对人及周围环境的威胁，迫使人们对核变过程的强度进行监测，并随时发出警报。随着工业的发展，环境污染问题的频频出现，监测的含义扩大了。由工业污染源监测逐步走向大环境的监测，即监测对象不仅是污染因子，还延伸到环境行为，如生物、生态的监测。

环境监测就是为了特定目的，按照预先设计的时间和空间，用可以比较的环境信息和资料收集的方法，对一种或多种环境要素或指数进行连续观察、测定，分析其变化及对环境影响的过程。

环境监测是开展环境管理和环境科学研究的基础，是制定环境保护法规的重要依据，是搞好环保工作的中心环节。

9.1.1 环境监测的意义和作用

环境质量的变化受多种因素的影响，例如企业在生产过程中，由于受工艺、设备、原材料和管理水平等原因的限制，产生“三废”以及其他污染物或因素，引起环境质量下降。这些因素可用一定的数值来描述，如有害物质的浓度、排放量、噪声级和放射强度等。环境监测就是测定这些值，并与相应的环境标准相比较，以确定环境的质量或污染状况。

环境是一个非常复杂的综合体系。人们只有获得大量的环境信息，了解污染物的产生过程和原因，掌握污染物的数量和变化规律，才能制定切实可行的污染防治规划和环境保护目标，完善以污染物控制为主要内容的各类控制标准、规章制度，使环境管理逐步实现从定性管理向定量管理、单向治理向综合整治、浓度控制向总量控制转变，而这些定量化的环境信息，只有通过环境监测才能得到。离开环境监测，环境保护将是盲目的，更谈不上加强环境管理。

对于企业来说，为了防止和减少污染物对环境的危害，掌握环境质量的转化动态，强化内部环境管理，必须依靠环境监测，这是企业环境管理和污染防治工作的重要手段和基础。其作用主要体现在以下几个方面。

① 判断企业周围环境是否符合各类、各级环境质量标准，为企业环境管理提供科学依据。如掌握企业各种污染源的污染物浓度、排放量，判断其是否达到国家或地方排放标准，是否应缴纳排污费，是否达到上级下达的环境考核指标等，同时为考核、评审环保设施的效率提供可靠数据。

② 为新建、改建、扩建工程项目执行环保设施“三同时”和污染治理工艺提供设计参数，参加治理设施的验收，评价治理设施的效率。

③ 为预测企业环境质量，判断企业所在地区污染物迁移、转化、扩散的规律，以及在时空上的分布情况提供数据。

④ 收集环境本底及其转化趋势的数据，积累长期监测资料，为合理利用自然资源及“三废”综合利用提出建议。

⑤ 对处理事故性污染和污染纠纷提供科学、有效的数据。

总之，环境监测在企业环境保护工作中发挥着调研、监察、评价、测试等多项作用，是环境保护工作中的不可缺少的组成部分。

9.1.2 环境监测的目的和任务

（1）评价环境质量，预测环境质量变化趋势。

① 提供环境质量现状数据，判断是否符合国家制定的环境质量标准。

② 掌握环境污染物的时空分布特点，追踪污染途径，寻找污染源，预测污染的发展动向。

③ 评价污染治理的实际效果。

（2）为制定环境法规、标准、环境规划、环境污染综合防治对策提供科学依据。

① 积累大量不同地区的污染数据，依据科学技术和经济水平，制定出切实可行的环境保护法规和标准。

② 根据监测数据，预测污染的发展趋势，为环境质量评价提供准确数据，为作出正确的决策、制定环境规划提供可靠的资料。

（3）收集环境本底值及其变化趋势数据，积累长期监测资料，为保护人类健康和合理使用自然资源，以及确切掌握环境容量提供科学依据。

（4）揭示新的环境问题，确定新的污染因素，为环境科学研究提供方向。

9.1.3 环境监测的分类和原则

9.1.3.1 环境监测的分类

按环境监测目的和性质不同可分为研究性监测、监视性监测和特定目的监测。

（1）研究性监测　又称科研监测。对某一特定环境的监测，首先要鉴定需要注意的污染因素，研究确定污染因素从污染源到受体的运动规律。如果监测结果表明存在环境污染问题时，还必须确定污染因素对人体、生物体和其他物体的危害性质和影响程度。这类监测周期长，监测范围广。

（2）监视性监测　又称常规监测或例行监测。指监测环境中已知污染因素的现状和变化趋势，确定环境质量，评价控制措施的效果，判断环境标准实施的情况和改善环境取得的进展。其中包括污染源监控和污染趋势监控。

（3）特定目的监测　又称特例监测或应急监测。这类监测包括以下几方面的监测。

① 污染事故监测　确定各种紧急情况下的污染程度和范围。如核动力事故发生时放射性物质危害的空间，油船石油溢出污染的范围，工业污染源意外事故造成的影响等。

② 仲裁监测　此项监测主要为解决执行环境法过程中发生的矛盾提供依据。如目前我国排污收费仲裁的监测，处理污染事故纠纷时向司法部门提供的仲裁监测等。

③ 考核验证监测　如应急性的考核监督监测及治理项目竣工验收监测等。

④ 咨询服务监测　为其他部门提供科研、生产的各类监测数据。常采用流动监测（监测车、船等）、空中监测、遥感等手段。

按监测对象不同可分为水污染监测、大气污染监测、土壤污染监测、生物污染监测、固体废物监测及能量污染监测等。

按污染物或污染因素的性质不同，可分为化学毒物监测、卫生（包括病原体、病毒、寄生虫等污染）监测、热污染监测、噪声和振动污染监测、光污染监测、电磁辐射污染监测、放射性污染监测和富营养化监测等。

9.1.3.2 环境监测的原则

影响环境质量的因素复杂繁多，但由于受监测手段、经济、设备等诸多条件的限制，实际监测工作也不可能包罗万象，应根据需要和可能进行选择监测，并要坚持以下几条原则。

（1）树立“环境监测要符合国情”的指导原则　随着科学技术的进步，环境监测技术发展很快。自动监测技术普及化、实验室分析及数据管理计算机化、监测布局设计最优化、遥感、遥测技术实用化以及综合观测体系网络化等是现今环境监测技术发展的特点。我们应加快监测技术发展的步伐，同时还要注意监测技术装备的水平不能脱离我国当前经济技术发展的现实。所以，各地应结合自己的实际情况，建立合理的环境监测指标体系，在满足环境监测要求的前提下，确定监测技术路线和技术装备，建立准确可靠、经济实用的环境监测方案。

（2）全面规划、合理布局的原则　环境问题的复杂性决定了环境监测的多样性。必须把各地区、各部门、各行业的监测站组成监测网，才能全面掌握环境质量状况。贯彻全面规划、合理布局的原则应做到以下几点。

① 在监测布局上要完善四级站建制的现行监测站分布格局，重点放在经济发达地区的城市污染监测和农业生态监测，城市污染监测的重点应逐步由区域性环境质量监测转向重点面污染源监测。

② 在各部门之间的关系上，要在生态环境部的组织协调下，发挥各自的优势。环保部门以区域环境质量监测、污染源监督监测、科研服务监测为主，并负责全国环境监测的组织、规划、协调、监督和指导；工业部门应以污染源监测为主；农业部门以土壤和农业生态监测为主；卫生部门以健康影响监测为主；海洋部门以海洋环保监测为主；气象部门以大气背景监测为主；水利部门以水质背景监测和大江大河主要江段水质监测为主。

③ 在监测技术路线上要根据监测点位的重要程度，区分不同情况，有的放矢采取瞬时采样-实验室分析、自动采样-实验室分析、自动监测及遥感遥测等手段，发挥各自技术路线的长处，不要一刀切。

④ 在监测技术发展上要对监测布点、采样、分析测试及数据处理系统进行全面规划，使监测布局优化技术、采样技术、分析测试技术及监测数据处理技术协调发展。

（3）优先监测原则　环境监测的项目很多，不可能同时进行，必须坚持优先监测的原则。首先要考虑的是污染物的重要性和迫切性，对影响范围大的污染物要优先监测；其次考虑局部污染严重的污染物。优先监测污染物包括：对环境影响大的污染物；已有可靠的监测方法并能获得准确数据的污染物；已有环境标准或其他依据的污染物；在环境中的含量已接近或超过规定的标准浓度，污染趋势还在上升的污染物；环境样品有代表性的污染物。

9.1.4　环境监测的步骤

在环境监测工作中无论是污染源监测还是环境质量监测，一般都要经过以下几个步骤。

① 现场调查与资料收集。主要调查收集区域内各种自然与社会环境特征，包括地理位置、地形地貌、气象气候、土壤利用情况及社会经济发展情况。

② 确定监测项目。

③ 监测点位置的选择及布设。

④ 采集样品。

⑤ 样品的运送保存与分析测试。

⑥ 数据处理与结果上报。

9.1.5 环境监测技术

环境监测技术多种多样，大体可分为化学分析法、仪器分析法和生物监测方法等。

9.1.5.1 化学分析法

化学分析法主要是利用化学反应及其计量关系进行分析监测，是目前广泛使用的分析技术。该法以分析化学为基础，对污染物侧重于定量分析，包括重量法、容量法、比色法。其主要特点为：准确度高，相对误差一般小于0.2%；仪器设备简单，价格便宜；灵敏度低，适用于常量组分测定，不适于微量组分测定。

（1）重量法　将待测样品中的被测组分与其他组分分离，称量该组分的重量，并计算出待测组分在样品中的含量，这种方法称为重量法。根据反应原理不同可分为沉淀重量法和气化重量法。

沉淀重量法的一般过程是：称样—溶（熔）样—制备成溶液—沉淀出被测组分—过滤、洗涤—烘干、灼烧—称量沉淀物重量—计算被测组分含量。常用于监测空气中的总悬浮颗粒物（TSP）、飘尘（IP）、水中的悬浮物（SS）及油类（OI）等。

当被测组分是挥发性的，或加入试剂反应后能生成气体的，可采用气化重量法。常用来测定土壤及固体环境样品中的水分。

重量法的全部数据都是由分析天平称量得来的，一般不需要基准物质，且设备简单，操作容易，但比较费时，由于是手工操作所以人为误差较大。

（2）容量法　将已知准确浓度的标准溶液，滴加到被测样品的溶液中，当加入标准溶液的量与被测组分的含量相当时（称为等当点），由消耗标准溶液的量可以计算出被测组分的含量，这种方法称为容量法。根据反应原理不同，可以分为中和法、沉淀滴定法、络合滴定法、氧化还原法等。

容量法装置简单、操作简便，反应迅速，适于现场快速测定，其结果准确度较高。

（3）比色法　主要是根据溶液对光的吸收特点而进行的分析监测方法。当在试液中加入适当的试剂，与所需测定的组分发生显色反应，比较测定此溶液对其互补光的吸收（颜色的浓淡）程度，从而对其成分进行定量分析。

比色法的基础是朗伯-比尔定律，即显色溶质的吸光度与溶液的浓度和液层的厚度成正比。当制备不同浓度的标准溶液时，将一定厚度液层所测得的吸光度作为纵坐标，溶液浓度作为横坐标，则可以得到两者之间的关系。比色法可以分为目视比色法和光电比色法。

目视比色法是对所测定的成分，制备一系列已知浓度的标准溶液，将其置于直径相等的比色管中，加显色剂显色，在完全相同的条件下进行操作，并将试样颜色与此标准系列比较，以颜色最接近的标准溶液的浓度确定试样浓度。此法操作简便，便于野外现场测定，但精度较差，人为误差大。

光电比色法是由光电比色计滤光片得到单色光与被测液的颜色互补，取得最大吸收，通过测其吸光度的大小来求得试样浓度，同样要作标准曲线。由于分光光度法更准确、更灵敏，所以目前此法已多被分光光度法所代替。

比色法具有简便、迅速、灵敏等特点，对微量成分也有较好的测定精度。

9.1.5.2　仪器分析法

仪器分析法也叫理化分析法，是基于物理或物理化学原理和物质的理化性质而建立起来的分析监测方法。仪器分析法的共同特点为：灵敏度高，适用于微量、痕量甚至超痕量组分的分析；选择性强，对试样预处理要求简单；响应速度快，容易实现连续自动测定；有些仪器可以联合使用，使每种仪器的优点都得到充分利用；仪器的价格高，设备复杂，对于操作环境条件要求较高，需要经常维护保养，推广使用受到一定的限制。仪器监测技术是监测技术的发展方向。

根据工作原理不同，仪器分析法可分为电化学分析法、光谱分析法、色谱分析法、质谱分析法、波谱分析法、射线分析法等。

（1）电化学分析法　这类方法是以电化学理论和物质的电化学性质为基础建立起来的，通常将试样溶液作为化学电池的一个组成部分，研究和测量溶液的电物理量，如电极电位、电流、电阻、电容和电量等，从而测定物质的含量。电化学方法包括电导法、电位法、电量法（库仑法）、极谱法。

① 电导法　在一定温度下，电解质溶液的电导率与其溶液的浓度成正比，通过测定溶液的电导率可以求得溶液中某种离子的浓度。电导法使用的仪器是电导仪。此法仪器简单，操作容易，广泛应用于水质自动监测、盐度、水的纯度、溶氧的测定中。

② 电位法　基于能斯特原理，溶液中指示电极的电位和溶液中某离子的浓度有一定的关系，通过测定指示电极的电位，即可求得离子的浓度。借某种活性膜直接反映出溶液中特定离子的浓度，叫离子选择性电极法。常见的离子选

择性电极有玻璃膜电极、固膜电极、液膜电极、气敏电极等。离子选择性电极法可以测定F^-、Br^-、Cl^-、CN^-、S^{2-}、NO_3^-、Pb^{2+}、Ca^{2+}、Hg^{2+}等几十种离子。

③ 极谱法　极谱就是极化曲线的简称，极谱法是在特殊条件下的电解法。通过二电极在被测溶液中的氧化还原反应，得到电流电压曲线——极谱图来测定物质含量。此法常用来测定地下水及食品中的微量重金属Cu、Pb、Zn、Cd等。

④ 库仑法　是在电解法的基础上发展起来的一种电化学分析方法。在电场的作用下，利用原电池氧化还原反应的平衡破坏，通过溶液中消耗电量的多少来计算被测组分的含量。此法主要用来测定大气中SO_2的浓度。

（2）光谱分析法　以物质的光学光谱性质为基础进行分析，可以分为原子光谱和分子光谱。原子光谱按跃迁形式的不同分为发射光谱、吸收光谱和荧光光谱；分子光谱按波长的长短不同分为远红外、红外、紫外可见光谱及激光拉曼光谱。光谱分析法操作简单，选择性好，准确度和稳定性高，分析速度快，成本低，应用范围广，主要适用于环境样品重金属含量监测，可测50多个元素，准确度高达10^{-6}级。

（3）色谱分析法　又称层析法。使混合物在不同的两相中做相对运动反复分配达到分离的效果，然后进行分析。以气体为流动相的色谱称为气相色谱；以液体为流动相的称为液相色谱。

色谱技术具有很好的分离效果，但在定性分析上尚不能满足要求，而如果色谱与质谱或红外光谱联机使用将是一个理想的分析手段。若色谱和质谱联用，那么在分离手段和监测方法上可以实现优势互补，能够解决很多复杂的监测分析问题，并且随着计算机的应用，可以自动控制色谱-质谱的操作，自动采集质谱数据，自动校准和计算精确质量，自动给出元素组成，显示并打印出色谱质谱图。

（4）质、波谱分析法　包括质谱法和核磁共振谱法。质谱与电镜结合构成离子探针，能进行同位素、微区、表面、结构分析，所需试样的量很少，可以在不损伤试样的情况下分析。

（5）射线分析法　包括X射线荧光光谱法、电子能谱法、仪器中子活化法。

9.1.5.3　生物监测方法

生物监测是应用生物评价技术和方法对环境中某一生物系统的质量和状况进行测定，常用来弥补理化监测之不足。目前生物监测方法主要包括生物群落监测法、细菌学检验监测法、生物残毒监测法、急性毒性实验和致突变物监测法等。

（1）生物群落监测法

① 水体污染的生物群落监测法　即水污染生态学监测。主要是根据浮游生物在不同污染带中的物种频率或相对数量，或通过数学计算所得出的简单指数值来作为水污染程度的指标。该法又可分为污水生物体系法、生物指数法和水生植物法。

② 大气污染的植物监测法　植物对大气污染的特殊敏感性以及不同植物对各种污染物反应的差异，使得植物可以作为一种监测器，来监测大气环境的污染水平。该法包括指示植物监测法和植物群落监测法。其中指示植物监测法又包括现场调查法、盆栽定点监测法以及利用地衣、苔藓植物的监测法。

（2）细菌学检验监测法　天然水体被污染后，污水中的有机物在一定条件下会影响着水中微生物的变化。一般的水域在未受污染的情况下细菌数量较少，当水体受到污染后细菌数量相应增加，细菌数量越多说明污染越严重。细菌检验监测法包括细菌总数法和大肠杆菌监测法。

（3）生物残毒监测法　因为生物对污染物具有一定的富集能力，因此可以通过测定污染物在生物体内的富集量来监测环境污染的程度。生物组织中有害物质的分析方法与大气、水体中有害物质的分析监测方法基本一致，只是在试样的采集、制备和预处理方面有所差别。特别值得注意的是污染物在生物体中各部位的分布是不均匀的，并且与生物的种类有关，因此，了解生物体中各种有害物质含量的分布情况和特点对生物残毒监测结果的代表性和可比性是至关重要的。

9.1.6　环境监测设计

环境监测设计的一般步骤如下。

（1）现场调查和收集监测区域各种相关资料。

（2）确定监测项目并选择相应的监测方法　监测项目主要根据国家规定的环境质量标准、本地主要污染源及其主要排放物的特点来选择，同时，还要测定一些气象、水文测量项目。

（3）按照一定的优化原则进行监测点的布设

① 大气污染监测优化布点的基本原则　采样点的位置应包括整个监测地区的高浓度、中浓度和低浓度三种不同的地方；污染源集中、主导风向比较明显时，污染源的下风向为主要监测范围，应布设较多的采样点，上风向布设较少采样点作对照；工业比较集中的城区和工矿区，采样点数目多些，郊区和农村则可少些；人口密度大的地方采样点的数目多些，人口密度小的地方可少些；超标地区采样点的数目多些，未超标地区可少些。目前大气污染监测的布点方法有网格布点法、扇形布点法、同心圆布点法和按功能区划分的布点法。

② 地表水水质监测布点的基本原则　在大量废水排入河流的主要居民区、工业区的下游和上游；湖泊、水库、河口的主要出口和入口；河流主流道、河口、湖泊和水库的代表性位置；主要用水地区，如公用给水的取水口、商业性捕鱼水域等；主要支流汇入主流、河口或沿海水域的汇合口。目前水质污染监测的布点方法是采用设置断面的布点方法，所设置的断面有对照断面、控制断

面和消减断面三种。

在采样时间方面，为了掌握水质的变化，最好能1个月采1次水样。一般常在丰、枯、平水期，每期采样2次。另外，北方的冰封期和南方的洪水期各增加采样2次。如受某些条件限制，至少也要在丰水期和枯水期各采样1次。

（4）采集样品，并进行适当的保存、运输和预处理

① 大气样品的采集和保存　在采样时间方面，尽可能在污染物出现高、中、低浓度的时间内采集。对于日平均浓度的测定，每隔2 ~ 4h采1次，测定结果能较好地反映大气污染的实际情况。特殊情况下，每天至少也应测定3次，时间分配在大气稳定的夜间、不稳定的中午和中等稳定的早晨或黄昏。对于年平均浓度的测定，最好是每月1次，每次测3 ~ 5天，每天的采样时间和次数与测定日平均浓度相同。

在采样方法方面，当大气中污染物浓度较高和测定方法灵敏度高时，采用直接采样法；当大气中被测物质的浓度较低或分析方法的灵敏度不够高时，采用浓缩采样法，浓缩采样法有溶液吸收法、固体阻留法和低温冷凝法。

大气样品在采运过程中应该注意避免日光直接照射；采样装置恒温设备的温度应保持在10 ~ 16℃，若气温高于20℃应用冷藏瓶运送样品；采样后要及时将采样时的各种条件记录在采样记录表中；样品若不能当天分析，应置于冰箱中，最长贮存时间不能超过一周。

② 水样的采集和保存　在采样方法方面，根据监测项目确定是混合采样还是单独采样。采集表层水样可用桶、瓶等容器直接采取；当水深大于5m时，或采集有溶解性气体、还原性物质等水样时，需选择适宜的采样器采样；水文气象参数及部分水质监测项目，需在现场进行测试。

样品离开水体进入样品瓶后，由于环境条件的改变、微生物的新陈代谢活动和化学作用的影响，会引起水样组分的变化而带来较大的误差。因此，从采样到分析测定的时间间隔应尽可能缩短，如不能及时分析测定的样品，应采取适当的方法存放样品。目前较为普遍的保存方法有冷藏冷冻法和加入化学试剂法。

（5）按照选定的监测方法进行样品测定　表9-1、表9-2中列举了大气中有害物质及地表水中有害物质的部分测定方法，供参考。

表9-1　大气中有害物质的测定方法

项目	主要方法	方法特点
二氧化硫	盐酸副玫瑰苯胺比色法	灵敏，选择性，但吸收剂毒性大
	双氧水吸收-配位滴定法	可消除酸性物质干扰，结果较准确
	定电位滴定法	干扰物质少，结构简单，移动性能稳定
	库仑滴定法	可以和计算机联用，可同时测定环境大气二氧化硫小时平均浓度和日平均浓度

续表

项目	主要方法	方法特点
氮氧化物（换算成NO_2）	化学发光法	快速、准确，测定范围0.009 ~ 18.8mg/m^3
	盐酸萘乙二胺比色法	方法灵敏，测定范围广。采用高浓度三氧化铬氧化管串联氧化，可基本上消除SO_2、H_2S的干扰
一氧化碳	红外吸收法	受流量影响较小，不需化学溶液；测量范围宽，响应时间短。缺点是零点漂移，标气昂贵，灵敏度不高
	五氧化二碘氧化法	采用锌铵络盐溶液、碱性双氧水溶液及铬酸、硫酸混合液进行串联预吸收可以消除SO_2、NO_x的干扰
	气相色谱法	方法无干扰，并能测量0.03 ~ 50mg/m^{3}范围的一氧化碳。需配专门训练人员操作
	汞置换法	灵敏、快速、响应时间短，并能测量0.05 ~ 63mg/m^{3}范围的一氧化碳
硫化氢	亚甲基蓝比色法	方法比较灵敏，显色稳定，干扰小。由于低浓度的硫化氢在水溶液中极不稳定，易氧化，因此解决采样过程和存放过程中硫化氢稳定性问题是该法的关键
	碘量法	用酸性双氧水预吸收，在SO_2 ＜2500×10^{-6}，NO_x ＜300×10^{-6}时，测定误差＜10%
氨	纳氏试剂比色法	方法简便，选择性差
	靛酚蓝比色法	方法较灵敏、准确、选择性好，但操作复杂
	亚硝酸比色法	方法较灵敏、操作较复杂，要求严、标准曲线在0 ~ 8μg/5mg范围内是直线关系，检出下限是1μg/5mg
甲醛	酚试剂比色法	灵敏度好，选择性略差，采样简便，可用于常规监测
	乙酰丙酮比色法	选择性好，但灵敏度略低，操作复杂
乙醛	气相色谱法	方法灵敏，应用范围广
丙酮	气相色谱法	适用于测定大气中0.05 ~ 5.0mg/m^{3}的丙酮，当浓度高于此范围上限时，可直接进样测定。方法灵敏、快速
	糠醛比色法	灵敏度、重现性好，误差小，检出下限2μg/5mL
丙烯醛	气相色谱法	适于测大气中0.05 ~ 5.0mg/m^{3}的丙烯醛，当浓度高于此范围上限时，可直接进样测定。方法灵敏、快速
	4-己基间苯二酚比色法	丙烯醛在1 ~ 30μg时，在波长605nm下比色符合朗伯-比尔定律，检出下限是5μg/10mL
过氧乙酰硝酸酯（PAN）	气相色谱法	准确度可达5%范围内。PAN标气难得；操作要求严格
光化学氧化剂	碘化钾法： （1）磷酸盐缓冲的中性碘化钾法（NBKI法）； （2）改进的中性碘化钾法（KIBRT法）； （3）硼酸碘化钾法（BAKI法）	（1）采样时间最高为30min。由于碘配合物会随时间而损失，因此必须迅速分析。NO_2、SO_2为严重干扰物，灵敏度低，标准偏差S=22.4，变异系数13.1%； （2）在吸收液中加入NaS_2O_3和KBr提高了样品的稳定性和采样效率，但操作复杂。标准偏差S=4.0，变异系数1.4%； （3）操作简便，可用于常规监测
	紫外比色法	标准偏差S=7.3，变异系数3.8%
	化学发光法	适于测大气中浓度在0.01 ~ 2.0mg/m^{3}的臭氧。正常状态的大气测量推荐是0 ~ 0.5mg/m^{3}以及0 ~ 1mg/m^{3}两种满刻度量程

续表

项目	主要方法	方法特点
酚	4-氨基安替比林比色法	可测大气中低浓度的酚，适用范围广、重现性好、干扰小，但不能测出对位酚
	气相色谱法	检出下限是0.5μg/10mL。使用液晶PBOB柱，FID检测器
二硫化碳	乙二胺比色法	
乙烯、丙烯、丁二烯	吸附富集气相色谱法	采用GDX-TDX复合富集柱采样，氮气流下热解析，可消除氧和CH_4的干扰，使测定准确
苯、甲苯、乙苯、异丙苯	气相色谱法	

表9-2 地表水主要有害物质分析方法

项目	主要方法	注释
pH	玻璃电极法	
溶解氧（DO）	碘量法	碘量法测定溶解氧时有各种修正方法，测定时根据干扰情况具体选用
化学需氧量（COD）	重铬酸盐法、高锰酸钾法	
生化需氧量（BOD）	稀释与接种法	
硫酸盐	硫酸钡重量法、酸钠比色法、硫酸钡比浊法	结果以SO_4^{2-}计
氟化物	氟试剂比色法、茜素磺酸锆目视比色法、离子选择电极法	结果以F^-计
氯化物	硝酸银容量法、硝酸汞容量法	结果以Cl^-计
总氰化物	异烟酸-吡啶啉酮比色法、吡啶-巴比妥酸比色法	包括全部简单氰化物和绝大多数配合氰化物，不包括钴氰配合物
硝酸盐	酚二磺酸分光光度法	硝酸盐含量过高时应稀释，结果以氮（N）计
亚硝酸盐	分子吸收分光光度法	采样后应尽快分析。结果以氮（N）计
非离子氮	纳氏试剂比色法、水杨酸分光光度法	测得结果是以氮计的氨氮浓度，然后根据附表换算为非离子氮浓度
总磷	钼蓝比色法	结果为未过滤水样经消解处理后测得的溶解的、悬浮的总磷量（以P计）
总砷	二乙基二硫代氨基甲酸银分光光度法	测得为单体形态、无机或有机物中元素砷的含量
总汞	冷原子吸收分光光度法、高锰酸钾-过硫酸钾消解-双硫腙比色法	包括全部的无机或有机结合的、可溶的和悬浮的全部汞
总镉	原子吸收分光光度法、双硫腙分光光度法	经酸消解处理后，测得水样中的总镉量
六价铬	二苯碳酰二肼分光光度法	
总铅	原子吸收分光光度法、双硫腙分光光度法	经酸消解处理后，测得水样中的总铅量

续表

项目	主要方法	注释
挥发酚	蒸馏后4-氨基安替比林分光光度法（氯仿萃取法）	
石油类	紫外分光光度法	
苯并［*a*］芘	纸层析-荧光分光光度法	
总大肠杆菌	多管发酵法、滤膜法	

（6）对监测结果进行记录、整理和分析　有效的监测数据应具有五个方面的特性。

① 准确性　测定值与真实值的一致性。

② 精密性　测定值具有良好的重现性。

③ 代表性　在时空总体中的代表程度。

④ 完整性　能得到预期或计划要求的有效数据定额的程度。

⑤ 可比性　在监测方法、环境条件、数据表达方式等可比条件下所获数据的一致性。

数据的准确性、精密性主要在于实验室分析测试过程，代表性、完整性主要在于现场调查、设计布点、采样保存过程，可比性则是监测全过程的综合反映。只有在进行可靠的采样和分析测试的基础上，运用数理统计的方法处理数据，才可得到符合客观要求的数据。

（7）编写环境监测设计书　设计书应该包括以下内容：监测区域概况（包括地理位置、自然环境条件和社会经济状况）；污染源调查分析的情况（污染原因、污染规律等）；需要监测的项目内容及监测方法；监测点的位置、数目；采样的时间、频率和方法；样品的监测分析方法；监测数据的统计结果和误差分析；根据监测结果做出适当的评价；提出污染防治对策及办法。

阅读材料

环境监测站

环境监测站指可以出具具有法律效力的水和废水监测、噪声监测、环境空气和废气监测、辐射监测等报告的单位。

一般环境监测站应具备省级计量认证资格，国家级环境监测站应具备中国合格评定国家认可委员会实验室认可证书。

监测范围可包含以下内容。

1. 水和废水监测

包括生活饮用水、工业用水、生活废水和工业废水、海水等。监测项目有水温、电导率、pH、色度、嗅和味、悬浮物、浊度、化学需氧量、五日生化需氧量（BOD_5）、氨氮、总磷、硝酸盐氮、亚硝酸盐氮、甲醛、六价铬、石油类、动植物油、细菌总数、总大肠菌群、铜、铅、锌、镉、铁、锰、镍等。

2. 噪声监测

包括工业企业厂界噪声、建筑施工场界噪声、城市区域环境噪声、交通噪声等。

3. 环境空气和废气监测

监测项目有可吸入颗粒物、总悬浮颗粒物、粉尘、烟尘或颗粒物、烟气黑度、苯系物、一氧化碳、硫酸雾、氯化氢、二氧化硫、氮氧化物、氨、铅、镉、镍、锡、饮食业油烟等。

4. 室内空气质量检测

《室内空气质量标准》(GB/T 18883—2022)规定的检测项目：甲醛、氨、氡、总挥发性有机物(TVOC)、细菌总数、苯并[*a*]芘、苯、甲苯、二甲苯、二氧化硫、一氧化碳、二氧化碳、二氧化氮、可吸入颗粒物、新风量、臭氧等。

5. 土壤/底泥监测

pH、含水率、有机质、铜、铅、锌、镉、铁、锰、镍等。

9.2 环境质量评价

环境质量是指环境要素(水体、大气、土壤、生物等)受到污染影响的程度。环境质量的优劣是以它是否适合人类生活、生存和发展的程度来衡量的。所谓环境质量评价就是对环境质量的优劣进行定量或定性的描述，即从人类生活、生存和发展出发，按照一定的评价标准和评价方法，对某区域内的环境质量进行评价、解释和预测。

环境质量评价是在对污染状况和污染源取得大量监测数据和调查分析资料的基础上，确定主要污染源和主要污染物及其排放特征，了解主要污染物对环境各要素的污染程度和范围，研究污染物分布和运动规律，探讨污染发生的机理和环境质量变化规律，为环境规划和管理以及环境污染综合治理提供可靠的科学数据。

9.2.1 环境质量评价的分类和步骤

9.2.1.1 环境质量评价的分类

① 按环境要素分为单要素评价、联合评价和综合评价。

② 按时间因素分为环境质量回顾评价、环境质量现状评价、环境质量影响评价。

③ 按环境的性质分为化学环境质量评价、物理环境质量评价和生物环境质量评价等。

④ 按人类活动的性质和类型分为工业环境质量评价、农业环境质量评价、

交通环境质量评价等。

⑤ 按地域范围分为区域（流域）环境质量评价、城市环境质量评价、海洋环境质量评价等。

⑥ 按评价内容分为健康影响评价、经济影响评价、生态影响评价、风险评价等。

9.2.1.2 环境质量评价的步骤

① 收集、整理、分析环境监测数据和调查资料。

② 根据评价目的确定环境质量评价的要素，选定参评参数。

③ 选择评价方法或建立评价的数学模型，制定环境质量系数或指数。

④ 利用选择或制定的评价方法、环境质量系数或指数，对环境质量进行等级或类型划分，绘制环境质量图。

⑤ 提出环境质量评价的结论，提出防治对策和方法。

⑥ 编写环境质量评价报告书。

阅读材料

2022年1～3月全国地表水环境质量状况

一、总体情况

1～3月，3641个国家地表水考核断面中，水质优良（Ⅰ～Ⅲ类）断面比例为88.2%，同比上升5.2个百分点；劣Ⅴ类断面比例为1.0%，同比下降1.1个百分点。主要污染指标为化学需氧量、总磷和高锰酸盐指数。

二、主要江河水质状况

1～3月，长江、黄河、珠江、松花江、淮河、海河、辽河等七大流域及西北诸河、西南诸河和浙闽片河流水质优良（Ⅰ～Ⅲ类）断面比例为89.7%，同比上升5.0个百分点；劣Ⅴ类断面比例为0.8%，同比下降1.4个百分点。主要污染指标为化学需氧量、高锰酸盐指数和氨氮。其中，西北诸河、长江流域、浙闽片河流、西南诸河和珠江流域水质为优；黄河、辽河、海河、松花江和淮河流域水质良好。

三、重点湖（库）水质状况及营养状态

1～3月，监测的192个重点湖（库）中，水质优良（Ⅰ～Ⅲ类）湖库个数占比78.1%，同比上升2.7个百分点；劣Ⅴ类水质湖库个数占比4.7%，同比上升1.0个百分点。主要污染指标为总磷、化学需氧量和高锰酸盐指数。176个监测营养状态的湖（库）中，中度富营养8个，占4.5%；轻度富营养32个，占18.2%；其余湖（库）为中营养或贫营养状态。其中，太湖和巢湖均为轻度污染、轻度富营养，主要污染指标为总磷；滇池为轻度污染、轻度富营养，主要污染指标为化学需氧量；洱海、丹江口水库和白洋淀水质均良好、中营养。

9.2.2 环境质量现状评价

环境质量现状评价，是指根据最近两三年的环境监测资料，对某区域的环境质量现状进行分析和评价。它包括单个环境要素质量评价和整体环境质量综合评价，前者是后者的基础。

9.2.2.1 评价参数（因子）的选定

（1）大气质量评价参数的选定　大气污染的构成取决于大气中有害物质的种类和浓度，由于有害物质在大气中很容易迁移、扩散，所以大气污染主要取决于有害物质的浓度。评价参数的选择一般根据污染源调查的结果，选取影响当地大气质量的主要污染物，即那些浓度高、频率大、对人群及生物危害严重的污染物。一般可以从下列污染因子中选取评价因子：总悬浮颗粒物；有害气体，如SO_2、NO_x、CO、O_3；有害元素，如氟、铅、汞、镉、砷；有机物，如苯并芘、碳氢化合物、农药等。

以燃煤为主要污染源的地区通常选择总悬浮颗粒物、SO_2、苯并芘等为评价因子。以有色金属冶炼为主要污染源的地区可选择总悬浮颗粒物、SO_2、铅（汞、镉、砷）等为评价因子。

（2）水体评价参数的选定　水体评价参数可以根据当地的地质构造、矿产资源状况、社会经济结构和历史监测资料进行选择，所选参数要求既有代表性又能表述水体质量好坏的程度。常见的评价参数有：感官参数，如味道、臭味、颜色、透明度、浑浊度、悬浮物等；有机污染物参数，如COD、BOD、TOC和TOD等；营养盐参数，如硝酸盐、亚硝酸盐、铵盐、磷酸盐等；生物学参数，如细菌总数、大肠杆菌数、藻类、浮游生物等；毒物参数，如酚、氰、汞、铅、镉、铬、砷、农药等；其他参数，如溶解氧、pH、温度等。

9.2.2.2 获取监测数据

根据选定的评价参数、污染源分布、地形地貌、气象和水文条件等确定恰当的布点，设计监测网络系统，获取能代表大气或水体环境质量的监测数据。

9.2.2.3 评价方法

环境质量现状评价的方法有指数法、分级法、概率统计法、生物评价法等。其中，指数法是最基础、最常用的方法。

（1）指数法

① 叠加型指数：

$$P=\sum_{i=1}^{n} I_i \tag{9-1}$$

$$I_i=\frac{C_i}{S_i} \tag{9-2}$$

式中　P——环境质量指数；

I_i——i污染物的污染分指数；

C_i——i污染物的实测浓度；

S_i——i污染物的环境质量评价标准；

n——污染物种类数。

采用这种方法计算的有白勃考大气污染综合指数、北京西郊环境质量指数。

② 加权均值型指数：

$$P=\sum_{i=1}^{n} W_i P_i \tag{9-3}$$

式中，$\sum_{i=1}^{n} W_i=1$。

若$\sum_{i=1}^{n} W_i \neq 1$，则：

$$P=\frac{1}{n}\sum_{i=1}^{n} W_i P_i \tag{9-4}$$

式中，W_i为i污染物的权重值。

采用这种方法计算的有美国俄亥俄州水质质量指数、南京环境质量指数、加拿大大气质量指数等。

③ 兼顾极值的加和型分指数：

$$P=\sqrt{I_{\max}\frac{1}{n}\sum_{i=1}^{n} I_i} \tag{9-5}$$

式中，$I_{\max}$为各污染物中最大的分指数。

采用这种方法计算的有上海大气环境质量指数、广州水质指数、内梅罗水质指数。

④ 矢量加和型：

$$P=\sqrt{2\sum_{i=1}^{n} I_i} \tag{9-6}$$

采用这种方法计算的有密特大气指数、极值指数。

⑤ 幂函数加和型分指数：

$$P=a\left(\sum_{i=1}^{n} W_i I_i\right)^b \tag{9-7}$$

式中，a、b为指数，其作用是使分指数I处于人为规定的尺度范围。

采用这种方法计算的有橡树岭大气质量指数、沈阳大气环境质量指数。

⑥ 分级型大气环境指数：此法将大气质量分为五级，其中第一、二、三级

相当于保护大多数人的健康和城市一般植物需要达到的水平；第四、五级相当于污染和重污染水平。大气质量分级和评分方法见表9-3。

表9-3 大气质量分级和评分表

项目		第一级（理想级）		第二级（良好级）		第三级（安全级）		第四级（污染级）		第五级（重污染级）	
		范围	评分	范围	评分	范围	评分	范围	评分	范围	评分
必须评价参数	降尘	≤8	25	≤12	20	≤20	15	≤40	10	>40	5
	飘尘	≤0.10	25	≤0.15	20	≤0.25	15	≤0.50	10	>0.50	5
	SO_2	≤0.05	25	≤0.15	20	≤0.25	15	≤0.50	10	>0.50	5
自选项目	降尘	≤8	25	≤12	20	≤20	15	≤40	10	>40	5
	飘尘	≤0.10	25	≤0.15	20	≤0.25	15	≤0.50	10	>0.50	5
	SO_2	≤0.05	25	≤0.15	20	≤0.25	15	≤0.50	10	>0.50	5

本法规定降尘、飘尘、二氧化硫为必须评价参数，一氧化碳、氮氧化物、臭氧为自选项目，可从中任选一项污染最重的进行评价。分级评分法采用百分制，评分越高，大气质量越好。计算公式如下：

$$M=\sum_{i=1}^{n} A_i \tag{9-8}$$

式中 M——大气质量分数；

A_i——i参数的评分值，由表9-3确定；

n——评价时选用参数个数。

M值应在20 ~ 100之间，根据表9-4的数值进行分级。

表9-4 大气质量分数分级标准

M	100 ~ 95	94 ~ 75	74 ~ 55	54 ~ 35	≤34
大气质量等级	第一级（理想级）	第二级（良好级）	第三级（安全级）	第四级（污染级）	第五级（重污染级）

（2）概率统计法 大气污染物在大气中的扩散运动具有随机性，因此可以用概率法进行大气环境质量评价。根据实测的数据分析，污染物的浓度变化服从正态分布和对数正态分布。在评价中，常将平均值（m）和标准差（σ）与标准值（S）结合起来进行分析，如式（9-9）。

$$W_i=\frac{\sigma_i}{S_i-m_i} \tag{9-9}$$

式中，W_i为权因子。

当平均值等于标准值时，W_i等于无限大；当平均值超过标准值时，W_i变为负数。对于污染物i而言，当平均值未超过标准值时，W_i越大，表示它的影响越大；超过标准值时，表示该污染物对某区域已出现污染。但在权系统中，不容许有负值，若出现负值，需要重新考虑标准。$1/W_i$表示污染物i平均浓度小于或等于标准值出现的频率。

（3）生物评价法

① 大气生物学评价　一般选择树木作为指示植物。植物的高度、胸径、新梢长度、叶片面积等的生长量及叶片中的元素都能作为评价因子。表9-5中划分污染等级的方法可供参考。

表9-5　大气污染等级划分

污染水平	主要表现
清洁	树木等生长正常，叶片元素含量接近清洁对照区指标
轻污染	树木生长正常，但所选指标明显高于清洁对照区
中污染	树木生长正常，但可见典型受害状
重污染	树木受到明显伤害，秃尖、受害面积可达50%

② 水质生物学评价　主要有一般描述对比法、指示生物法和生物指数法三种方法。一般描述对比法是描述调查水体的水生生物和该区域内同类型水体或同一水体的生物历史状况，并进行对比，是一种定性评价方法，可比性较差。指示生物法是根据对水体中某种污染物敏感或有较高耐受性的生物种类的存在或缺失，来指示水体中该污染物的多寡与污染程度。生物指数法是将水质变化引起的生物群落的生态学效应用数学方法表达出来，得到群落结构的定量数值。生物指数法包括单细胞生物的生物相指数、无脊椎动物指数（贝克指数）、污染生物指数、多样性生物指数、生物残留量指数。

考虑到各个环境要素对环境的综合影响，如水、大气、土壤、噪声等，在各个要素中确定相应的评价因子，再计算各环境要素的污染指数，最后计算环境综合值。

$$P_{综}=\sum_{i=1}^{n} W_e P_e \quad (9\text{-}10)$$

式中　$P_{综}$——环境综合值；

W_e——各环境要素的加权系数；

P_e——环境要素污染指数。

根据环境质量综合评价分级可做出环境质量综合评价图，如图9-1所示为某年南京市城区的环境质量综合评价图。

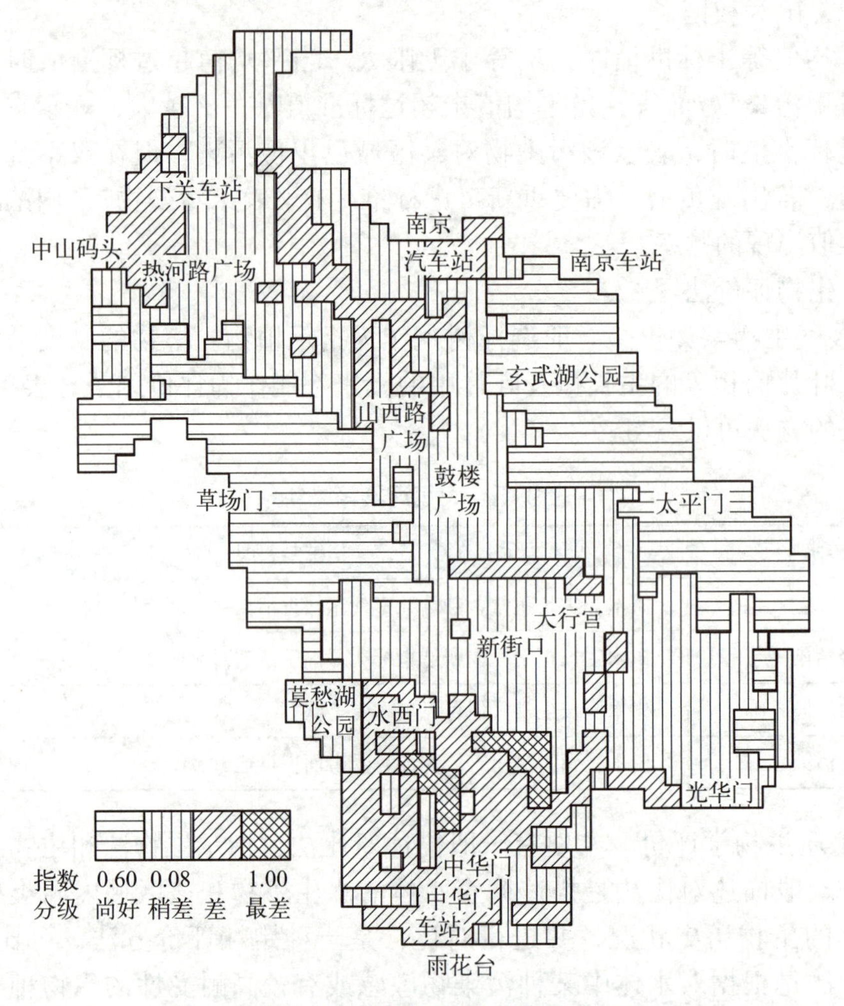

图 9-1 某年南京市城区环境质量综合评价图

9.2.3 环境影响评价

环境影响评价一般是指对建设项目、区域开发计划实施后可能给环境带来的影响进行预测和评价。更广泛的含义是指人类进行某项重大活动之前，采用评价方法预测该项活动可能给环境带来的影响，并制定出减轻对环境不利影响的措施，从而为社会经济与环境保护同步协调发展提供有力保证。

9.2.3.1 环境影响评价的分类和意义

根据目前人类活动的类型及对环境的影响程度，环境影响评价可分为单个建设项目的环境影响评价、区域开发的环境影响评价和公共政策的环境影响评价。

（1）单个建设项目的环境影响评价 是环境影响评价体系的基础，主要对工程的选址、生产规模、产品方案、生产工艺、工程对环境和社会的影响进行评估，提出减少和防范这种影响的措施，对工程的可行性有明确结论。

（2）区域开发的环境影响评价 指的是对区域内拟议的所有开发建设行为进行的环境影响评价。评价的重点是论证区域的选址、开发规划、总体规模是否合理，同时也重视区域内建设项目的布局、结构、性质、规模，并对区域的排污量进行总量控制，为使区域的开发建设对周围环境的影响控制在最低水平，提出相应的减轻影响的具体措施。

（3）公共政策的环境影响评价 主要指对国家权力机构发布的政策进行环境影响评价，着眼于全国的、长期的环境保护战略，考虑的是一项政策、一个规划可能造成的影响。这类评价所采用的方法多是定性和半定量的预测方法和各种综合判断、分析的方法，是为最高层次的开发建设决策服务的。

环境影响评价是管理工作的重要组成部分，具有预知功能、导向作用和调控作用。对开发项目而言，它可以保证建设项目选址和布局的合理性，还可以提出各种减免措施并评价各种减免措施的技术经济可行性，为污染治理工程提供依据。区域开发和公共政策的环境影响评价，可以保证区域开发和公共决策对环境的负面影响降到最低或人们可以接受的程度。

9.2.3.2 环境质量影响评价的原则

（1）科学性原则 是指在环境影响评价工作中必须客观地、实事求是地认识开发活动对环境的影响及其环境对策。在开发决策时，经常会出现只顾经济利益而忽略环境效益的倾向，这时必须坚持从国家的长远利益出发，公平地给出结论。要使环境影响评价工作真正推广和坚持下去，必须使之在决策中真正发挥作用。而环境影响评价工作真正发挥作用的前提就是它的科学性，即环境影响预测和决策分析的可靠性程度。

（2）综合性原则 是指在环境影响评价工作中，不仅要注意开发活动对单个环境要素和过程的影响，而且要注意对各要素和过程间相互联系和作用的影响，注意环境对策的后果及环境影响的社会经济后果。环境是一个整体，各环境要素和过程之间存在密切联系和作用，只有从环境是一个整体的观点进行综合分析研究才能解决环境问题。

（3）实用性原则　是指必须按开发决策的要求确定环境影响评价工作的内容、深度，力求工作内容精练、所需资金较少、工作周期较短，从而在开发决策中及时发挥环境影响评价工作的作用。环境影响评价工作是一项综合性很强的工作。工作的主要力量应集中在着重研究那些受开发活动影响的要素和过程方面，着重研究它们受开发活动影响后的变化、过程和后果，这样才能适应开发决策的需要。

9.2.3.3　环境影响评价的方法

（1）定性分析方法　定性分析方法是环境影响评价工作中广泛应用的方法，这种方法主要用于不能得到定量结果的情况。该法的优点是相对简单，可用于无法进行定量预测和分析的情况，只要运用得当，其结果也有相当的可靠性。但该法不能给出较精确的预测和分析结果，其结果的可靠性程度直接取决于使用者的主观因素，使其应用受到较大限制。

（2）数学模型方法　数学模型方法是把环境要素或过程的规律，用不同的数学形式表示出来得到反映这些规律的不同数学模型，由此就可得到所研究的要素和过程中各有关因素之间的定量关系。该法的优点是可得到定量的结果，有利于对策分析的进行。但数学模型方法只能用于那些规律研究比较深入、有可能建立各影响因素之间定量关系的要素和过程。

（3）系统模型方法　环境系统模型就是在客观存在的环境系统的基础上，把所研究的各环境要素或过程以及它们之间的相互联系和作用，用图像或数学关系式表示出来。该法的优点是可给出定量的结果，能反映环境影响的动态过程。但建立系统模型是一项耗时长、花费多的工作。

（4）综合评价方法　综合评价是指对开发活动给各要素和过程造成的影响做一个总的估计和比较，勾画出开发活动对环境影响的整体轮廓和关系。综合评价方法目前有矩阵方法、地图覆盖方法、灵敏度分析方法等。

9.2.3.4　环境影响评价的程序

环境影响评价的工作程序如图9-2所示。我国环境影响评价工作大体分为三个阶段。

第一阶段为准备阶段，主要工作为研究有关文件，进行初步的工程分析和环境现状调查，筛选重点评价项目，确定各单项环境影响评价的工作等级，编制评价大纲。

第二阶段为正式工作阶段，其主要工作是进一步做工程分析和环境现状调查，并进行环境影响预测和评价环境影响。

第三阶段为报告书编制阶段，其主要工作是汇总、分析第二阶段工作所得的各种资料、数据，给出结论，完成环境影响报告书的编制。

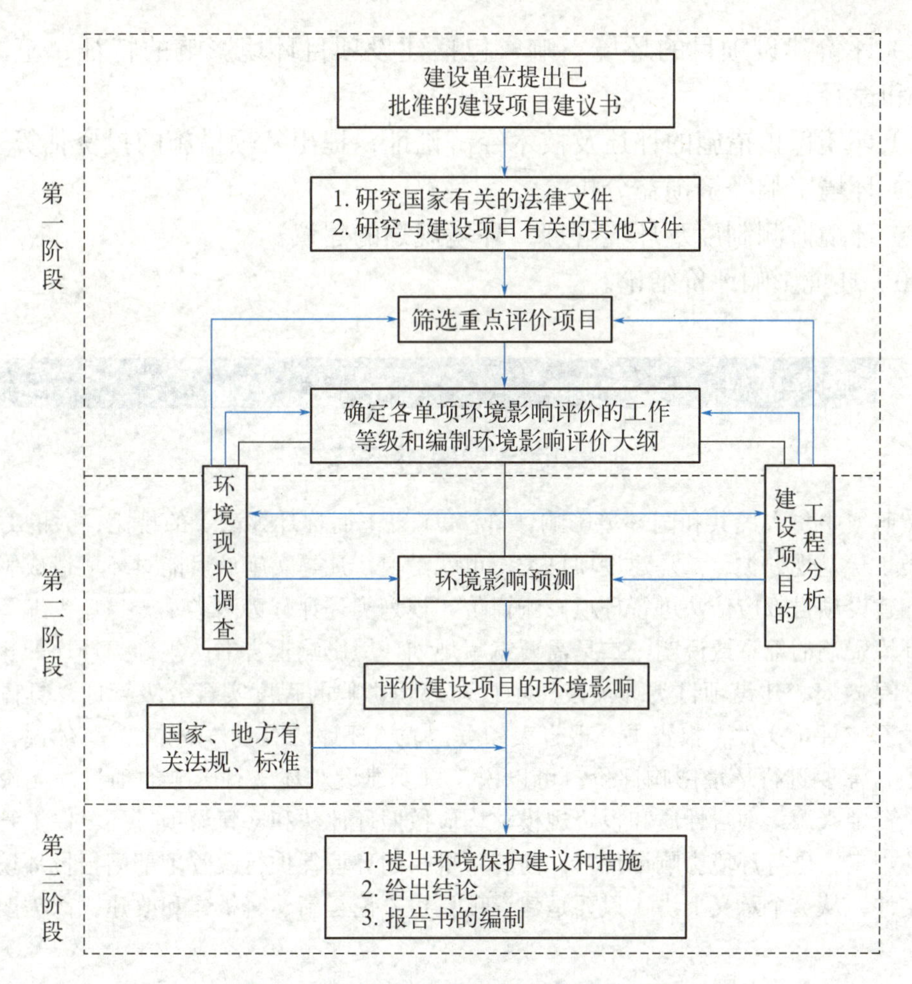

图9-2　环境影响评价的工作程序示意

9.2.3.5　环境影响评价报告书的编制

环境影响评价的内容十分广泛，各国的要求也不完全一致，我国环境影响评价的主要内容包括以下几个方面。

（1）总则　包括编制环境影响报告书的目的、依据、采用标准以及控制污染与保护环境的主要目标。

（2）建设项目概况　包括建设项目的名称、地点、性质、规模、产品方案、生产方法、土地利用情况及发展规划。

（3）工程分析　包括主要原料、燃料及水的消耗量分析；工艺过程、排污过程；污染物的回收利用、综合利用和处理处置方案；工程分析的结论性意见。

（4）建设项目周围地区的环境现状　包括地形、地貌、地质、土壤、大气、地表水、地下水、矿藏、森林、植物、农作物等情况。

（5）环境影响预测　包括预测环境影响的时段、范围、内容以及对预测结果的表述及其说明和解释。

（6）评价建设项目的环境影响　包括建设项目环境影响的特征、范围、大小程度和途径。

（7）环境保护措施的评述及技术经济论证，提出各项措施的投资估算。

（8）环境影响经济损益分析。

（9）环境监测制度及环境管理、环境规划的建议。

（10）环境影响评价结论。

阅读材料

哪些项目需要进行环评

按照《中华人民共和国环境影响评价法》（以下简称环评法）的规定，大的方面分为两类：一是规划类，二是建设项目类。也就是说，凡是实施后可能对环境造成影响的规划和建设项目都应依法进行环境影响评价。规划类环评分为两类：一是只需编写规划有关环境影响的篇章或说明；二是需要编写规划环境影响报告书。规划类环评的实施单位主要是政府。建设项目类环评按照项目对环境影响的程度实行分级管理，具体有三类环境影响评价文件：报告书、报告表和登记表（环评法有具体规定）。具体说，哪些建设项目需要进行环境影响评价？可以说，只要建设对环境有影响的项目，无论投资主体、资金来源、项目性质和投资规模，均应按照环评法和《建设项目环境保护管理条例》的规定，进行环境影响评价，并向有审批权的环境保护行政管理部门报批环境影响评价文件。从这个意义上讲，只要是建设项目也不论是新建、扩建和改建，都需要进行环评。

本章小结

环境监测和环境质量评价是环境保护工作的重要手段。本章着重介绍了环境监测的目的和性质、环境监测技术、环境监测设计的一般步骤、环境质量评价的基本知识。

思考与实践

1. 环境监测的任务和原则是什么？
2. 环境监测的方法有哪些？
3. 环境质量评价的步骤是什么？
4. 环境质量现状评价的方法有哪些？
5. 生物学评价方法的优缺点有哪些？
6. 环境影响评价的意义是什么？

7．环境影响评价报告书的内容是什么？

本地区降雨pH的测定

一、目的及意义

通过对酸雨的实际监测，学会监测仪器的使用方法，提高学生的动手能力。对本地区降雨状况进行分析，提出防治酸雨的合理化建议，增强热爱家乡的责任感。

二、实际监测方式

1．采用精密pH试纸测定雨水的pH，并填写下表。

监测本地区近期降雨pH（每次可多个地点监测）

<table>
<tr><th>次数</th><th>监测时间及降雨状况</th><th>监测地点</th><th>监测结果</th><th>同期空气质量报告</th></tr>
<tr><td rowspan="2">1</td><td rowspan="2"></td><td></td><td></td><td rowspan="2"></td></tr>
<tr><td></td><td></td></tr>
<tr><td rowspan="2">2</td><td rowspan="2"></td><td></td><td></td><td rowspan="2"></td></tr>
<tr><td></td><td></td></tr>
<tr><td rowspan="2">3</td><td rowspan="2"></td><td></td><td></td><td rowspan="2"></td></tr>
<tr><td></td><td></td></tr>
<tr><td rowspan="2">4</td><td rowspan="2"></td><td></td><td></td><td rowspan="2"></td></tr>
<tr><td></td><td></td></tr>
<tr><td rowspan="2">结论</td><td>空气质量状况</td><td colspan="3"></td></tr>
<tr><td>酸雨形成状况</td><td colspan="3"></td></tr>
</table>

2．采用玻璃电极法测定雨水的pH，步骤如下。

① 先用广范pH试纸测出样品的大致范围，并将样品倒入50mL烧杯中，测量温度。

② 打开酸度计电源开关，通电30min，并将酸度计上选择开关置于“pH”挡，然后进行校正。

③ 用蒸馏水清洗甘汞电极和玻璃电极2～3次，然后用滤纸吸干电极。

④ 将仪器的“温度”旋钮调至被测样品的温度值，将电极放入被测样品中，仪器的“范围”开关置于该样品可能的pH挡（已由pH试纸测定）上，按下“读数”开关（若此时表针打出左面刻度线应减少“范围”开关值；若表针打出右面刻度线，则应增加“范围”开关值）。此时表针所指示的值加上“范围”开关值，即为样品的pH。

⑤ 记录结果：

采样时间__________，采样地点__________；

测定时间__________，本次降水的pH__________；

是否属于酸雨__________，测定人__________。

三、研究成果

编写本地区降雨状况的分析监测报告，并对防治酸雨提出合理化建议。

附 录

一、环境空气功能区质量要求

一类区适用一级浓度限值，二类区适用二级浓度限值。一、二类环境空气功能区质量要求见表1和表2。

表1 环境空气污染物基本项目浓度限值

序号	污染物项目	平均时间	浓度限值		单位
			一级	二级	
1	二氧化硫（SO_2）	年平均	20	60	μg/m³
		24小时平均	50	150	
		1小时平均	150	500	
2	二氧化氮（NO_2）	年平均	40	40	
		24小时平均	80	80	
		1小时平均	200	200	
3	一氧化碳（CO）	24小时平均	4	4	mg/m³
		1小时平均	10	10	
4	臭氧（O_3）	日最大8小时平均	100	160	μg/m³
		1小时平均	160	200	
5	颗粒物（粒径小于等于10μm）	年平均	40	70	
		24小时平均	50	150	
6	颗粒物（粒径小于等于2.5μm）	年平均	15	35	
		24小时平均	35	75	

表2 环境空气污染物其他项目浓度限值

序号	污染物项目	平均时间	浓度限值		单位
			一级	二级	
1	总悬浮颗粒物（TSP）	年平均	80	200	μg/m³
		24小时平均	120	300	

续表

序号	污染物项目	平均时间	浓度限值		单位
			一级	二级	
2	氮氧化物（NO_3）	年平均	50	50	μg/m^3
		24小时平均	100	100	
		1小时平均	250	250	
3	铅（Pb）	年平均	0.5	0.5	
		季平均	1	1	
4	苯并［*a*］芘	年平均	0.001	0.001	
		24小时平均	0.0025	0.0025	

二、《生活饮用水卫生标准》（GB 5749—2022）生活饮用水水质常规指标及限值

表3　生活饮用水水质常规指标及限值

序号	指标	限值	序号	指标	限值
一、微生物指标			14	二氯一溴甲烷/（mg/L）③	0.06
1	总大肠菌群/（MPN/100mL或CFU/100mL）①	不应检出	15	三溴甲烷/（mg/L）③	0.1
2	大肠埃希氏菌/（MPN/100mL或CFU/100mL）①	不应检出	16	三卤甲烷（三氯甲烷、一氯二溴甲烷、二氯一溴甲烷、三溴甲烷的总和）③	该类化合物中各种化合物的实测浓度与其各自限值的比值之和不超过1
3	菌落总数/（MPN/mL或CFU/mL）②	100	17	二氯乙酸/（mg/L）③	0.05
二、毒理指标			18	三氯乙酸/（mg/L）③	0.1
4	砷/（mg/L）	0.01	19	溴酸盐/（mg/L）③	0.01
5	镉/（mg/L）	0.005	20	亚氯酸盐/（mg/L）③	0.7
6	铬（六价）/（mg/L）	0.05	21	氯酸盐/（mg/L）③	0.7
7	铅/（mg/L）	0.01	三、感官性状和一般化学指标④		
8	汞/（mg/L）	0.001	22	色度（铂钴色度单位）/度	15
9	氰化物/（mg/L）	0.05	23	浑浊度（散射浑浊度单位）/NTU②	1
10	氟化物/（mg/L）②	1.0	24	臭和味	无异臭、异味
11	硝酸盐（以N计）/（mg/L）②	10	25	肉眼可见物	无
12	三氯甲烷/（mg/L）③	0.06	26	pH	不小于6.5且不大于8.5
13	一氯二溴甲烷/（mg/L）③	0.1	27	铝/（mg/L）	0.2

续表

序号	指标	限值	序号	指标	限值
28	铁/（mg/L）	0.3	35	总硬度（以$CaCO_3$计）/（mg/L）	450
29	锰/（mg/L）	0.1	36	高锰酸盐指数（以O_2计）/（mg/L）	3
30	铜/（mg/L）	1.0	37	氨（以N计）/（mg/L）	0.5
31	锌/（mg/L）	1.0	四、放射性指标⑤		
32	氯化物/（mg/L）	250	38	总α放射性/（Bq/L）	0.5（指导值）
33	硫酸盐/（mg/L）	250	39	总β放射性/（Bq/L）	1（指导值）
34	溶解性总固体/（mg/L）	1000			

① MPN表示最可能数；CFU表示菌落形成单位。当水样检出总大肠菌群时，应进一步检验大肠埃希氏菌；当水样未检出总大肠菌群时，不必检验大肠埃希氏菌。

② 小型集中式供水和分散式供水因水源与净水技术受限时，菌落总数指标限值按500MPN/mL或500CFU/mL执行，氟化物指标限值按1.2mg/L执行，硝酸盐（以N计）指标限值按20mg/L执行，浑浊度指标限值按3NTU执行。

③ 水处理工艺流程中预氧化或消毒方式：

——采用液氯、次氯酸钙及氯胺时，应测定三氯甲烷、一氯二溴甲烷、二氯一溴甲烷、三溴甲烷、三卤甲烷、二氯乙酸、三氯乙酸；

——采用次氯酸钠时，应测定三氯甲烷、一氯二溴甲烷、二氯一溴甲烷、三溴甲烷、三卤甲烷、二氯乙酸、三氯乙酸、氯酸盐；

——采用臭氧时，应测定溴酸盐；

——采用二氧化氯时，应测定亚氯酸盐；

——采用二氧化氯与氯混合消毒剂发生器时，应测定亚氯酸盐、氯酸盐、三氯甲烷、一氯二溴甲烷、二氯一溴甲烷、三溴甲烷、三卤甲烷、二氯乙酸、三氯乙酸；

——当原水中含有上述污染物，可能导致出厂水和末梢水的超标风险时，无论采用何种预氧化或消毒方式，都应对其进行测定。

④ 当发生影响水质的突发公共事件时，经风险评估，感官性状和一般化学指标可暂时适当放宽。

⑤ 放射性指标超过指导值（总β放射性扣除^{40}K后仍然大于1Bq/L）,应进行核素分析和评价，判定能否饮用。

三、部分环境保护类期刊名录

表4　环境保护类期刊

序号	刊名	主办单位	刊号
1	节能与环保	北京节能环保中心	ISSN 1009-539X
2	环境化学	中国科学院生态环境研究中心	ISSN0254-6108
3	环境教育	中国环境科学出版社	ISSN1007-1679
4	生态环境与保护	生态环境部信息中心、人民大学	ISSN1007-5730
5	环境导报	中国环境科学学会、江苏省环境保护局	ISSN1003-9821
6	环境科学文摘	中国环境科学研究院	ISSN1003-2533

续表

序号	刊名	主办单位	刊号
7	环境污染与防治	浙江省生态环境科学设计研究院	ISSN1001-3865
8	化工环保	中国石化集团资产经营管理有限公司北京化工研究院、中国化工环保协会	ISSN1006-1878
9	工业水处理	中海油天津化工研究设计院有限公司	ISSN1005-829X
10	绿色大世界	湖北省绿色委员会	ISSN 1005-569X

四、部分环境保护类网站

1. 中国环境报电子版：http://epaper.cenews.com.cn/html/2022-10/11/node_2.htm
2. 中国环境科学学会：http://www.chinacses.org/
3. 中国环境新闻网：http://www.cfej.net/
4. 中华人民共和国生态环境部：https://www.mee.gov.cn/

参考文献

[1] 邵超峰，鞠美庭．环境学基础．北京：化学工业出版社，2021.
[2] 魏振枢．环境保护概论．北京：化学工业出版社，2020.
[3] 田京城．环境保护与可持续发展．北京：化学工业出版社，2014.
[4] 曲向荣．清洁生产与循环经济．北京：清华大学出版社，2021.
[5] 郝吉明．大气污染控制工程．北京：高等教育出版社，2021.
[6] 胡荣桂．环境生态学．武汉：华中科技大学出版社，2017.
[7] 王金梅，薛叙明．水污染控制技术．北京：化学工业出版社，2021.
[8] 仝川．环境科学概论．北京：科学出版社，2017.
[9] 张景环．环境科学．北京：化学工业出版社，2016.
[10] 李雪梅．环境污染与植物修复．北京：化学工业出版社，2017.
[11] 刘鉴强．中国环境发展报告．北京：社会科学文献出版社，2013.
[12] 卢风．生态文明与美丽中国．北京：北京师范大学出版社，2019.
[13] 孙强．环境科学概论．北京：化学工业出版社，2012.
[14] 马越．环境保护概论．北京：中国轻工业出版社，2011.
[15] 王玉梅．环境学基础．北京：科学出版社，2010.
[16] 尹秀英，钟宁宁．环境科学认识实习教程．北京：化学工业出版社，2010.
[17] 于宏兵．清洁生产教程．北京：化学工业出版社，2011.
[18] 施问超．环境保护通论．北京：北京大学出版社，2011.
[19] 马光．环境与可持续发展导论．北京：科学出版社，2017.